建筑应用文写作

主　编　吴秋懿　李　艳
副主编　薛景丽　王华志
参　编　李　超　王　颖
　　　　陈　婷　项海涛

北京理工大学出版社
BEIJING INSTITUTE OF TECHNOLOGY PRESS

内 容 提 要

本书共分为6个单元，主要内容包括应用文写作基础知识、党政机关公文写作、事务文书、经济文书、职业文书、常用建筑工程文书等。

本书可作为高等院校土建类相关专业的教材，也可作为相关部门、机构的培训教材，还可作为相关从业人员的参考用书。

图书在版编目(CIP)数据

建筑应用文写作 / 吴秋懿，李艳主编.—北京：北京理工大学出版社，2017.9

ISBN 978-7-5682-4802-0

Ⅰ.①建… Ⅱ.①吴… ②李… Ⅲ.①建筑业–应用文–写作 Ⅳ.①H152.3

中国版本图书馆CIP数据核字(2017)第214384号

出版发行 / 北京理工大学出版社有限责任公司
社　　址 / 北京市海淀区中关村南大街5号
邮　　编 / 100081
电　　话 / (010)68914775(总编室)
(010)82562903(教材售后服务热线)
(010)68948351(其他图书服务热线)
网　　址 / http://www.bitpress.com.cn
经　　销 / 全国各地新华书店
印　　刷 / 北京紫瑞利印刷有限公司
开　　本 / 787毫米×1092毫米 1/16
印　　张 / 16.5
字　　数 / 397千字
版　　次 / 2017年9月第1版 2017年9月第1次印刷
定　　价 / 65.00元

责任编辑 / 李玉昌
文案编辑 / 瞿义勇
责任校对 / 孟祥敬
责任印制 / 边心超

图书出现印装质量问题，请拨打售后服务热线，本社负责调换

前　言

本书在编写过程中始终贯彻以“应用”为主旨，以特征构建课程和教学内容体系这一宗旨。本书的编写者为一线教师,他们具有多年的教学经验，在经过多年试用学习全国优质教材的基础上，分析了建筑行业的社会需求和近年来学生的特点，并经教研组反复研讨和课题调研，形成了一套以“教案先导、学案践行”的新型教学模式。本书的编写即以这种新型教学模式为基础，从教材学习到课堂教学及学生阅读、练习，打破常规教学，形成模块化教学，规避了以往重理论轻实践，教师“一言堂”的教学形式，课程设计采取学生训练为主、教师指导为辅的互动教学形式，解决了长期以来课程理论与课程实践倒置的矛盾，解决了课程内容与课时安排的矛盾，解决了一直以来课堂教学教师与学生互动交流缺乏的矛盾。本教材以全新的面貌展示了以下特点：

一、编排体例模块化

本书所选内容均为实际工作生活中常用的文书，特别针对建筑类专业学生的职业需求单独编写了建筑文书写作。全书共分为六个单元12个模块，以实践教学为主线，把知识模块化，又把每一模块划分为若干项目任务，将课程知识体系和“模块”“任务”相结合，构建与各专业相适应的教学内容，并对所学任一文书进行实例示范、理论教学和实践练习，有的文书后辅以相关文书内容作为拓展知识。

二、教学目标明确化

教材本着服务学生专业学习、职业发展、日常生活的原则，以“适应为主，够用为度”的原则，以职业能力和素质培养为重点。每一章都设定了“教学目标”，包含“知识目标”“能力目标”“素质目标”。通过学习本课程，使学生了解常用文书的定义、特点、作用及其写作基础知识，具备常用文书的写作能力，引导学生认识到学习掌握应用文写作知识技能的重要意义和实用价值，帮助学生加强应用文写作的规范意识和写作水平，提高学生的语言文字应用水平，全面提升学生的个人写作综合素质，增强学生职场综合竞争力。

三、实训练习规范化

本书强化了学习应用文写作的实训练习，每一文书后均配有基础练习和写作训练等不同形式的写作练习，且写作练习均可以前文“模式应用”为参考模板来完成，旨在通过多层次、多角度的思考练习，加大实训练习题量的同时，强化学生对所学文书知识的理解、记忆，进一步规范应用文写作格式和结构。

本书是一线教师在工作中最实用、最切实际、最好操作的一个好助手。同时也是学生在学习过程中最简便、最易掌握、最好进行写作的好帮手。

本书在编写过程中，参阅和借鉴了大量优质教材的特点，在理论方面要求精准高，在实践方面要求精准好，感谢一直以来在应用文写作方面孜孜以求不断推出精品教材的同仁们！教材的策划、文中一些建筑专业知识写作和部分例文得到了朱学荣教授和张静媛、弓永利、白松楠三位副教授及刘鹰岚高级工程师的指导和帮助，在此致以谢意！此外，也将党政公文处理并轨的《党政机关公文处理工作条例》编为附录以便师生参阅。

本书由吴秋懿、李艳担任主编，由薛景丽、王华志担任副主编，李超、王颖、陈婷、项海涛参与了本书的编写工作。吴秋懿、王华志做了最后的统稿工作。

书中如有不妥之处，敬请读者批评指正。

编　者

目 录

单元一　应用文写作基础知识

单元二　党政机关公文写作

单元三　事务文书

单元四　经济文书

单元五　职业文书

单元六　常用建筑工程文书

单元一　应用文写作基础知识

教学目标

知识目标	能力目标	素质目标
理解应用文的概念，了解应用文的种类、特点和作用，了解主旨与材料的处理要求、构思与结构的处理要求及语言的表达方式	掌握应用文写作的基础知识和具体写作要求，处理好主旨与材料的关系、构思与结构的关系，提高应用文语言表述能力	明确应用文写作的意义及提高应用文写作能力，掌握应用文写作的途径和方法，具备写作的基本素质，能写出规范的应用文

教学要求

引导学生认识到应用文写作的意义和作用，通过理论学习，掌握应用文写作的基础知识、具体写作要求和写作技能，培养学生熟练写作常用应用文的能力。

模块导读

应用文是应“用”而写的文章，是用以办理公务以及个人事务、传播信息、表述意愿时所使用的，是具有直接使用价值和惯用体式的文章，是人们进行事务活动和社交的重要手段和工具。因此，把握应用文的本质、种类，掌握应用文的基础知识及构成要素之间的关系非常重要。

实例示范 1.1

致信儿子

儿子，当你看到这封信时，你已在我万里之外，我则在你地球的另一端。地球很大，我们太小了，但我们不甘于小，我们要超过地球，所以你出发了。这是一次蓄谋已久的远行，为了这一天，我们都用了十八年的时间作准备；这也是你命中注定的一次远行，有了这一天，你的人生才可能走得更远。

我没有到过费城，但可以想象，那边的月亮不会比杭州的大，或者小；那边的房楼一定也是钢筋水泥的；那边的街弄照样是人来车往的；那边的人虽然肤色貌相跟我们有别，但心照样是要疼痛的，情照样是要圆缺的，生活照样是有苦有乐、喜忧参半的。世界很大，却是大同小异。也许最不同的是你，你从此没有了免费的厨师、采购员、保洁员、闹钟、司机、心理医生，你的父母变成了一封信、一部手机、一份思念，今后一切你都要自己操心操劳，饿了要自己下厨，乏累了要自己放松，流泪了要自己擦干，生病了要自己去寻医生。这一下，你是那么的不一样，你成了自己的父亲、母亲、长辈。这一天，是那么的神奇，仿佛你一下就长大了。

但这，只是仿佛，不是真实。真实的你只是在长大的路上，如果不是吉星高照，这条路必定是漫漫长长的，坎坎坷坷的，风风雨雨的。我爱你，真想变作一颗吉星，高悬在你头顶，帮你化掉风雨，让和风丽日一直伴你前行。但这是不可能的，即便可能，对不起，儿子，我也不会这么做。为什么？因为我爱你，因为那样的话，你的人生必定是空洞的、苍白的、弱小的，至多不过是一条缸里的鱼，盆里的花，挂着铃铛叮当响的宠物。这样的话我会感到羞愧的，因为你真正失败了。你可以失败，但决不能这样失败，竟然是被太阳晒死的，是被海水咸死的，是被寒风冻死的。作为男人，这也许是莫大的耻和辱！

好了，就让风雨与你同舟吧，就让荆棘陪你前行吧。既然有风雨，有荆棘，风雨中不免夹着雷电，荆棘中不免埋着陷阱，作为父亲，我爱你的方式就是提醒你，你要小心哦，你要守护好自己哦。说到守护，你首先要守护好你的生命，要爱惜身体，要冷暖自知，劳逸结合，更要远离一切形式的冲突，言语的，肢体的，个别的，群体的。青春是尖锐的，莽撞的，任何冲突都可能发生裂变，而生命是娇嫩的……这一点我只想一言蔽之，生命是最大的，生命面前你可以理直气壮地放下任何一切，别无选择。

其次，你要尽量守护好你的心。这心不是心脏的心，而是心灵的心。它应该是善良的，宽敞的，亮堂的，干净的，充实的，博爱的，审美的。善是良之本，宽是容之器，亮了，才能堂堂正正，不鬼祟，不魍魉。心若黑了，脏了，人间就是地狱，天堂也是地狱；心若空了，陷阱无处不在，黄金也是陷阱。关于爱，你必须做它的主人，你要爱自己，更要爱他人，爱你不喜欢的人，爱你的对手。爱亲人朋友是人之常情，是天理，也是本能，是平凡的；爱你不喜欢的人，甚至仇人敌人，才是道德，才是修养，才是不凡的。儿子，请一定记住，爱是翻越任何关隘的通行证，爱他人是最大的爱自己。然后我们来说说美吧，如果说爱是阳光，那么美是月光。月光似乎是虚的，没用的，没有月光，万物照样漫生漫长，开花结果。但你想象一下，倘若没有月光，我们人类会丢失多少情意，多少相思，多少诗歌，多少音乐。美是虚的，又是实的，它实在你心田，它让你的生命变得有滋有味，有情有义，色香俱全的，饱满生动的。

呵呵，儿子，你的父亲真饶舌是不？好吧，到此为止，我不想你，也希望你别想家。如果实在想了，那就读本书吧。你知道的，爸爸有句格言：读书就是回家，书这一张纸比钞票更值钱！请容我最后饶舌一句，刚才我说的似乎都是战略性的东西，让书带你回家，让书安你的心，让书练你的翅膀，这也许就是战术吧。

爱你的父亲

2016 年 8 月 21 日

实例评析：本文是当代著名小说家、编剧麦家写给远在美国留学的儿子的一封信。信属于日常应用文书，是人们相互交流情感与思想的工具。随着信息时代的来临，手机、电话、电脑这些使用快捷的交流工具被广泛应用，书信的形式也变得多种多样，不再拘泥于原有格式。

实例示范 1.2

关于组织"2017 年全国职业院校技能大赛"
高职组测绘赛项"××测绘杯"内蒙古自治区选拔赛的通知

各高职院校：

根据自治区教育厅《内蒙古自治区教育厅关于举办 2017 年自治区高等职业院校技能大赛暨全国职业院校技能大赛选拔赛的通知》文件要求，按照自治区高职高专教育研究会关于选拔赛的相关安排，高职土建类专业建设指导委员会组织承办"测绘类专业"高职组赛项的选拔赛，相关事宜通知如下：

一、竞赛内容

本次竞赛包括"二等水准测量"和"1∶500 数字测图"两个赛项，每项竞赛均包括测量外业观测和测量内业计算或绘图。本次大赛的各赛项为公开试题项目，以 2017 年全国职业院校技能大赛高职组测绘赛项规程为标准，各赛项的详细竞赛规则请登录全国职业技能大赛官方网站(http://www.chinaskills-jsw.org/)查询下载。成绩评定分为竞赛用时和成果质量两部分，详见表 1(略)。

二、竞赛方式

本赛项为团体赛，参赛队以院校为单位组队参赛，不得跨校组队。每个院校允许有两支队伍参赛，每支参赛队由 4 名选手(设领队 1 名)和 1～2 名指导教师组成。每支队伍可以参加全部两项比赛，也可参加其中一项，只有参加全部两个项目的队伍才能参与团体奖的评选。

三、竞赛环境

1. 二等水准测量赛场情况

(1)水准线路为水泥硬化路面，线路长度约 1.6 km。

(2)场地能设置多条闭合水准路线，能满足多个队同时比赛。

(3)每条闭合水准路线由 3 个待求点和 1 个已知点组成。

2. 1∶500 数字测图赛场情况

(1)1∶500 数字测图竞赛场地为塑胶运动场，外围有道路和房屋等。

(2)测图场地面积约 200 m×150 m，通视条件良好，能满足多个队同时比赛。

(3)竞赛采用 GNSS 测图。赛项执委会为每个参赛队提供 3 个控制点。

(4)内业编辑成图在规定的地点完成，各参赛队可以自带笔记本电脑和测图软件。赛项承办方提供安装有 CASS7.1、CASS9.1 数字测图软件(CASS9.1 数字测图软件需自备加密锁)、中望 CAD 及其配套软件的备用计算机。

3. 赛场内布设有明显易读的点位标志和路线标示，赛场周边有隔离标示或护栏，确保选手不受外界影响参加竞赛。赛场提供稳定的照明、水、电、气源和供电应急设备等。

4. 赛场设有保安，以防突发事件。赛场配备维修服务、技术服务、医疗、生活补给站等公共服务设施，为选手和赛场人员提供服务。

四、技术平台

竞赛使用的所有仪器、附件及计算工具均由赞助单位南方测绘仪器有限公司统一提供。包括：

1. 计算工具

卡西欧 CASIO fx—5800 计算器 2 个、三角板 1 副，铅笔 4 支，削笔刀 1 个、橡皮 1 块和垫板 1 块。

2. 二等水准测量仪器设备

(1)电子水准仪(南方电子水准仪 NL－2007)：含木制脚架 1 个、2 m 数码标尺 1 对、尺垫(1 kg)2 个。

(2)50 m 测绳(根据参赛队的要求配发)。

3. 1∶500 数字测图仪器设备

(1)GNSS 接收机流动站一套(南方银河 1)。

(2)安装数字测图软件 CASS7.1(破解版)、中望 CAD(破解版)及其配套软件的台式计算机 1 台或各参赛队伍自带的笔记本电脑和测图软件。

(3)5m 钢卷尺 1 个。

五、竞赛费用

每个参赛队须交纳参赛费用 2000 元(按参赛学校收取)。食宿统一安排，费用自理。

六、竞赛地点及时间安排

1. 竞赛地点

承办单位：××××职业技术学院

赞助单位：××测绘仪器有限公司

2. 竞赛时间

详细安排见表 2(略)

3. 竞赛场次安排

全部参赛队通过抽签分为 A、B 两个大组，具体安排见表 3(略)。

七、奖项设定

按照文件精神，本次大赛设学生团体单项奖、团体奖及优秀指导教师奖。

本赛项设二等水准测量、1∶500 数字测图两个团体单项奖，每个单项的一、二等奖比例依次为各单项参赛队数的 10%、20%，按竞赛成绩排名。

团体总成绩按参赛队两个单项比赛中的得分加权求和计算，其中“二等水准测量”和“数字测图”的权重分别为 0.4 和 0.6。一等奖、二等奖获奖比例依次为参赛队数的 10%、20%。

获得单项一等奖的参赛队指导教师由自治区教育厅颁发优秀指导教师证书。

八、报名及报到注意事项

请各参赛院校于 3 月 30 日前，将《报名表》和《选手登记表》(附件 1、2)、身份证、学籍卡和 1 寸免冠照的电子版发送至报名联系人邮箱。

报到时，各参赛队需提交指导教师、参赛队员个人的身份证、学籍卡复印件各 1 份，《报名表》和《选手登记表》(附件 1、2)原件。

九、报名联系人及地址

通信地址：(略)

邮　　编：(略)

联 系 人：(略)

电子邮箱：(略)

电　　话：（略）
报到地点通信地址：
地　　址：（略）
总台电话：（略）
交通路线：（略）

附件1.“2017年全国职业院校技能大赛”高职组测绘赛项“南方测绘杯”自治区选拔赛报名表
2.“2017年全国职业院校技能大赛”高职组测绘赛项“南方测绘杯”自治区选拔赛参赛选手登记表
3.“2017年全国职业院校技能大赛”高职组测绘赛项“南方测绘杯”自治区选拔赛参赛回执

自治区高职高专教育研究会（印章）
高职土建类专业建设指导委员会（印章）
2017年3月21日

实例评析：这是一份技能大赛选拔赛的通知，属于党政机关公文。党政机关公文是党政机关实施领导、履行职能、处理公务的具有特定效力和规范体式的文书，是传达贯彻党和国家的方针政策，公布法规和规章，指导、布置和商洽工作，请示和答复问题，报告、通报和交流情况等的重要工具。

写作知识

模块一　应用文写作概述

一、定义

随着社会的不断进步和科学文化的迅速发展，社会事务日益繁重，社会关系日益复杂，处理程序日益规范，应用文的使用范围也日益广泛。无论社会各级、各类组织还是个人，在处理公务或私事时均离不开应用文。因此，应用文的写作能力也成了衡量人们能力水平的一个方面。对于在校大学生来说，掌握一定的应用文写作知识，能撰写工作、学习、生活中常用的一些应用文是十分必要的。著名教育家叶圣陶先生说过：“大学毕业生不一定要会写小说、诗歌，但是一定要能写工作和生活中实用的文章，而且非写得既通顺又扎实不可。”这里“实用的文章”就是应用文。

应用文又称为应用文书、实用文，是党政机关、企事业单位、社会团体或个人在处理各项公务和日常事务中为解决实际问题时所使用的具有惯用格式的实用性文章的总称。

二、特点

1. 实用性。实用性是应用文最本质的特点。应用文是为解决某一实际问题或达到某种目的而写，对象明确。这也是它区别于其他文体的主要标志。

2. 真实性。应用文要求作者严格按照客观事物的本来面目进行写作，尊重客观事实，充分调查研究，确保材料真实可靠，有助于政策决策。

3. 针对性。应用文，特别是党政公文写作有一定的目的性，它是为处理和解决社会实际问题而进行写作的。因此，应用文有明确的针对性和特定的受文对象。

4. 时效性。应用文为实用而作，为解决实际问题、应对突发事件、迅速及时传递信息情报而作。一般要求在特定时间内处理，时效性极强，表现为：快写、快发、快办，行文不及时，将会丧失其实用价值。

5. 程式性。应用文写作的程式性主要指文种和结构、格式和语体都有相对固定的要求。这一特点是由其实用性所决定的。党政公文的程式性尤其明显。

三、作用

1. 指挥管理作用：是上级单位对下级单位的工作进行领导和管理的一种工具。

2. 指导规范作用：依据《中华人民共和国宪法》制定法律、法令和行政执法等文件，传达法律规范、方针政策、意见办法，部署工作，实现领导。

3. 沟通协调作用：上下级或平级单位、个人之间的许多工作、信息都是通过应用文沟通协调联系处理的。

4. 宣传教育作用：传达某一政策和规定的同时，还要说明为什么要这样做。

5. 凭证依据作用：反映了制发机关或个人的意图，是受文机关或个人处理问题和解决问题的依据。

四、种类

1. 按来源分：外来文书、收来文书、内部文件。

2. 按作用分：指挥性文书、规范性文书、报请性文书、知照性文书、记录性文书。

3. 按行文关系和方向分：上行文、下行文、平行文、泛行文。

4. 按秘密程度分：绝密件、机密件、秘密件、内部件、国内公开件、对外公开件。

5. 按紧急程度分：特急、急件、平件。

6. 按具体职能分：法规性、指挥性。

7. 按处理方式分：参阅件、需办件。

目前，通用的划分方法是按应用文的适用范围，将其分为通用文书和专用文书两大类。

通用文书是指人们在日常的各种生活、学习、工作和生产活动中普遍使用的应用文。通用文书又可分为法定公文和事务文书。法定公文，即 2012 年 4 月 16 日由中共中央办公厅和国务院办公厅联合正式印发的《党政机关公文处理工作条例》规定的 15 种行政公文：决议、决定、命令(令)、公报、公告、通告、意见、通知、通报、报告、请示、批复、议案、函、纪要；事务文书，如计划、总结、调查报告、简报等。专用文书是指具有一定专业性的应用文。它包括传播类，如新闻、广告、演讲稿等；财经类，如经济合同、市场预测报告、经济活动分析报告等；科技类，如学术论文、科学实验报告、毕业论文等；司法类，如诉状、答辩词、公证书等。

五、写作要求

1. 主旨要专一。一般来说，写作应用文要求一文一旨，一文一事，尤其是党政机关公文。

2. 材料要真实。材料真实是应用文的生命，是使文章具有真实性的首要条件。

3. 结构要完整。服从表现主旨的需要，对内容进行组织安排，从标题到结尾具体行文步骤要完整。

4. 语言要准确简明。正确地记载与传递信息是撰写应用文的基本要求。应用文不仅要让人看得懂，看得明白，还要惜墨如金，讲究简洁明快。

5. 文风要求庄重。应用文是处理事务的工具，又是沟通信息的基本方式，力求朴实自然，质朴无华。

模块二　应用文写作的基础知识

应用文写作的基本内容包括主旨、材料、思路与结构、语言。

一、主旨

(一)主旨的定义

主旨就是通过文章的材料所表达的中心思想、基本观点或要说明的问题，是对客观事物的评价和态度。

(二)主旨的作用

1. 主旨是文章的灵魂。应用文主旨确立了文章的灵魂和主题，表达出行文意图和观点，或合理诉求，或实施方案，使得文章有了使用价值和影响力。

2. 主旨是文章的统领。文章的主旨决定着文章的质量，文章的标题、材料的取舍、谋篇布局、遣词造句都要受到主旨的约束，并服从主旨的需要。

(三)主旨的确立

1. 符合党和国家的政策法规。主旨是文章的灵魂，必须与党和国家的政策法规保持一致；否则，就不能达到其领导、管理和沟通的作用。

2. 符合作者发文意图。发文意图是写作文书的基本要求和基本主张。

3. 主旨鲜明、针对性强。应用文通常是一文一事一旨，鲜明地表达作者的主张和观点，清清楚楚地说明意见、主张、方法、措施等为何人、何事、何问题提出，具有很强的针对性。

(四)主旨显示的方法

1. 标题点旨。通过文章的标题点明主旨。

2. 开宗托旨。在正文开头通过主旨句显示文章写作主旨。主旨句即在文章中明白、准确地表达主旨的句子。

3. 篇末点旨。在文章正文的结尾点明写作主旨。

4. 呼应显旨。在文章正文的开头和结尾相互呼应突出主旨。

5. 转换揭旨。在文章重要转换处揭示主旨。

6. 小标题显旨。把主旨分解成几个部分，每一部分通过小标题来显示。小标题具有提纲挈领的作用。

二、材料

(一)材料的定义

应用文材料是指作者为完成写作要求，体现写作意图和目的，从有关文件和实际工作中搜集到的理论根据和事实根据。

(二)材料的作用

1. 材料是写作的前提。“巧妇难为无米之炊”，材料是文章的基础，言之无物、空洞无味的应用文是没有说服力的，言之有物且符合客观事实的指示或诉求才能很好地体现文章主旨。

2. 材料是主旨的基础和支撑。材料是形成主旨的基础，并对主旨起到了支撑的作用。如果没有材料，主旨就无法产生，也无法表现出来。

(三)选材标准

1. 确凿，即材料要真实、准确，不可道听途说。

2. 切题，即材料要具有针对性、实用性，主旨统帅材料，材料表现主旨，两者必须高度统一。

3. 典型，即以一当十的材料，既能揭示事务的本质，同时具有广泛的代表性和说服力。

4. 新颖，即具有时代气息，反映客观事物的最新面貌，以及新人、新事、新思想、新事物、新经验、新问题和新成果等。新颖、生动的材料，能引起读者的兴趣。

(四)材料处理的方法

1. 类化法，即按材料的共同属性和特征将纷繁的材料进行梳理和归并，使之显示出“类”的特点。

2. 筛选法，即对材料的选用不能停留在一般的认识上，要经过反复地鉴别、筛选，力求从纷繁的材料中找到最切合主旨的切合点。

3. 浓缩法，即对有价值又非常详尽纷繁的材料加以压缩，使材料更为凝练、突出。

4. 截取法，即一个完整事件的片断，或以一个完整事务部分去表现观点，言简意赅地说明问题和阐明观点。

三、思路与结构

(一)思路与结构的定义

思路，就是思维活动的运行轨迹。文章思路，就是作者构思和写文章时有规律、有条理、有方向、连贯的思维过程的“路线”。按照这个思路写成文章，就是所谓组织结构。

(二)应用文写作的常用思路

1. 递进思路。递进思路是应用文写作的常用思路之一。即通过由浅入深、由表到里、由低到高、由小到大、由轻到重，层层递进、循序渐进的一种思维方法认识事物或事理。运用这种思维方法，可以深入地、清晰地阐释某些比较复杂的事理，说明某些比较复杂的关系，有助于深刻认识事物的本质属性，使文章达到一定的深度。

2. 并列思路。运用平等、平行、并列的思维方式认识和对待事物或事理而形成的思路就是并列思路，其认识事物或事理是将事物或事理平等看待，横向发展。

3. 比较思路。比较思路是运用比较和鉴别的思维方法而形成的一种思路。应用文写作常常运用比较思路。要注意抓住事物的本质特征进行比较，以便更深刻地认识和把握事物的异同和性质。比较标准要一致。

4. 归纳和演绎思路。归纳是从两个以上个别的、特殊的事物或道理的共同属性中，推出同一类事物或道理的普遍性结论的推理方法。它是从个别到全体、从特殊到一般的思维方法。归纳常有完全归纳法、简单枚举法、科学归纳法等方法。演绎是从普遍性的前提推出特殊个别性结论的思维方法。它与归纳的思维方向正好相反。

5. 总分思路。总分思路是运用综合和分析两种思维方法而形成的思路。综合就是把事物的各个部分联合起来，从整体上加以考察，也就是由分到总，集散为整。分析则是把事物分成若干部分，分别加以研究，由总到分，化整为零。总分思路是应用文书写作的常用思路之一。

6. 因果思路。因果思路是运用探因和寻果的思维方法形成的思路。在应用文写作中，根据写作意图和受众接受心理，常常采用由果溯因的思路。

(三)应用文写作的常用结构

1. 标题

(1)公文式标题：发文机关名称+(关于)+事由+文种。

(2)四项式标题：单位名称+时限+事项+文种。

(3)新闻式标题：①主旨式；②事实式；③问题式。

(4)正副标题，即大小标题、双标题。

2. 文章结构的具体内容

(1)开头：①概述情况；②说明根据；③直陈目的；④交代原因；⑤阐明观点；⑥表明态度；⑦引述来文；⑧提出问题。

应用文的开头，有时是多种方式综合运用。

(2)正文：①依据；②目的；③文种承启语；④事项；⑤要求。

(3)结尾：①作强调；②作请求；③作总结；④作要求；⑤作补充；⑥显文种。

(4)层次：①纵向推进；②横向推进；③总提分承；④纵横交叉。

(5)段落：①单一；②完整；③有序；④合理。

(6)过渡：①过渡词；②过渡句；③过渡段。

(7)照应：①首尾照应；②文题照应；③针线照应。

(四)应用文结构的常见类型

1. 并列式。并列式的每个层次所表达的意思之间是并列关系，各层次间呈现出一种并列的关系，没有主次之分。如报告的多方面情况。

2. 递进式。递进式的各个层次间表现为逐层深入的“递进”关系，各个层次间有先后、主次之分，常表现为由浅入深，由先到后，由表及里地说明事物，表现主旨。如通报、总结等常用这种结构方式。

3. 条文式。条文式适用于内容不太多、篇幅不太长的一些应用文。其标注形式如第一层为“一、”，第二层为“(一)”，第三层为“1.”，第四层为“(1)”，第五层为“①”。

4. 表格式。表格式是应用文不同于其他文体所特有的一种结构形态。一些经济管理的单位制定特殊文件时，大都采用表格式。

5. 总分式。总分式结构包括三种形式，即先总后分、先分后总和总分总。

6. 篇段合一式。篇段合一式是指正文全文内容包括在一个完整的自然段内，即一个段落就是一篇完整的文章。这种形式常用于内容单一的文章。

四、语言

文章通常有五种表达方式，即叙述、议论、说明、描写和抒情。应用文的主要表达方式为说明、叙述和议论。

(一)说明

应用文中的说明主要是对事理解说或阐述的表达。如条例、规定、制度等法规规章类文书，启事、合同、产品说明书等都用这种表达方式。

说明常用的方法：下定义、分类别、举例子、列数字、作比较。

应用文的说明要求：客观、准确、恰当、简明。

(二)叙述

应用文中的叙述主要用来介绍事实经过、交代问题缘由。如情况报告、表彰或处分通报等交代背景、涉及的人、单位或事件的基本情况都离不开叙述，为议论提供事实依据。

应用文的叙述要求：概括叙述、线索清楚。

(三)议论

应用文中的议论主要用于作者发表意见、阐明道理、作出评价、批驳他人观点。如调查报告、司法文书、总结等文书常用议论。

议论常用的方法有例证法、引证法、对比法、类比法和归谬法。

模块小结

本节主要学习的内容是应用文定义、特点、作用和应用文写作的基础知识，是全书的重点内容之一。掌握和了解这些内容对于认识、研究和写作应用文具有极为重要的意义。

知识拓展

应用文常用语言

一、缩略语

(一)定义

缩略语是词或词组的简略形式。汉语中，为便利使用，由较长的语词缩短省略而成的语词，具有地域性强、专业性强、时代性强、信息量大、简明便捷等特点。

(二)分类

1. 数概式。如“工业现代化、农业现代化、国防现代化和科学现代化”——“四个现代化”——“四化”。标数概括又有三种类型：

(1)单一数概括。如“四季”(春、夏、秋、冬)。

(2)双重标数概括。如“双增双节”。

(3)多重数概式。如“五讲四美三热爱”。

2. 节缩式。将一个大词组节缩成一个小词组。如“科学研究”为“科研”；“彩色电视机”为“彩电”；“动物植物”为“动植物”等。

3. 分合式。如“企业、事业单位”为“企事业单位”；“离休、退休人员”为“离退休人员”等。

4. 结合式。由两个以上著名城市、省份简称结合起来，或由他们的简称与其他文字结合起来。如“呼包鄂”“湘鄂边界”“闽南话”。

5. 择取中心词。如“《中华人民共和国合同法》——《合同法》”，但必须注意，使用这种缩略语先用全称，同时注明“以下简称”。如“《党政机关公文处理工作条例》(以下简称《条例》)”。

6. 对外开放不仅引进国外先进的科学技术和管理经验，而且在语言上引进外来缩略语汇。如“APEC(亚太经济合作组织)、GDP(国内生产总值)、GNP(国民生产总值)、MBA(工商管理硕士)、IT(信息技术)、CAD(计算机辅助设计)、VIP(重要人物)等”。

(三)运用缩略语应注意的问题

1. 坚定约定俗成。缩略语并非应用文独有，它来源于日常用语，一般来说，是约定俗成的。

2. 把握使用范围。如“交大”即交通大学。

3. 避免产生歧义。有时缩略语与一些词或词组相同，容易使人误解。如：“一份简报的题目是《本市一百商场日营业十二小时》”，这里的“一百商场”实际上是指“第一百货商场”。

4. 区分使用场合。缩略语在一般性场合可使用，而庄重场合一般不使用。如：“中国——中华人民共和国”；在公文中年、月、日不得缩写。

5. 讲究标点符号。尤其是并列式的缩略语，很容易同其他词语混淆。如：“解决农民的饮、用水问题”与“解决农民的饮用水问题”发生混淆。

二、模糊语言

(一)定义

模糊语言是指外延不确定、内涵无定指的特性语言，即指外延小而内涵大的语言。与精确语言相比，模糊语言具有更大的概括性和灵活性。这种概括性与灵活性集中反映在语言外延上。例如，汉语中的年龄词“少年、青年、中年、老年”等，它们所表示的年龄范围就是模糊的。

应用文的语言总体上可分为精确语言和模糊语言两大类。模糊是绝对的，精确是相对的。精确语言是应用文的基础和生命，但在某些特定的语言环境和特定的条件下却又必须使用模糊语言。

(二)种类

模糊语言在应用文中使用频率很高，凡是以主观判断或揭示模糊、相对模糊和认识处于模糊状态的事物，或者表达上的特殊需要都只能用模糊语言。其应用有以下几个情形：

1. 表示时间。无须或无法测计确切时间的事物，用无截然起止点，或只有起点而无终点，或只有终点而无起点表示时间的词语表述。如十时许、早晨、傍晚、中午、午夜、夜间、近来、年初、当前、不久前等，表示时间的大致界划和区段。

2. 表示度量。无须或无法准确测计度、量的事物，用具有不确定性表示度、量、数词表述。如一批、许多、甚微、若干、多数、大多数、绝大多数、过早、过快、适中、从宽、从重等，表示对量、数的估计。

3. 表示范围。无须或无法确定具体界限的事物，用具有相对区界的词语表述。如部分、局部、个别、以外、以东、以后、以上、以外、附近、沿海地区等，表述事物的跨度和范围。

4. 表示程度。无须或不能量化，无法准确度量程度的事物，用具有层级性或比较性词语表述。如十分、非常、特别、良好、优秀、优异、显著、卓越、损失、大损失、重大损失、巨大损失、无法估量的损失等。表示程度等级或档次。

5. 表示性状。无须或无法确定具体性质，描述具体状态的事物，用富有弹性的词语或修辞方法表述。如正确性、严重问题、紧急情况、恶性循环、严峻的形势、急剧的变化、恶劣的手段、特别行动、非常事件等表述事物的性质和状态。

6. 表示趋向。无须或无法具体反映发展变化的事物，用具有趋向性词语表述。如提高、加快、减少、降低等，表述事物发展、变化的客观趋势或人们的主观意向。

(三)作用

模糊语言对特定的事物比确切语言表达更准确、更科学，在应用文中是不可替代的。其主要作用如下：

1. 适应变化，严密不纰。应用文，特别是党政机关公文所作出的规定、提出的办法要适应事物的发展变化，而且滴水不漏。

2. 灵活原则，方便执行。应用文中作出的规定、提出的办法等不宜过死，要适应变化、发展的情况，为执行留有随机应变的余地。

3. 以简代繁，覆点盖面。应用文中分析形势、提出问题、总结工作、论述证据等，一般要准确估计，高度概括，以简代繁，既要覆盖“一般”，又要不漏“个别”。

总之，模糊语言的运用要恰当、得体。

三、专门用语

1. 称谓用语

自称(第一人称)：“我”“本”，如我市、本人、本公司。

他称(第二人称)：“你”“贵”，如你们、你单位、贵公司、你局。

第三人称："该"，如该企业、该厂。

2. 祈请词。即应用文中希望对方给予回答、办理或执行的某些用语。

(1)上级机关对下级机关：请、希、望。如请予答复，望即遵照执行，希即知照等。

(2)下级机关对上级机关：请、恳请、拟请、希。如当否，请批示；拟请协助；希予支持为盼等。

3. 表态词。如同意、不同意、拟予同意、不拟同意、可行、缓议、参照执行。

4. 判断词。如希、确系等。

5. 经办词。如经、业经、现经、并经、已经、查收、查复、查询等。

6. 引叙词。如倾接、近接、悉、收悉、敬悉、欣悉、惊悉、电悉等。

7. 开头词。如为了、根据、对于、关于、鉴于、按照、遵照等。这类用语往往是提出根据或理由。"按照、遵照"多是引述理论的、政策的或法律的根据；"为了"大多引出动机或目的；"对于、关于"一般是引出已经熟知的情况、事由，加快申述。

8. 过渡词。如为此、对此、因此、据此、鉴此等。陈述情况、事实、理由之后用过渡用语引出办法、措施，不仅行文简便，而且具有照应作用。

9. 结尾词。如为要、为盼、为感、为荷、是荷、此布、此致敬礼、特此通报(通知、通告、函告、函达、电告、报告、批复、电复)等。结尾语也有上行、下行和平行的区别，不宜乱用。"为要"用于要求执行的下行文。"为盼"含有希望、请求的意味，多用于上行和平行文。

写作练习

一、填空题

1. 材料是写作的________，是写作主旨的________和________。

2. 选材的标准有________、________、________、________。

3. 应用文写作的常用思路包括________、________、________、________、________和________六种。

4. 应用文的正文包括________、________、________、________、________。

5. 文章结构的具体内容包括________、________、________、________、________、________、________。

二、选择题

1. 下列不属于应用文特点的是(　　)。

A. 实用性　　B. 真实性　　C. 艺术性　　D. 程式性

2. 下列不属于应用文作用的是(　　)。

A. 指挥管理作用　　B. 指导规范作用

C. 法律法规作用　　D. 凭证依据作用

3. 下列不属于主旨作用的是(　　)。

A. 前提作用　　B. 统领作用　　C. 灵魂作用　　D. 支撑作用

4. 下列属于选材标准的是(　　)。

A. 确凿　　B. 新颖　　C. 典型　　D. 统一

5. 下列属于开头词词语的是(　　)。

A. 为了　　B. 根据　　C. 对于　　D. 对此

三、判断题

1. 应用文是党政机关公文的一种。 (　　)
2. 应用文的主旨统帅材料、结构表达方式和语言。 (　　)
3. 应用文的表达方式包括说明、叙述、议论、描写和抒情。 (　　)
4. 应用文的标题结构是：发文机关名称+(关于)+事由+文种。 (　　)
5. 撰写应用文时，可以一文多旨。 (　　)

四、简答题

1. 什么是应用文？联系实际谈谈学习应用文的意义是什么？
2. 怎样理解应用文的真实性和实用性？
3. 应用文的主旨与材料的关系是什么？
4. 什么是文章的主旨？如何确立文章的主旨？
5. 怎样正确使用缩略语？

单元二　党政机关公文写作

教学目标

知识目标	能力目标	素质目标
了解党政机关公文的定义和特点，理解通知、通报、议案、决定、纪要、请示、报告等常用党政机关公文的定义、特点、作用及其写作理论	掌握党政机关公文的种类、行文方向和格式，掌握通知、通报、议案、决定、纪要、请示、报告等常用党政机关公文的结构和写法及写作要求。通过学习与训练，能写出规范的公务文书	增强党政机关公文写作的规范意识，揣摩例文，模拟写作，提升职业写作的综合素养，提高职场工作的应对能力

教学要求

引导学生认识到学习写作常用公文的重要性和实用性，增强学生公文写作的模式化、规范化意识，指导学生通过理论学习和实践写作相结合的方法，掌握通知、通报、议案、决定、纪要、请示、报告等常用公文的写作技能，培养学生根据实际需要熟练地撰写常用公文的能力。

模块导读

党政机关公文是应用文中特殊规范的一种。本单元通过介绍公文的定义、种类、特点和对某一文书不同种类的实例示范、讲解写作理论及安排写作练习，帮助学生掌握通知、通报、议案、决定、纪要、请示、报告等常用公文的写作技能，使学生具备一定的写作能力。

实例示范 2.1

中共中央　国务院　中央军委
关于给景海鹏颁发“一级航天功勋奖章”
授予陈冬“英雄航天员”荣誉称号并颁发
“三级航天功勋奖章”的决定

（2016 年 12 月 26 日）

2016 年 10 月 17 日，我国航天员景海鹏、陈冬同志驾乘神舟十一号载人飞船成功进入太空，在进行33天太空飞行，完成与天宫二号空间实验室交会对接，开展一批体现国际科学前沿和高新技术发展方向的空间科学与应用任务后，于11月18日顺利返回地面。天宫二号和神舟十一号载人飞行任务圆满成功，首次实现了我国航天员中期在轨驻留，标志着我国载人航天工程取得新的重大进展，展示了我国建设创新型国家和世界科技强国的最新成果，展示了中国人民攀登世界科技高峰的最新成就，对于进一步提升我国综合国力、科技实力、民族凝聚力，激励全党全军全国各族人民统筹推进“五位一体”总体布局和协调推进“四个全面”战略布局，不断开创中国特色社会主义事业新局面，具有重大意义。

天宫二号和神舟十一号载人飞行任务圆满成功，凝聚着参加工程研制、建设、实验的广大科技工作者、航天员、干部职工、解放军指战员的智慧和心血。景海鹏、陈冬同志作为其中的杰出代表，团结协作、迎难克坚，体现了一流的、过硬的素质。景海鹏同志忠诚使命、顽强拼搏，先后3次执行航天飞行任务，为我国载人航天事业作出重大贡献。陈冬同志坚毅果敢、勇于挑战，精心精细操作，出色完成各项任务。为褒奖他们的卓著功绩，中共中央、国务院、中央军委决定，给景海鹏同志颁发“一级航天功勋奖章”，授予陈冬同志“英雄航天员”荣誉称号并颁发“三级航天功勋奖章”。

景海鹏、陈冬同志是投身建设航天强国事业的飞天勇士，是实现中国梦强军梦征程上的时代先锋。中央号召，全党全军全国各族人民要以他们为榜样，学习他们爱党报国、忠诚使命的坚定信念，学习他们勇挑重担、恪尽职守的奋斗精神，学习他们不畏艰险、无私奉献的高尚品格，学习他们严谨细致、精益求精的扎实作风，努力在本职岗位上争创一流业绩。

让我们更加紧密地团结在以习近平同志为核心的党中央周围，高举中国特色社会主义伟大旗帜，全面贯彻党的十八大和十八届三中、四中、五中、六中全会精神，以邓小平理论、“三个代表”重要思想、科学发展观为指导，深入贯彻习近平总书记系列重要讲话精神和治国理政新理念新思想新战略，大力弘扬“两弹一星”精神和载人航天精神，艰苦奋斗，开拓创新，扎实工作，为实现“两个一百年”奋斗目标、实现中华民族伟大复兴的中国梦而努力奋斗！

实例评析：这是中共中央、国务院、中央军委2016年12月26日颁发的关于给景海鹏颁发“一级航天功勋奖章”、授予陈冬“英雄航天员”荣誉称号并颁发“三级航天功勋奖章”的决定，语言严谨、得体，体现了公文写作的庄重性和功能的实用性。

写作知识

模块一　党政机关公文写作概述

一、定义

党政机关公文，又称为公务文书、公文，是人们在治理社会、管理国家的公务活动中形成并使用的具有法定权威和规范格式的应用文，是依法行政和进行公务活动的重要工具。

公务文书作为颁布法规、部署工作、传递信息、沟通情况、商洽工作的载体，具有指导作用、联系作用和凭证作用，从而体现了国家党政机关的管理职权。

二、特点

1. 作者的法定性

公文的法定作者是指依法成立并能以自己的名义行使职权和担负义务的机关或组织。撰写和制发公文不是个人行为，所代表的是机关或组织。因此，它的内容受法律、工作需要及领导人指示的制约。其法定作者制发公文的权利和名义受法律保护。公文作者的法定性是公文区别于其他文书的显著标志。

2. 制发的程序性

公文由法定作者制发，在撰写和制发的过程中受公文处理程序的严格制约。例如，公文的制发，必须经过起草、核稿、签发等程序；对收文的办理，一般应包括签收、登记、分办、批办、承办、催办等程序。这一系列过程不是无序的，其程序由国务院办公厅发布。

3. 执行的效力性

执行的效力性是指公文的权威性和约束性。制发机关颁布法律、命令、决定，下发通知或者报送请示、报告，传达制发机关的决策与意图，能对受文者的行为产生不同程度的强制性影响。公文在办理过程中所发挥的法定效力也是现行效用。当公文执行办理完毕，其现行效用消失后，将转化为档案文献，成为历史的凭证。

4. 体式的规范性

公文的规范体式是公文区别于其他文书的显著标志。体式的规范性，一是指我国撰写公文所采用的语体，即现代汉语语体；二是指文件的格式，即公文结构与公文各组成部分的文字符号在载体上的排列形式。公文的拟制必须遵循规范化的体式，其目的是维护公文的法定效力和机关的权威性，也是实现公文工作的标准化，进而提高工作效率。

三、种类

1. 按适用范围划分

2012 年 4 月中共中央办公厅、国务院办公厅联合印发了《党政机关公文处理工作条例》，决定从 2012 年 7 月 1 日起施行。1996 年 5 月 3 日中共中央办公厅发布的《中国共产党机关公文处理条例》和 2000 年 8 月 24 日国务院发布的《国家行政机关公文处理办法》停止执行。

最新《党政机关公文处理工作条例》规定，按照公文的适用范围和用途可分为 15 种，分别是决议、决定、命令(令)、公报、公告、通告、意见、通知、通报、报告、请示、批复、议案、函、纪要，比 2000 年 8 月的版本多了决议和公报两个文种。具体种类和适用范围见下表。

序号	种类	适用范围
1	决议	适用于会议讨论通过的重大决策事项。

续表

序号	种类	适用范围
2	决定	适用于对重要事项作出决策和部署、奖惩有关单位和人员、变更或者撤销下级机关不适当的决定事项。
3	命令(令)	适用于公布行政法规和规章、宣布施行重大强制性措施、批准授予和晋升衔级、嘉奖有关单位和人员。
4	公报	适用于公布重要决定或者重大事项。
5	公告	适用于向国内外宣布重要事项或者法定事项。
6	通告	适用于在一定范围内公布应当遵守或者周知的事项。
7	意见	适用于对重要问题提出见解和处理办法。
8	通知	适用于发布、传达要求下级机关执行和有关单位周知或者执行的事项，批转、转发公文。
9	通报	适用于表彰先进、批评错误、传达重要精神和告知重要情况。
10	报告	适用于向上级机关汇报工作、反映情况，回复上级机关的询问。
11	请示	适用于向上级机关请求指示、批准。
12	批复	适用于答复下级机关请示事项。
13	议案	适用于各级人民政府按照法律程序向同级人民代表大会或者人民代表大会常务委员会提请审议事项。
14	函	适用于不相隶属机关之间商洽工作、询问和答复问题、请求批准和答复审批事项。
15	纪要	适用于记载会议主要情况和议定事项。

2. 按行文方向划分

行文方向主要指发文单位与收文单位之间的关系，可分为下行文、上行文和平行文。下行文是指具有隶属关系的上级机关发给下级机关的公文；上行文是指具有隶属关系的下级机关呈报给上级机关的公文；平行文是指同系统内的平级机关或不相隶属的机关之间来往的公文。

所谓隶属关系，是指上下级机关具有直接管理和被管理的关系。例如，内蒙古自治区人民政府与呼和浩特市人民政府就具有隶属关系，而内蒙古自治区呼和浩特市人民政府与北京市人民政府所管辖的昌平区政府，虽然具有级别的差异，但二者不具有隶属关系。上行文和下行文的说法，仅存在于具有隶属关系的机关公文活动之中。

3. 按缓急程度划分

党政机关公文按缓急程度来划分，可分为特急件、急件、一般文件三类。这是从公文的办理时限来说的。急件应当在接到来文后 3 天之内办理完毕，特急件在 1 天内办理完毕。

4. 按保密级别划分

党政机关公文按照保密级别来划分，可分为三个等级：绝密、机密和秘密。秘密等级简称密级，应在公文首页标注。

绝密文件，是指涉及党和国家最核心机密的文书；机密文件，是指涉及党和国家重要机密文书；秘密文件，是指涉及党和国家一般秘密的文书。这些不同等级的保密文件，一旦泄露会使国家的安全和利益遭受不同程度的损害，必须严肃对待，严格管理。

四、格式

公文一般由份号、密级和保密期限、紧急程度、发文机关标志、发文字号、签发人、标题、主送机关、正文、附件说明、发文机关署名、成文日期、印章、附注、附件、抄送机关、印发机关和印发日期、页码等要素组成。

按照《党政机关公文格式》(GB/T 9704—2012)，将版心内的公文格式各要素划分为版头、主体、版记三部分。公文首页红色分隔线以上部分称为版头；首页红色分隔线(不含)以下至末页首条分隔线(不含)以上部分称为主体；末页首条分隔线以下至末条分隔线以上部分称为版记。

(一)版头

公文的版头又称为文头、眉首，位于公文首页上端，一般约占 A4 型公文纸的 1/3 或 2/5 面积。

1. 份号

份号又称编号，是公文印制份数的顺序号。涉密公文应当标注份号。份号应标注在公文首页左上角第一行，用 6 位 3 号阿拉伯数字标注。

2. 密级和保密期限

秘密等级是指公文内容涉及秘密程度的等级。涉密公文应当根据涉密程度分别标注“绝密”“机密”“秘密”和保密期限。秘密等级和保密期限之间用“★”隔开，如“机密★5 年”。保密期限中的数字用阿拉伯数字标注。密级和保密期限应标注在公文首页左上角第二行。

3. 紧急程度

紧急程度是指送达和办理公文的时限要求。根据紧急程度，紧急公文应分别标注“特急”“加急”，电报应分别标注“特提”“特急”“加急”“平急”。紧急程度应标在公文首页左上角第三行。

4. 发文机关标志

发文机关标志由发文机关全称或规范化简称后加“文件”二字组成。如“××省人民政府文件”“××学院文件”。

联合行文时，发文机关标志可以并用联合发文机关名称，也可以单独用主办机关名称。

5. 发文字号

(1)发文字号是指某一公文在发文机关一个年度内发文总号中的实际顺序号。位于发文机关标识下空两行处、间隔线上面居中位置，紧靠间隔线。上行文的发文字号居左空一字编排。

(2)发文字号由发文机关代字+年份+序号三部分组成。如“中科院字〔2016〕28 号”，表示是中国科学院在 2016 年度内发的第 28 号文件。

(3)文号中的年份，要用阿拉伯数字完整书写，用六角括号“〔〕”括入。

(4)发文顺序号不加“第”字，不编虚位(即 1 不编为 01 或 001)，在阿拉伯数字后加“号”字。

(5)发文字号的作用主要有三个：一是便于登记；二是便于分类、归档；三是便于查找、引用。

6. 签发人

“签发人”是指批准发出公文的机关领导人。由“签发人”加全角冒号和签发人姓名组成，居右空一字，与发文字号处于同一排位置。只有上行文才需注明签发人。

(二)主体

1. 标题

标题是文章的眼睛，要求明确、集中、简明。

(1)完整的公文标题由发文机关名称、公文事由(或公文主题)、公文种类三部分组成。

(2)公文标题的三个部分，有时可以省略除文种外的一个或两个部分。一般使用“关于”这个介词结构。基本格式为“××××关于××××××的××”，如《××学院关于购买BIM应用软件的请示》《关于购买计算机的请示》《请示》。

(3)位置：红色分隔线下空两行，可分一行或多行居中排列，回行时要保持词语的完整，排列对称，长短适宜，间距恰当，醒目准确。

(4)注意：标题中除法规、规章名称加书名号外，一般不用标点符号。如《国务院办公厅转发建设部等部门关于进一步解决建设领域拖欠工程款问题意见的通知》。对一些新出现的词一般应加双引号，如“三讲”，对已经耳熟能详的词，如“四项基本原则”，则可以不再用双引号。

2. 主送机关

主送机关，是指公文的主要受理机关，也称为收文机关、受文机关。写在正文之前，标题之下空一行，居左顶格写，回行时仍顶格写，尾加冒号。

(1)上行文的主送机关一般是一个。请示、批复、意见、函的主送机关只能有一个。

(2)普发性下行文主送机关较多，一般使用泛称，如“各部门、各单位”。

(3)一些行文方向不定，没有特指主送机关的公布性公文，如公告、通告及一部分通知、通报则不写主送机关。

(4)主送机关不止一个时，应按其性质、级别或惯例依次排列，中间用顿号(类间用逗号)断开，最后用冒号(同类型、相并列的机关之间用顿号间隔，不同类型、非并列关系的机关之间用逗号间隔，最后用冒号)。如“各省、自治区、直辖市人事(人事劳动)厅(局)，教委(教育厅)，语委(语言文字工作机构)，国务院各部委、各直属机构人事(干部)部门，新疆生产建设兵团人事局”。

3. 正文

公文首页必须显示正文。一般用3号仿宋体字，编排于主送机关名称下一行，每个自然段左空两字，回行顶格。文中结构层次序数依次可以用“一、”“(一)”“1.”“(1)”“①”标注；一般第一层用黑体字、第二层用楷体字、第三层和第四层用仿宋体字标注。

正文表述公文的具体内容，是公文的核心部分。内容一般分开头(依据、目的、文种承启语)、事项、结尾(要求、希望)三部分。正文内容较多时，可以分段写。

4. 附件说明

公文附件是指附属于正文的文字材料，是公文正文的重要组成部分，是对正文的补充说明或参考材料。不是每份公文都有附件。

附件说明是指公文附件的顺序号和名称。

(1)公文如有附件，应当在正文下空一行，左空两字编排“附件”二字，后标全角冒号和附件的名称。不可只写“附件如文”或者只写“附件×件”。

(2)如有 2 个以上附件，用阿拉伯数字依次标注序号、标题或名称。附件名称不加书名号，后不加标点符号，如：“附件：1. ××××关于××的通知”。

(3)正文内本已写清所转发的文件、材料名称的，不必再写“附件”。

5. 发文机关署名、成文日期和印章

发文机关署名是署发文机关全称或规范化简称。联合行文时，应当先编排主办机关署名，其余发文机关署名依次向下编排。

成文日期署会议通过或者发文机关负责人签发的日期。联合行文时，署最后签发机关负责人签发的日期。成文日期用阿拉伯数字将年、月、日标全，年份应标全称，月、日不编虚位，即 1 不编为 01。如 2017 年 2 月 1 日。

公文中有发文机关署名的，应当加盖发文机关印章，并与署名机关相符。联合下发的公文，联合发文机关都应加盖印章。印章加盖要端正，上不压正文，下要压年、月、日。有特定发文机关标志的普发性公文和电报可以不加盖印章。

6. 附注

所注内容主要是本文件发送、传达的范围和需要注意的事项。不是每份公文都有附注。附注居左空两字加圆括号标识在成文日期下一行。

7. 附件

附件应当另面编排，并在版记之前，与公文正文一起装订。“附件”二字及附件顺序号用 3 号黑体字顶格编排在版心左上角第一行。附件标题居中编排在版心第三行。附件顺序号和附件标题应当与附件说明的表述一致。附件格式要求同正文。

(三)版记

1. 抄送机关

抄送机关是除主送机关外需要执行或者知晓公文内容的其他机关，应当使用机关全称、规范化简称或者同类型机关统称。其位置在分隔线之下，印发机关和印发日期上一行，左右各空一字编排。

2. 印发机关、印发日期和印数

印发机关，即印发公文机关，要写全称。印发日期，以公文付印的日期为准。

印发机关和印发日期在同一行。前面左空一字写印发机关，最后写印发日期。印发日期右空一字，用阿拉伯数字将年、月、日标全，年份应标全称，月、日不编虚位(即 1 不编为 01)，后加“印发”二字。

印数，是指公文实际印制份数，位于印发时间的正下方，写“共印××份”，并用圆括号括上。

(四)页码

页码，即公文的页码顺序，编排在公文版心下边缘之下，数字左右各放一条一字线，如“— 1 —”。

五、公文排版规格和印制装订要求

公文用纸一般采用国际标准 A4 型纸，幅面尺寸为：210 mm×297 mm。排版尺寸：上边距大于下边距，左边距大于右边距。排印一律从左而右横排、横写。

公文应左侧装订，不掉页。包本公文的封面与书心不脱落，两页页码之间误差不超过4 mm。

六、字体和字号

如无特殊说明，公文格式各要素一般用3号仿宋体字。特定情况可以作适当调整。

七、行数和字数

一般每面排22行，每行排28个字，并撑满版心。特定情况可以作适当调整。

八、公文写作的基本原则

1. 符合国家的宪法、法律、法规和党的方针、政策及有关规定。
2. 情况确定，观点明确，表述准确，结构严谨，条理清楚，直述不曲，字词规范，标点正确，力求简短。
3. 公文的文种应当根据行文目的、发文机关的职权和与主送机关的行文关系确定。
4. 人名、地点、时间、数字、引文准确。公文中汉字和标点符号的用法符合国家发布的标准方案，计量单位和数字用法符合国家主管部门的相关规定。

模式应用

份号 000001（用6位3号阿拉伯数字）

机密（秘密、机密、绝密）★×年（用3号黑体字，保密期限的数字用阿拉伯数字标注）

特急 特急

发文机关文件——发文机关标识

（发文机关全称或者规范化简称加“文件”二字组成）

□____发〔________〕××号—发文字号

（如果是上行文“发文字号”居左空一字，3号仿宋体字；“签发人”居右空一字，“姓名”用3号楷体”）

发文机关＋(关于)＋事由＋文种

（2 号小标宋体字，分一行或多行居中排布；回行时，
要做到词意完整，排列对称，长短适宜）

主送机关(受文机关)：

（主送机关不止一个时，应按其性质、级别或惯例依次排列，中间用顿号(类间用逗号)断开。）

□□正文…………………………………………………………………………………………
……………………………………………。

（3 号仿宋体字，编排于主送机关名称下一行，每个自然段左空两字，回行顶格）

（文中结构层次序数依次可以用“一、”“(一)”“1.”“(1)”标注；一般第一层用黑体字、第二层用楷体字、第三层和第四层用仿宋体字标注。）

开头(依据、目的，文种承启语)

主体(事项)

结尾(要求)

附件：1. ××××××××

2. ××××××××××

（在正文下空一行左空两字编排“附件”二字，后标全角冒号和附件名称。）

发文机关署名

2016 年 11 月 9 日□□□□

（用阿拉伯数字将年、月、日标全，年份应标全称，月、日不编虚位，即 1 不编为 01）

（附注）

（如有附注，居左空两字加圆括号编排在成文日期下一行。）

□抄送：×××，×××。（用 4 号仿宋体字，左右各空一字编排。“抄送”二字后加全角冒号和抄送机关名称，回行时与冒号后的首字对齐，最后一个抄送机关名称后标句号）

印发机关：（全称或规范化简称） 2016 年 11 月 9 日印发□

（用 4 号仿宋体字，编排在末条分隔线之上，印发机关左空一字，印发日期右空一字，用阿拉伯数字将年、月、日标全，年份应标全称，月、日不编虚位(即 1 不编为 01)，后加“印发”二字）

模块小结

本节主要学习的内容是党政机关公文的定义、特点、种类、格式和公文写作的基本原则，其中公文的种类和格式是学习重点，并且要注意把握公文的特点和作用，能够依据公文的格式撰写公文。

知识拓展

党政机关公文的拟制和办理

一、党政机关公文的拟制

公文拟制包括公文的起草、审核、签发等程序。

公文起草应做到：

1. 主题明确，符合政策。
2. 情况属实，注重实效。
3. 结构严谨，条理清晰。
4. 表述精确，字词规范。
5. 标点正确。
6. 直述不曲。

二、党政机关公文的办理

《党政机关公文处理工作条例》(中办发〔2012〕14号)对公文办理的程序有了明确规定，其内容包括收文办理和发文办理两个方面。

1. 收文办理的程序：签收→登记→初审→承办→传阅→催办→答复。
2. 发文办理的程序：复核→登记→印制→核发。

写作练习

一、基础训练

(一)填空题

1. 一般应标识签发负责人姓名的文件是________。
2. 公文标题要求________、________、________。
3. 具有________是公文区别于其他文字材料的显著标志。
4. 根据行文方向公文可分上行文、下行文、________。
5. 一份格式完整的公文，由________、________、________三部分组成。
6. 标题由________、________和________组成。
7. 公文的密级可分为________、________和________。
8. 公文处理工作应当坚持________、________、________、________的原则。

9. 如无特殊说明，公文格式各要素一般用________字体。特定情况可以作适当调整。

10. 党政机关公文的法定作者指________并能以自己的名义行使________和担负________的机关或组织。

（二）判断题

1. 根据“文责自负”的原则，公文由谁撰写就由谁负责。（　）

2. 如果是党委和行政联合行文，则以党委书记的签发日期为该公文的成文日期。（　）

3. 机关印章和机关领导人的签署都是公文生效的标志。（　）

4. 公文附件的名称应标在公文正文之后、公章与成文日期的左上方。（　）

5. 受双重领导的机关向上级机关请示，应当写明两个主送机关。（　）

6. 公文的发文字号由机关简称、年份和序号组成。（　）

7. 在规范性公文中，应当使用“拟”“打算”“准备”等词汇修饰意图和要求。（　）

8. 机关及其内设部门与直属单位之间因工作需要可以联合行文。（　）

9. 公文的作用包括领导与指导作用和行为规范作用，其中领导与指导作用又称为法规约束作用。（　）

10. 公文如需同时标注份号、密级和保密期限、紧急程度，按照份号、密级和保密期限、紧急程度的顺序自上而下分行排列，顶格排在版心左上角。（　）

（三）选择题

1. 公文的作者是指（　）。

A. 单位第一负责人　　B. 单位秘书

C. 公文的执笔者　　D. 制发公文的单位

2. 下列单位可以联合行文的是（　）。

A. 呼和浩特市供电公司和市政府

B. 呼和浩特市供电公司和中共呼和浩特市供电公司委员会

C. 呼和浩特市供电公司和呼和浩特市供电公司工会委员会

D. 电度中心和市电力公司

3. 公文词语要求（　）。

A. 选择最贴切，最能表情达意的

B. 大量使用同音词

C. 使用口语词、歇后语、谚语

D. 反复强调，突出重点，大量使用同义词

4. 涉及国家秘密的公文应当标明密级和保密期限。标注时对字号、字体和位置的要求分别是（　）。

A. 3 号黑体、左上角第 1 行　　B. 4 号宋体、左上角第 1 行

C. 3 号黑体、右上角第 1 行　　D. 4 号宋体、右上角第 1 行

5. 上行文的行文方向是指（　）。

A. 给比本机关级别高的单位发文　　B. 给比本机关级别低的单位发文

C. 给具有隶属关系的上级单位发文　　D. 请示和报告

6. 联合行文标注发文机关时，标在前的机关是（　）。

A. 上级机关　　B. 组织序列表中靠前的机关

C. 主办机关　　D. 其他系统的机关

7. 向非同一组织系统的任何机关发送的文件属于(　　)。

A. 上行文　　B. 平行文

C. 下行文　　D. 越级行文

8. 公文的紧急程度分为(　　)。

A. 特急　　B. 急件

C. 火急　　D. 特提

9. 公文中数字表述正确的是(　　)。

A. 200 kV　　B. 一百二十三万元

C. 8 年—99 年　　D. 2007 年 1 月 1 日

10. 公文主送机关不止一个时，应按照(　　)依次排列。

A. 大小　　B. 类别　　C. 简称　　D. 性质

(四)简答题

1. 行政公文的特点有哪些?

2. 按照适用范围和用途划分，公文可分为哪几类?

3. 公文写作的基本原则有哪些?

4. 公文印制装订的要求有什么?

二、写作实训

(一)纠错题(指出下列各题的错误并加以分析)

1. 某县人事局向县直属各单位下发年终考核工作通知，抄报于该县政府办公室。

2. ×市×工业总公司因市属重点企业×××电器厂因领导班子个别人贪污犯罪，准备调整该厂领导班子，特向市政府请示。并将该请示抄送于该厂办公室。

3. ×市纪检委员会将 2014 年纪检情况通报于市各直属机关和各局。

4. 中共××市委与市委宣传部就学习贯彻中共第十八次代表大会精神，联合向下发出通知。

5. 指出下列各发文字号的毛病，并予以改正。

(1)×院办字〔2016〕十六号　　(2)×院办字(2016)16 号

(3)×院办字〔16〕16 号　　(4)×院办字〔二 0 一六〕16 号

(5)〔2016〕×院办字 16 号　　(6)×院办字〔2016〕16

(7)×院办字〔2016〕第 16 号　　(8)×院办字〔2016〕第 016 号

(二)阅读题

阅读下面的文章，指出其格式上的错误并重新编写一篇正确的请示。

购置办公家具的请示

总行：

我支行所用办公家具是 2000 年购置的，部分家具已破损无法修理，为此，特申请更换部分办公家具，费用约为 62 980 元。

妥否，请批复。

附件：购置家具明细。

2016 年 8 月 30 日

模块二　常用党政机关公文写作

任务一　通知、通报

实例示范 2.2

关于中秋节放假安排的通知

各部门、各单位：

根据《国务院办公厅关于 2014 年部分节假日安排的通知》(国办发明电〔2013〕28 号)精神，结合我院工作实际，经研究，现将我院中秋节放假安排通知如下：

一、放假时间安排

9 月 6 日(星期六)、7 日(星期日)公休，9 月 8 日中秋节(星期一)放假，9 月 9 日(星期二)上班。

9 月 6 日(星期六)安排课程的师生照常上课；新生 9 月 6 日、7 日进行入学教育，9 月 8 日放假。

二、其他事项安排

1. 假期执行院领导带班和二级学院负责人值班制度(值班表附后)，请各部门、各单位根据实际安排好假期值班。

2. 请各二级学院严格执行请销假制度，做好请假学生的离校、返校登记工作；协助教务处等部门做好新生入学教育工作。

3. 请学生工作处做好学生公寓管理，根据假期工作需要合理安排值班；学生离校前要进行往返交通安全教育。

4. 请后勤管理处做好假期水、电、留校学生的饮食供应及医疗、值班、应急用车等保障服务。

5. 请保卫处加强值班巡查，做好假期学院安保工作。

×××××职业技术学院(印章)
党政办公室
2014 年 9 月 2 日

实例评析：这是一篇知照性通知。标题写法为“关于＋事由＋文种”的省略式标题；主送机关因涉及部门、人员众多，无法一一罗列，故采用“各部门、各单位”这样的统称写明；通知缘由用“根据”这一领叙词引出；通知具体事项以分条列项的形式书写，简明扼要，行文流畅，使读者一目了然；落款写出发文机关全称和成文日期。

实例示范 2.3

教育部关于印发
《普通高等学校图书馆规程》的通知

各省、自治区、直辖市教育厅(教委)，新疆生产建设兵团教育局，有关部门(单位)教育司(局)，部属各高等学校：

为适应高等学校图书馆事业发展需要，更好地指导和规范高等学校图书馆工作，我部对2002年发布的《普通高等学校图书馆规程(修订)》进行了修订。现将修订后的《普通高等学校图书馆规程》印发给你们，请遵照执行。

附件：普通高等学校图书馆规程

教育部(印章)
2015年12月31日

实例评析：这是一篇批示性(印发)通知。标题写法为“发文机关+关于+事由+文种”的完整式标题；主送机关较多，按照地方政府在前、本机关职能部门在后的顺序分别罗列，且注意回行时仍然顶格；通知缘由简短明确；通知事项用一句话说明，列出附件，行文语气不容置疑，符合批示性通知的要求。

实例示范 2.4

××市人民政府批转市科委
关于加快我市软件产业发展实施意见的通知

各区、县人民政府，各委、局，各直属单位：

市人民政府同意市科委《关于加快我市软件产业发展的实施意见》，现转发给你们，望遵照执行。

附件：关于加快我市软件产业发展的实施意见

××市人民政府(印章)
2016年11月30日

实例评析：这是一篇批示性(批转)通知。标题写法为“发文机关+事由+文种”的完整式标题，因是上级机关转发下级机关的公文，故用“批转”一词；主送机关使用统称写明；行文简短直接，批语明确，列出附件；落款写出发文机关全称和成文日期。

实例示范 2.5

立项通知

×××同志：

2011 年度×××自治区高等学校科学研究项目经我厅组织专家评审，你申报的“高职学生职业生涯规划与心理健康教育资源整合的研究与最佳模式探索”获准立项，项目类别为人文社会科学一般项目，资助经费 1 万元，项目研究周期为 2～3 年。

请项目负责人认真编写《×××自治区高等学校科学研究项目计划任务书》(以下简称《计划任务书》)，《计划任务书》经我厅审核后即成为有约束力的协议，项目负责人在项目执行期间要遵守相关承诺，履行约定义务，按期完成研究任务。

×××自治区教育厅科学技术处(印章)

2011 年 5 月 25 日

实例评析：这是一篇指示性通知。标题为“事由＋文种”的省略式标题，简单明了；主送机关特定明确，故直接写出其名称(姓名)；通知事项即上级机关对下级机关就科研立项事宜提出的具体意见和要求。

实例示范 2.6

关于召开教育部高等学校图书情报工作指导委员会四届四次工作会议的通知

全体委员，各省、自治区、直辖市高校图工委秘书长：

兹定于 2016 年 7 月 21—22 日在四川省××市召开教育部高等学校图书情报工作指导委员会四届四次工作会议，由××大学图书馆和四川省高校图工委承办。请预作安排，按时参会。

一、会议内容

1. 工作总结：各工作组报告一年来的工作。

2. 主题研讨：高等教育质量提升工程中的高校图书馆：趋势与挑战(结合贯彻落实《普通高校图书馆规程》，研讨不同层次不同类型的高校如何进一步发挥图书馆在育人中的作用)。

3. 愿意在会议上作主题发言的委员，请在 5 月 31 日之前将报告题目发送到图工委秘书处邮箱：×××××××××。

二、参会人员

1. 教育部高等学校图书情报工作指导委员会全体委员、高职高专院校分委员会全体委员(限本人出席)；

2. 各省、自治区、直辖市高校图工委秘书长(委员兼任秘书长的，不再另派副秘书长)。

三、报到时间

2016年7月20日

四、会议地点

地点：××××大学图书馆报告厅

电话：××××(区号)－××××××××

五、会议费用

会务费：×××元/人，请于报到当日交会务组。食宿统一安排，费用自理。

六、会务联系

1. ××大学图书馆××，联系方式：手机×××××××××××；E-mail：×××

2. 高校图工委秘书处(北京)×××，联系方式：××××－×××××××××(办)，手机×××××××××××；E-mail：××××××××××。

七、其他事宜

1. 请准确填写回执，见附件1；

2. 请提前了解会议日程，见附件2。

附件：1. 参会回执

　　　2. 会议日程

教育部高等学校图书情报工作指导委员会

北京大学图书馆(代章)

2016年5月10日

实例评析：这是一篇会议通知。标题采用“关于＋事由＋文种”的写法，受文对象通过标题可了解到此次会议的名称；主送机关即与会人员，用统称写明；文书采用分条列项的形式对会议内容、时间、地点、人员、费用、要求等相关事宜逐一进行说明，全面而具体，使参会者一目了然，便于按照要求做出安排。

实例示范2.7

关于×××等同志的聘任通知

各部门、各单位：

经学院党委2014年10月9日会议研究并报自治区高校工委备案，决定聘任：

×××同志为人事处处长；

×××同志为教务处处长；

×××同志为教学督导办公室副主任(正处级)；

×××同志为国有资产管理处副处长(正处级)；

×××同志为保卫处处长；

×××同志为建筑与规划学院院长；

×××同志为机电与暖通工程学院院长；

×××同志为建筑工程学院副院长(主持工作);

×××同志为装饰与艺术设计学院副院长(主持工作);

×××同志为建筑工程学院副院长;

×××同志为建筑与规划学院副院长;

×××同志为图书馆副馆长;

×××同志为信息网络中心副主任。

以上同志聘期三年,自××××年××月×日起计算。原聘处级干部职务自然解聘,新晋升职务人员试用期一年。

特此通知

中共×××职业技术学院委员会(印章)

××××年×月×日

实例评析:这是一篇任免(任职)通知。行文结构完整,简明扼要,使读者对聘任人员情况一目了然。值得注意的是,文书的主体部分即人员聘任情况,一般按照部门重要程度和职位级别高低的先后顺序来书写。

写作知识

一、通知

(一)定义

通知是转发上级机关和不相隶属机关的公文,批转下级机关的公文,发布、传达要求下级机关办理和需要周知或执行事项时使用的一种知照性文书。

(二)特点、作用

1. 使用的广泛性。通知是一种运用广泛的知照性公文,是向特定受文对象告知或转达有关事项或文件,让对象知道或执行的公文,上级机关对下级机关可以用通知;平行机关之间也可以用通知。通知是公文中使用范围最广、使用频率最高、使用权限最不受限制的一个文种。

2. 作用的多样性。通知可以用来发布消息、传达指示、部署工作、告知事项、任免干部、批转或转发文件等,具有多种功用。

3. 较强的时效性。通知的具体事项一般要求在什么时间或什么时间范围内生效或办结,不允许拖延改变,具有较强的时效性。

(三)种类

1. 知照性通知。用于告知某一事项或某些信息的通知,诸如机构的设立与变更、节假日的放假、单位的迁址或更名、公章的启用或作废、更改电话、某项专题活动的开展等。

2. 批示性通知。“转发”上级机关、同级机关或不隶属机关的公文,加按语式通知转发下去。“批转”下级机关的公文加批语式通知下发，通知执行或通知参照执行等。“颁发”（“印发”）职能机关发布行政法规、印发有关文件，并加说明式通知下发，其附件即要颁发的那个文件。

3. 指示性通知。上级机关对下级机关布置工作、提出意见和要求，指出工作方法、步骤，而根据公文内容又不必用“命令”或“指示”发布的，可用这类“通知”。

4. 会议通知。即告知有关单位或个人参加会议的通知。

5. 任免通知。即告知有关单位或个人有关人事任免的通知。

(四)结构与写法

通知在写作结构上包括标题、主送机关、正文和落款四部分。

1. 标题

文章第一行居中编排。字数多需转行书写时，注意词语的完整性并保持居中。

(1)完整式标题：发文机关＋(关于)＋事由＋通知，如《中纪委关于坚决纠正新形势下出现的不正之风的通知》《××大学关于2017年国庆放假的通知》。

(2)省略式标题：(关于)＋事由＋通知或直接写文种“通知”二字。如《关于印发〈规范国有土地租赁若干意见〉的通知》《关于开展评选优秀大学生的通知》，直接写文种主要适用于小范围内非正式行文。

写标题时应注意以下几点：

①如果被发布的文件为法规、章程时，应加上书名号，同时，应区别被发布的文件是上级文件还是下级文件或是同级文件。下级转发上级文件或同级文件用“转发”一词，上级转发下级文件用“批转”一词。

②有时由于被批转、转发的文件标题中已经有“关于”和“通知”字样，或者被批转、转发的文件标题比较长，这时通知的标题一般可保留末次发布(批转、转发)文件的机关名称和始发文件的机关名称，省略多余的“关于”和“通知”字样，简化为“末次发布文件的机关名称＋‘转发’或‘批转’＋始发文件的机关名称＋‘关于’＋文件名称或事由＋的通知”。如“××县人民政府关于转发《××市人民政府关于转发〈××省人民政府关于转发教育部关于印发义务教育学校管理标准(试行)的通知〉的通知》”，可把这个标题简化为《××县人民政府转发教育部关于印发义务教育学校管理标准(试行)的通知》。

2. 主送机关

主送机关即受文机关，标题下空一行顶格写。主送机关是单位，应当写清机关全称或规范化简称或同类型机关统称，如“内蒙古建筑职业技术学院”“教育部高校图工委”(“教育部高等学校图书情报工作指导委员会”规范化简称)、“各二级学院”“各部门、各单位”；主送机关是个人，应当写清个人姓名，或在姓后面写上职务或职称等，如“王小红同学”“赵主任”“李教授”等，主送机关名称后加冒号。

主送机关较多时，同一类单位尽量使用统括语；如不能统一概括，要注意排序，一般按照党、政、军、群的顺序排列。通常是同级同类机关之间用顿号，同级不同类的机关之间用逗号。

3. 正文

主送机关后另起一行，空两格写正文。通知的正文一般包括缘由、事项及要求三部分。

通知的缘由包括背景、目的、意义、依据等，写完缘由后可以用“现将有关事项通知如下”或“具体事宜通知如下”文种承启语引出通知的事项。事项和要求是通知的主体部分，所发布的指示、安排的工作、提出的方法、措施和步骤等，都在这一部分中有条理地组织表达。一般采用分条列项的形式行文，简明扼要，一目了然，便于知晓执行。正文结束语一般写“特此通知”。

4. 落款

落款写在正文右下方，分行书写发文机关全称或规范化的简称和成文日期，并要签字或盖章。成文日期用阿拉伯数字写全年月日。如果标题已经写发文机关名称，落款可写可不写，但要写成文日期，并要签字或盖章。

(五)写作要求

1. 主送机关要求明确有序，注意分清层次和类别。多头主送一般按照党、政、军、群的顺序排列。

2. 明确交代通知缘由，说明是在什么情况下，为什么有此通知，有助于受文对象的信服和执行。

3. 行文语言要准确简明、通俗易懂，切忌含混不清或出现歧义，以免给工作带来不便。

模式应用

××大学关于××××的通知(标题)

××××(主送机关)：

(以下是通知正文)

写通知缘由，如背景、目的、意义、依据等，常用开头语有“近日、近期，……”“为了……”“根据……”“按照……”“结合实际情况，特制定此通知。”具体事宜通知如下：

1. ×××××××××　(1～3或更多条款写通知事项)

2. ×××××××××

3. ×××××××××

……

提出希望或提出几点要求：(根据需要撰写内容，段落式或分条列项式编排均可)

特此通知

发文机关名称(印章)

××××年×月×日(阿拉伯数字书写)

实例示范2.8

国务院安委会办公室关于河南平顶山“5.25”特别重大火灾事故的通报

各省、自治区、直辖市及新疆生产建设兵团安全生产委员会，国务院安委会有关成员单位：

5月25日，河南省平顶山市鲁山县康乐园老年公寓发生火灾事故，造成38人死亡、6人受伤。事故暴露出生产经营单位违规采用易燃可燃材料为芯材的彩钢板，建筑耐火等级低；

项目建设、设计不符合相关要求，安全疏散通道狭窄拥挤；安全管理存在漏洞，用火用电管理不规范，隐患排查治理不及时，应急处置能力不足；地方政府和相关部门监管责任不落实、监管措施不到位等问题。党中央、国务院高度重视，习近平总书记、李克强总理等党中央、国务院领导同志作出重要批示，强调必须始终高度重视人民群众生命财产安全，必须绷紧安全工作这根弦，切实把安全生产责任制落到实处，采取有力措施，加强安全管理，彻底排查隐患，坚决防范和遏制各类安全事故发生。为认真贯彻落实党中央、国务院领导同志重要批示精神，深刻吸取事故教训，进一步做好消防安全等工作，现提出如下要求：

一、认真学习贯彻党中央、国务院领导同志重要批示精神，强化安全红线意识。各地区、各有关部门和单位要认真学习、深刻领会习近平总书记、李克强总理等党中央、国务院领导同志重要批示精神，进一步统一思想、认识和行动，强化安全红线意识，把保护人民群众生命财产安全作为首要职责，时刻绷紧安全生产这根弦，对重大隐患和非法违法行为"零容忍"，推动生产经营单位追求"零死亡"的理念和目标，全面抓好各项安全措施落实。

二、严格落实消防安全责任制，加强消防安全管理和监督。各地区、各有关部门和单位要进一步强化责任意识和担当精神，加大消防安全管理和监督力度，强化消防工作考核，进一步推动地方政府属地监管责任、部门行业监管责任、生产经营单位主体责任等消防安全责任制的落实。

三、集中开展消防安全专项检查，及时消除火灾隐患。各地区要立即组织公安、民政、教育、卫生、安全监管等部门，部署开展人员密集场所消防安全专项检查工作，以老年人、儿童、婴幼儿、残疾人聚集的养老院、福利院、救助管理机构、小学、幼儿园、托儿所、医院等为重点对象，以建筑材料、电气线路、疏散通道、灭火设施等为重点内容，集中开展消防隐患大排查大整治。要把隐患当作事故来对待，从严从实排查整治消防安全隐患，做到数据没有虚假、责任没有空缺、工作不走形式、整改不走过场。

四、严格消防执法，严禁违规使用聚苯乙烯、聚氨酯泡沫塑料等材料。各地区、各有关部门和单位要认真贯彻落实《安全生产法》《消防法》，强化消防安全监管执法，针对聚苯乙烯、聚氨酯泡沫塑料极易燃烧且会产生有毒气体的特性，集中开展公众聚集场所使用聚苯乙烯、聚氨酯泡沫塑料作为装修装饰和保温材料的专项整治。

五、认真查处消防火灾事故，严肃追究责任。各地区要按照"四不放过"和"科学严谨、依法依规、实事求是、注重实效"的原则，认真查处每一起消防火灾事故，依法依规严肃追究责任。所有事故都要在规定时限内查处结案，并及时向社会公布查处结果。要认真分析典型消防火灾事故案例，针对暴露出的突出问题，采取切实有效防范措施，严防类似事故重复发生。

六、举一反三，强化其他重点行业领域安全风险防控。各地区、各有关部门和单位要举一反三，结合正在开展的煤矿隐患排查治理行动、油气输送管道隐患整改攻坚战、客车驾驶员发车前安全承诺宣誓活动、"安全带一生命带"专项行动，全面强化矿山、石油化工、粉尘、建筑施工、道路交通等重点行业领域安全风险防控。要针对汛期安全生产特点，进一步加强矿山、尾矿库、危险化学品、建筑施工、水上交通、海上渔业等重点行业领域安全监管，深入排查治理各类事故隐患，强化落实安全防范措施，严防自然灾害引发生产安全事故。

国务院安委会办公室（印章）

2015年5月28日

实例评析：这是一篇批评通报。标题为“发文机关＋关于＋事由＋文种”的完整式标题；有明确的主送机关；正文依次写出了此次事故的时间、地点、后果及问题所在、原因分析，主体部分以分条列项的形式书写上级机关对受文对象的指示精神和所提出的要求；落款完整。

实例示范 2.9

关于表彰 2001 年度无偿献血先进集体和先进工作者的通报

2001 年，我市认真贯彻执行《中华人民共和国献血法》，无偿献血工作在各级政府的领导和社会各界人士的支持、配合下，取得了可喜的成绩。全年共有 136 436 人次参加无偿献血，比 2000 年增长了 10.6％，涌现出大批参与无偿献血工作的先进集体和先进工作者。

为总结工作，表彰先进，进一步推动我市无偿献血工作的开展，市政府决定授予××××区人民政府等 273 个单位为“广州市 2001 年度无偿献血先进集体”、×××等 288 位同志为“广州市 2001 年度无偿献血先进工作者”，并授予广州市委宣传部等 22 个单位和×××等 4 位同志“广州市 2001 年度无偿献血促进奖”荣誉称号，予以通报表彰。

希望受表彰的集体和个人戒骄戒躁，再接再厉，争取更大的成绩。各单位和广大群众要学习他们的先进经验和奉献精神，认真贯彻《中华人民共和国献血法》，积极组织和参加无偿献血，推动我市无偿献血事业的发展，实现我市临床用血全部来自无偿献血的目标，造福社会。

附件：广州市 2001 年度无偿献血表彰名单

广州市人民政府(印章)
2002 年 1 月 25 日

实例评析：这是一篇表彰通报。文书采用“关于＋事由＋文种”的完整式标题；无特定主送机关；正文分段叙述了此次表彰通报的背景、概况和奖项，最后提出希望，发出号召。由于受表彰的集体和人员众多，不便在正文中一一罗列，故将表彰名单列为附件。行文概括性强，简明扼要，内容完整。

实例示范 2.10

××省住房和城乡建设厅
关于工程质量治理两年行动违法违规
典型案例的通报

为进一步贯彻落实全国工程质量治理两年行动工作要求，推动各地扎实开展工程质量专项治理和加强建筑施工安全监管工作，防范建筑质量安全事故，促进工程质量安全管理，按照《××省工程质量治理两年行动实施方案》要求，我厅于 2014 年 12 月中旬组织六个督导组，对各地开展工程质量治理两年行动及建筑安全生产等工作进行了督导检查。现将督导检查中发现的有关违法违规行为通报如下：

案例一：江苏南通三建集团有限公司施工的沁阳市亚特·中央城工程，项目经理×××；建设单位焦作亚特置业有限公司，项目负责人×××；监理单位河南新云光工程监理有限公司，总监×××。

主要违法违规事实：一是临时用电不符合规范要求，漏电保护器参数全部趋于超标。二是脚手架搭设不符合规范要求，存在单双排混搭现象，且架体与主体连墙件严重缺失。三是模板支撑严重违反规范要求，纵横向拉杆缺设现象严重，未设置纵横向扫地杆，且模板架与外架连接。四是现场防护严重缺设，临边、洞口无防护，架体内防护不到位。

案例二：湖南雄新建筑有限公司施工的新乡市世博壹克拉公馆12#楼工程，项目经理×××；建设单位新乡市世博置业有限公司，项目负责人××；监理单位河南景宏建设工程监理有限公司，项目总监×××。

主要违法违规事实：一是整体式提升脚手架未经有资质的单位检测合格投入使用。二是主体施工未按规定设置专用消防管道及相应设施。三是专项施工方案编制无依据，操作性差，模板支撑系统严重违反规范要求。

案例三：河南六建建设发展有限公司施工的中国移动河南公司济源分公司生产指挥调度楼工程，项目经理×××；建设单位中国移动河南公司济源分公司，项目负责人×××；监理单位河南中建工程设计咨询有限公司，总监××。

……

以上存在工程质量、安全及市场违法违规行为的单位要认真进行整改，工程所在地住房城乡建设主管部门要对其整改情况进行跟踪检查，各级主管部门要组织对上述施工单位在本市(县)承建的其他工程项目进行检查，并将检查情况、整改情况和处理意见逐级上报省工程质量治理领导小组办公室。

2015年1月22日(印章)

实例评析：这是一篇情况通报。标题为“发文机关＋关于＋事由＋文种”的完整式标题；无特定主送机关；正文主要对督查工作中发现的违法违规情况进行了通报，事实明确，情况具体，最后对被通报的对象和相关主管部门提出指导性意见；因标题已经写清发文机关名称，落款处可以不写，只写成文日期，但要盖上发文机关的印章。

写作知识

二、通报

(一)定义

通报是国家党政机关、企事业单位、社会团体及个人在表彰先进、批评错误、传达重要情况时使用的一种知照性文书。

(二)特点、作用

通报适用于表彰先进、批评错误、传达重要精神和告知重要情况，起着引导、警戒、教育、启发、沟通情况的作用。

通报的特点有以下几点：

1. 内容的真实性。真实是通报的生命，通报的任何情况、内容都必须是真实的，不能虚构编造。

2. 目的的明确性。通报主要用于上级机关对下级机关的表彰、批评、情况说明三类情况，写作通报的目的是交流经验、吸取教训、教育职员，推动工作进一步开展。

3. 较强的时效性。无论是表彰先进、批评错误还是传达重要情况，都应抓住时机，在事件发生后及时予以通报，否则就失去行文的意义了。

(三)种类

1. 表彰通报。对具备优秀品质、具有先进事迹、做出突出成绩或贡献的先进个人和优秀集体进行表彰的通报。

2. 批评通报。针对某一错误事实或某一有代表性的错误倾向而发布的通报。

3. 情况通报。用来传达重要精神、沟通重要情况的通报。

(四)结构与写法

通报在写作结构上包括标题、主送机关、正文和落款四部分。

1. 标题

文章第一行居中编排。字数多需转行书写时，注意词语的完整性并保持居中。

(1)完整式标题：发文机关+(关于)+事由+通报，如《××大学教务处关于2016—2017学年第二学期第一周教学检查情况的通报》。

(2)省略式标题：(关于)+事由+通报，如《关于安全隐患排查情况的通报》；或发文机关+通报，如《宏声广播电视中心通报》；或直接写文种“通报”二字，直接写文种主要适用于小范围内非正式行文。

2. 主送机关

有特定受文对象时写，一般不写。

3. 正文

主送机关后另起一行，空两格写正文。通报的正文一般包括导语、事实、结尾三部分。导语写通报的目的或缘由；事实是通报的主体部分；结尾即根据通报内容提出各类事项的要求或希望。通报的类型不同，具体写法也不同。

(1)表彰类通报正文的一般写法：

①叙述表彰对象的主要先进事迹，包括事件发生的时间、地点、经过、结果等。

②对上述事件进行简明、恰当的分析、评议，指出其典型意义或概括其主要经验。

③提出表彰或发出号召。

(2)批评类通报正文的一般写法：

①叙述通报的缘由，即交代清楚事件发生的时间、地点、经过、后果等。

②对事件进行分析评议，重点分析错误产生的原因及其性质，指出错误造成的后果及其不良影响，并提出处分决定。

③提出希望或要求，让大家引以为戒。

(3)情况通报正文的一般写法：

①对情况进行客观、全面、充分的叙述。

②分析情况，阐明意义。

③提出指导性意见。

4. 落款

落款写在正文右下方，分行书写发文机关全称或规范化的简称和成文日期，并要签字或盖章。成文日期用阿拉伯数字写全年月日。如果标题已经写发文机关名称，落款可写可不写，但要写成文日期，并要签字或盖章。

(五)写作要求

1. 要有政策和法律依据，结合实际做出决定。

2. 决定事项明确突出。对决定的内容表述应完整周密，简短明确，且具有可行性，便于下级机关贯彻执行。

3. 语言运用准确决断。决定的语言必须庄重严谨、准确精练，富有决断性而又分寸适宜，切忌犹豫含混。

模式应用

模式一

××公司关于××××的通报(标题)

××××(主送机关)：(有特定受文对象时写，一般不写)

写导语，即通报的目的或缘由，常用语有“近日、近期，……”“为了……”“根据……”“经××××研究决定，”现将……情况通报如下：

(以段落式或分条列项式写通报事实，可以叙述先进事迹或错误事故或说明情况)

通报结尾，即根据通报内容提出各类事项的要求或希望：

1. ×××××××××

2. ×××××××××

3. ×××××××××

……

发文单位名称(印章)

××××年×月×日(阿拉伯数字书写)

模式二

××××单位关于×××的通报(标题)

××××(主送机关)：

叙述事实或分析问题所在____________________。

主要原因是____。

为__________________，提出以下要求：

一、××××××××
二、××××××××

三、××××××××
……

发文单位名称(印章)
××××年×月×日(阿拉伯数字书写)

模式三

关于×××的通报(标题)

____。
为______________，经______________研究决定，给予______________通报______________。

希望______________。

发文单位名称(印章)
××××年×月×日(阿拉伯数字书写)

模块小结

本节主要学习的内容是通知、通报两种公文的基本写作知识，其中文书的结构要素和写作格式是学习重点，并且要注意把握通知和通报的区别，能够正确使用这两种常用公务文书。

知识拓展

一、通知与通报的区别

1. 写作时间不同。通知一般写于事实尚未发生，通报以事实作前提而写作。

2. 告知内容不同。通知告知的主要是工作的情况，以及共同遵守执行的事项；通报告知正反面典型，或有关重要的精神或情况。

3. 目的要求不同。通知要求受文机关了解要办什么事，该怎样办理，要求遵照执行；通报主要是交流、了解情况，起教育宣传作用。

4. 表现方法不同。通知主要是叙述，告知人们做什么，怎样做，叙述具体；通报兼用叙述、分析和议论，有较强的感情色彩。

二、公告与通告的区别

1. 内容属性不同。公告用于向国内外宣布重要事项或者法定事项，兼有消息性和知照性的特点；通告是在一定范围内告知应当遵守或周知的事项，具有鲜明的执行性、知照性。

2. 告启范围不同。公告面向国内外的广大读者、听众，告启面广；通告的告启面则相对较窄，只是面向所辖范围内的有关单位和人员。

3. 使用权限不同。公告通常是党和国家高级领导机关宣布某些重大事项时使用，新华社、司法机关以及其他一些政府部门可以根据授权使用公告；通告适用于各级行政机关和企事业单位。

4. 发布方式不同。公告多用登报、广播的方式发布；通告可用文本形式印发，也可以采用登报、广播或张贴的方式发布。

三、通报与通告的区别

通报是上级把有关的人和事告知下级的公文。它的作用是表扬先进，批评错误，传达重要情况，其目的是交流经验，吸取教训，教育群众，推动工作的进一步开展。通告是在一定范围内公布应当遵守或周知的事项时使用的公文，主要用于有关单位开展业务工作需要。

写作练习

一、基础训练

(一)填空题

1. 通知的特点有________、________和________。

2. 下级转发上级或同级文件用________一词，上级转发下级文件用________一词。

3. 通报的类型有________、________和________。

(二)选择题

1. 下列事项可以用通报行文的是(　　)。

A. ××市工会拟表彰助人为乐的好青年

B. ××公司拟向××市工商管理局汇报经营情况

C. ××市安全办公室拟向各有关单位知照全市安全大检查的情况

D. ××县纪委拟批评××局×××等干部挥霍国家钱财游山玩水的错误

2. 下列通知标题正确的是(　　)。

A. 市政府关于召开全市教育工作会议的通知

B. 颁布《陕西省人民政府任免工作人员暂行规定》的通知

C. 海南省人民政府办公厅批转省财政厅关于临时出国人员用汇管理细则的通知

D. 滨海市人民政府批转市卫生局《关于做好灾后防疫工作的意见》的通知

3. 下列说法中不正确的是(　　)。

A. 通知和通报都是《党政机关公文处理工作条例》中规定的公文文种

B. 通知有较强的时效性，通报没有时效性的要求，事件发生后很长时间才写通报

C. 在小范围内非正式行文时，通知和通报的标题都可以只写文种

D. 任何情况下写作通知和通报都必须写主送机关

(三)判断题

1. ×市水利局将召开水利建设工作会议，可以用通知行文告知各县、区相关部门参会。(　　)

2. ×县纪委拟批评×局××干部玩忽职守造成国家经济损失的错误，用通知行文。（　）

3. 文书标题为：×市卫生局关于批转省卫生厅《关于做好灾后防疫病工作的意见》的通知。（　）

4. 任免干部用通报行文。（　）

5. 通报是专门用来批评错误的。（　）

6. ×县工会拟用通报行文表彰奋不顾身抢救落水儿童的青年。（　）

7. ×市政府拟用通知行文发布加强机关廉政建设的几条规定。（　）

8. 文书标题为：国务院转发《国家医药管理局关于进一步治理整顿医药市场意见的通知》。（　）

（四）简答题

1. 通知和通报都有哪些类型？

2. 通报的写作要求有哪些？

二、写作实训

（一）纠错题

国务院转发财政部

《关于清理检查预算外资金的意见》的通知

各省、自治区、直辖市人民政府，国务院各部委、各直属机构：

国务院同意财政部《关于清理检查预算外资金的意见》，现转发给你们，请遵照执行。

附件：《关于清理检查预算外资金的意见》。

中华人民共和国国务院

二〇一五年五月十二日

（二）阅读题

阅读下面通报，回答以下问题：

1. 文书是否结构完整，要素齐备？分别说明。

2. 这是一份什么类型的通报？说说文书的写作思路。

××市人民政府关于对××供电公司予以表彰的通报

各县、区人民政府，市政府有关部门、有关直属机构：

2016年，××供电公司在迎峰度夏工作中，超前谋划、认真组织、科学安排、合理调度，克服各种不利因素，有力保障了全市城乡居民生活、企业生产经营和重要单位的用电需要，促进了地方经济社会的持续、快速、和谐发展。

进入冬季，11月15日的一场严重冰雪灾害，使全市电网遭受了历史上最为严重的灾害。面对严峻的灾情，××供电公司广大干部职工坚决贯彻市委、市政府关于全力做好电力抗灾抢险工作的重要指示，按照上级机关的统一部署，第一时间响应，迅速启动应急预案，组织一切力量，采取有力措施，广大干部职工紧密团结，不惧低温严寒，不畏环境艰难，顽强拼搏，日夜奋战在抗灾抢险第一线，全力抢修毁损电网设施，充分发扬了电力职工特别能吃苦、特别能战斗、特别能奉献的精神，快速恢复供电，为维护全市经济社会稳定作出了突出贡献。

迎峰度夏和抗雪保电的全面胜利，充分体现了××供电公司广大干部职工“坚韧不拔、顽强拼搏、团结协作、无私奉献”的精神，展示了电力企业勇担社会责任的良好形象。为此，市政府决定对××供电公司予以通报表彰。希望××供电公司再接再厉，乘势而上，为推进全市经济社会又好又快发展作出新的更大的贡献。

××市人民政府(印章)

2017年1月26日

(三)写作题

1. 根据下面所给材料，拟写一份会议通知，要求写出标题、主送机关、正文和落款几要素。

全国市场营销协会定于2017年9月20日至25日在广西壮族自治区南宁市召开一年一度的营销协会年会。会议内容是研究和探讨当前营销学的有关学术问题和热点问题。全国市场营销协会的会员均可参加。会期为6天，9月20日报到，报到和会议地点是南宁军区空军招待所。要求每位与会者于会前一个月交来相关学术论文一篇。会务费自理。

2. 根据下面所给材料，拟写一份通报，要求写出标题、正文和落款几要素。

静海大学曾三令五申，不许在宿舍内使用酒精炉做饭。但2016年5月10日晚上，女生公寓5号楼301室的石文宇同学在宿舍内使用酒精炉做饭，虽然没有造成严重事故，但给宿舍安全造成了极大隐患，管理人员对其批评教育，结果石文宇非但不听，还强词夺理，与管理人员发生争吵，在同学中造成了不良影响。学校决定对石文宇记过一次，并使全校周知。

任务二　议案、决定、纪要

实例示范 2.11

国务院关于提请审议《中华人民共和国企业所得税法(草案)》的议案

全国人民代表大会常务委员会：

为了适应对外开放的新形势，统一内资、外资企业所得税，创造企业公平竞争的市场环境，促进社会主义市场经济健康发展，国务院有关部门在认真调查研究、总结实践经验、广泛听取各方面意见的基础上，拟订了《中华人民共和国企业所得税法(草案)》。这个草案已经国务院常务会议讨论通过，现提请审议。

附件：中华人民共和国企业所得税法(草案)

国务院总理　温家宝

××××年×月×日

实例评析：这是一篇立法性议案，是国务院向全国人大常委会提出的请求立法的议案。完整式标题；文书正文只有一个段落，简明扼要交代了此次请求立法的原因，把该法草案具体内容列为附件；落款完整，署名由国务院总理签署而不署政府机关名称。

实例示范 2.12

关于提请任命×××职务的议案

市人大常委会：

根据《中华人民共和国地方各级人民代表大会和地方各级人民政府组织法》的有关规定，现提请任命×××为××市人民政府副市长。请审议决定。

附件：×××个人简历

××市市长　×××
2017 年 3 月 6 日

实例评析：这是一篇任免性议案。行文简短，内容明确。省略式标题；落款由政府行政首长签署而不署政府机关名称。

实例示范 2.13

××省人民政府
关于完善社会保障制度促进社会公平的议案

××省人大常务委员会：

改革开放 30 年的实践证明，建立和完善社会保障制度，是我国社会事业发展的重要组成部分，对于实现科学发展、促进社会和谐有着不可替代的重要作用。

当前我国社会保障体系还很不完善，存在覆盖范围窄、保障水平低、法律不够健全、监察执法不严等一系列亟待解决的问题。而且，从长远来看，我国社会保障体系还将承受来自三个方面的巨大压力。一是人口老龄化使老年人的养老、医疗、社会服务等问题更加突出。老龄化提前到来，意味着“未富先老”，我国社会保障制度面临着养老负担重、筹集资金难和医疗费用大等诸多挑战。二是就业方式日益多样化使扩大社会保障覆盖面问题更为凸显。近几年，我国就业格局发生明显变化，有将近一半的人在非公有制企业工作。然而，长期以来，相当数量的非公有制职工没有享受社会保障。在当前情况下，如何把这些人纳入社会保障的覆盖范围，是我们必须研究解决的问题。三是城镇化进程加速给社会保障制度带来新问题。目前我省失地农民逐渐增多，每年还有大批农民进城务工，他们已成为产业大军中的重要力量。而我国的就业和社会保障制度主要是针对城镇人口设计实施的，如何适应城镇化过程中农村转移劳动力的需求，是一个重大课题。为进一步完善社会保障制度，促进社会公平正义，现提出如下建议：

一、建立基本的社会保障制度。一是调整财政支出结构，建立规范的社会保障预算制度，进一步提高社会保障支出的比重。二是科学规划，使社会保障体系的覆盖面进一步扩大，适应人口老龄化、就业方式多样化、城镇化加快的特点，完善现有的保障制度，有计划地把应该纳入而未纳入的人切实纳入进来，真正实现“应保尽保”；探索新的制度建设，针对不同群体增加新的保障项目，如建立符合农民工特点的社会保障制度、农村养老保险制度等。三是加强社保基金的筹集和监管。通过各种方式，积极引导参保人员缴纳社会保险费，鼓励社会捐赠，扩大社保基金的筹集渠道，不断做大做强全国社保基金。同时，要进一步加大对社保基金的监管力度。

二、充分发挥商业保险的补充作用。商业保险虽然是一种经济行为，与保障基本生活为目的的社会保障制度有差别，但在减少危险、补偿损失、保障生活、安定社会上与社会保障制度又有相通之处。因而要大力发展商业保险，完善人寿保险、补充医疗保险、人身意外保险等险种，为群众提供更多更好的服务。

三、依据相关法律法规，积极开展规范企业用工、清理社会保险关系等方面的监察执法，提高社会保障工作的效率和质量，加大对违法行为的打击力度。

以上内容特提请审议。

××省省长　×××

××××年×月×日

实例评析：这是一篇建议性议案，由行政部门向权力部门提出建议。完整式标题；正文部分主要陈述了提出建议的根据和建议的具体内容，事实明确，理由充分，所提建议符合实际、切实可行。文书写作整体上结构完整，要素齐备，是一篇典型的建议性议案。

写作知识

一、议案

(一)定义

议案是指国务院和地方各级人民政府，按照法律规定程序，向同级人民代表大会或者人民代表大会常务委员会提请审议属于该人民代表大会及其常务委员会职权范围内有关事项的公务文书。

(二)特点、作用

议案适用于各级人民政府依照法律程序向同级人民代表大会或人民代表大会常务委员会提请审议事项，是上行文，也是行使国家权利的重要手段。

议案的特点有以下几点：

1. 制发的法定性。议案的制发机关只能是各级人民政府，政府的下属职能部门无权制发。议案一经通过，就具有了法定性的约束作用，有关部门必须认真贯彻落实。

2. 行文的定向性。议案只能由各级人民政府向同级人民代表大会或其常务委员会行文，不能向其他部门单位行文，主送机关也只有一个。

3. 内容的特定性。人民政府所提议案的内容，必须属于该人民代表大会或常务委员会职权范围内的有关事项。

4. 特殊的时效性。议案应当而且必须在同级人民代表大会或人民代表大会常务委员会举行会议规定的限期前提出并审议，否则不能列为议案。超过期限提交的议案一般改作"建议"处理，或移交下次人大会议处理。提交大会审议的议案，必须限期审议表决或提出处理意见。

(三)种类

1. 按议案的内容划分，可以分为以下几种：

(1)立法性议案。立法性议案是国务院向全国人大或全国人大常委会、地方各级人民政府向地方各级人民代表大会或其常务委员会提出的请求立法的议案。

(2)决策性议案。关于财政预算决算、城乡发展规划、重大工程项目等重大事项的决策，需要提请人民代表大会或其常务委员会审议批准时使用的议案。

(3)任免性议案。行政机关向权力机关提请任命、免去或撤销行政机关工作人员职务，请求人民代表大会或其常务委员会审议批准的议案。

(4)建议性议案。以行政部门的身份向权力部门提出建议，也可以使用议案。

2. 按议案的形成时间划分，可以分为以下几种：

(1)平日议案。平日议案是人民政府就日常工作中的有关重大事项向本级人大常委会提请审议的议案。

(2)会上议案。会上议案是在人民代表大会召开期间，与会的人大常委会、人大专门委员会、人民政府和人大代表就有关重大事项向该次会议提请审议的议案。

3. 按议案的作者划分，可以分为以下几种：

(1)人大常委会议案。人大常委会议案是各级人大常委会向本级人民代表大会提出的议案。

(2)人大专门委员会议案。人大专门委员会议案是各级人大的各专门委员会向本级人民代表大会提出的议案。

(3)人民政府议案。人民政府议案是人民政府向本级人民代表大会或其常委会提出的议案。

(4)人大代表议案。人大代表议案是各级人大代表向本级人民代表大会提出的议案。

(四)结构与写法

议案在写作结构上包括标题、主送机关、正文和落款(签署)四部分。

1. 标题

文章第一行居中编排。字数多需转行书写时，注意词语的完整性并保持居中。

(1)完整式标题。发文机关+(关于)+案由(提请审议事项)+议案，如《国务院关于提请审议〈中华人民共和国劳动法(草案)〉的议案》。

(2)省略式标题。(关于)+案由(提请审议事项)+议案，如《关于提请审议〈××市乡镇企业管理条例〉的议案》。

2. 主送机关

议案的主送机关，只能是同级人民代表大会及其常务委员会，不能有其他并列机关。在标题之下空一行左起顶格书写主送机关的全称或规范化简称，后加冒号，如“河南省人民代表大会常务委员会:”。

3. 正文

正文是议案的主体，包括案据、方案、结语三部分内容。

(1)案据，即提出议案的根据。应写明事实，阐明理由，说明为什么要提请这一议案。因议案内容不同，案据篇幅有长有短。

(2)方案，即对提请审议的事项或问题提出的解决途径和办法。如提请审议制定或修订法律、法规、条例等，应提交草案作为附件；如提请审议任免人员，需将被任免人的姓名和拟担任的职务写明；如提请审议重大决策事项，应把决策的内容逐一列出，供大会审议；如提请审议建议批准采取有关行政手段解决某方面问题时，要提出符合实际、切实可行的解决办法，不能只指出问题，而没有解决问题的方案。

(3)结语，即议案的结尾部分，一般采用模式化语言提出审议请求，如“这个草案已经市政府同意，现提请审议。”

4. 落款

落款在正文下空两行右下方书写，包括签署和日期。通常由政府行政首长签署而不署政府机关名称。即国务院提交的议案由总理签署，省、直辖市、自治区以及市、区(县)、乡(镇)政府提交的议案分别由地方各级人民政府的省长、市长、自治区主席以及市长、区(县)长、乡(镇)长签署。日期写法与一般党政机关公文相同，用阿拉伯数字写明提请审议的年月日。

(五)写作要求

1. 提出议案以国家法律法规、方针政策为依据，内容必须是属于法律规定的本级人大或者人大常委会职权范围内的事项。

2. 议案的提出者必须是法律规定的机关或者机关代表。

3. 议案的具体内容明确单一，一般一案一事。

4. 议案应当在规定的时限内提出。

5. 语言庄重精练，言简意赅。

模式应用

国务院关于提请审议
《中华人民共和国劳动法(草案)》的议案(标题)

××××:(主送机关，只能是同级人民代表大会或其常务委员会)

(以下是议案正文)

写案据，即提出议案的根据，说明为什么要提请这一议案。如“为了……，××草拟了《×××××××××》，……”

议案方案(以段落式或分条列项式写，即对提请审议的事项或问题提出的解决途径和办法。)

议案结语，即议案的结尾部分，一般采用模式化语言提出审议请求，如“这个草案已经市政府同意，现提请审议。”

附件：中华人民共和国劳动法(草案)(如提请审议制定或修订法律、法规、条例等，应提交草案作为附件。)

政府行政首长签名(签署)

××××年×月×日(阿拉伯数字书写)

实例示范 2.14

国务院关于取消一批
职业资格许可和认定事项的决定

各省、自治区、直辖市人民政府，国务院各部委、各直属机构：

经研究论证，国务院决定取消 114 项职业资格许可和认定事项，现予公布。同时，建议取消 1 项依据有关法律设立的职业资格许可和认定事项，国务院将依照法定程序提请全国人民代表大会常务委员会修订相关法律规定。

减少职业资格许可和认定事项是推进简政放权、放管结合、优化服务改革的重要内容，也是深化人才发展体制机制改革和推动大众创业、万众创新的重要举措。各地区、各部门要从全面深化改革特别是供给侧结构性改革的大局出发，进一步转变职能、转变观念、提高认识，加大职业资格许可和认定事项清理力度，不断降低人才负担和制度成本，持续激发市场和社会活力，促进就业创业。对已经取消的职业资格许可和认定事项，人力资源社会保障部要会同有关部门加强跟踪督查，及时组织“回头看”，确保清理到位，防止反弹。要抓紧公布实施国家职业资格目录清单，清单之外一律不得许可和认定职业资格，清单之内除准入类职业资格外一律不得与就业创业挂钩。要加强对职业资格设置、实施的监管和服务，对违法违规设置、实施的职业资格事项，发现一起、查处一起。要推动职业资格信息共享，提高信息化服务水平，逐步建立持证人员信用管理体系，严肃查处证书挂靠、寻租等行为。要妥善处理职业资格许可和认定事项取消后续工作，研究制定职业标准和评价规范，搞好政策衔接，确保人才队伍稳定。

附件：国务院决定取消的职业资格许可和认定事项目录(共计 114 项)

国务院(印章)

2016 年 12 月 1 日

实例评析：这是一篇法规性决定。完整式标题；有特定的主送机关；正文部分充分写明了作出此项决定的背景和原因以及新规发布后相关部门应怎么执行；对新规说明之处列为附件；落款完整。

实例示范 2.15

全国人民代表大会关于设立香港特别行政区的决定

（1990 年 4 月 4 日第七届全国人民代表大会第三次会议通过）

第七届全国人民代表大会第三次会议根据《中华人民共和国宪法》第三十一条和第六十二条第十三项的规定，决定：

一、自 1997 年 7 月 1 日起设立香港特别行政区。

二、香港特别行政区的区域包括香港岛、九龙半岛，以及所辖的岛屿和附近海域。香港特别行政区的行政区域图由国务院另行公布。

全国人民代表大会

实例评析：这是一篇决策性决定。完整式标题，因是会议通过的决定，故在标题下用括号写明某年某月某日某会议通过；无主送机关；正文开门见山，仅用一句话引出了决定的具体事项，内容明确；因标题下已经写明发文日期，故落款处只写发文机关。

实例示范 2.16

××××市卫生局关于给予周×记过处分的决定

周×，男，汉族，1974 年 4 月 3 日出生，××市文成县人，现任××市急救中心副主任。经查实，××市急救中心工作人员××、××、×××、×××(以上人员均另行处理)于 2013 年 4 月×日至同年 6 月×日期间，利用工作之便结伙多次将 120 接警信息告知他人，谋取不正当利益××××元，情节严重，社会影响恶劣。周×身为该单位分管负责人，对发生上述违纪行为负有领导责任。

根据《事业单位工作人员处分暂行规定》第十七条第一款第(九)项的规定，我局决定对周×给予记过处分。

本行政处分决定自作出之日起生效。根据《事业单位工作人员处分暂行规定》第三十九条第一款的规定，如不服上述行政处分决定，可以自知道或者应当知道该行政处分决定之日起三十日内向我局申请复核。

××市卫生局(印章)

2013 年 12 月 1 日

实例评析：这是一篇奖惩性决定。完整式标题；无主送机关；正文部分简明交代了对责任人进行处分的原因(即错误事实概况)和决定具体内容，行文有理有据，不容置疑。

实例示范 2.17

北京旅游经济学会关于更改学会名称的决定

（1985 年 4 月 23 日常务理事会全体会议通过）

由于旅游事业的迅速发展，北京旅游经济学会的活动已经超出经济范畴，涉及其他许多学科领域。为了更广泛地团结首都广大旅游理论工作者、教育工作者和一线工作者，调动所有关心旅游事业发展的各界人士的积极性，使旅游研究和学术活动的领域更广阔，工作更深入，北京旅游经济学会 1985 年 4 月 6 日召开常务理事会提议并经过理事会全体会议于 1985 年 4 月 23 日讨论通过，决定自即日起，将原"北京经济旅游学会"名称改为"北京旅游学会"。原"北京经济旅游学会"名称停止使用。

北京旅游经济学会(印章)

实例评析：这是一篇变更性决定。完整式标题，因是会议通过的决定，故在标题下用括号写明某年某月某日某会议通过；无主送机关；正文写出了更改学会名称的原因、目的和具体内容，一段成文，行文简短明确；因标题下已经写明发文日期，故落款处只写发文机关。

写作知识

二、决定

(一)定义

决定是党政机关、社会团体和组织对重大事项做出安排而制定的一种具有权威性和约束力的公文。

(二)特点、作用

决定适用于对重要事项或重大行动做出安排，奖惩有关单位和人员，变更或撤销下级机关不适当的决定事项。

决定的特点有以下几点：

1. 适用范围的广泛性。党政机关、社会团体、企事业单位对某些重要事项或重大行动做出安排，都可以用决定行文。

2. 领导决策的权威性。决定是下行文，由领导机关或会议制发，要求下级机关贯彻执行，所以有较强的约束力。

3. 执行内容的长效性。一经发文，就要求在相对较长的时间内贯彻执行，不得随意变动。

(三)种类

按照决定的用途和内容的不同，可以分为以下四类：

1. 法规性决定。法规性决定用于发布权力机关制定、修订或试行的法律文件以及由政府部门制定的行政法规，如《××市人民政府关于修改〈市商品交易市场管理规定〉的决定》。

2. 决策性决定。决策性决定用于对某个问题、某种事项、某项行动进行决策性的指挥部署，如《××市政府关于加快全市工业发展的决定》。

3. 奖惩性决定。奖惩性决定用于表彰或处分有关的单位或个人，如《关于表彰2016年度先进集体和先进个人的决定》。

4. 变更性决定。变更性决定用于变更机构人事安排或撤销下级机关不适当的决定事项，如《国务院关于撤销××同志××省省长职务的决定》。

(四)结构与写法

决定在写作结构上包括标题、主送机关、正文和落款四部分。

1. 标题

文章第一行居中编排。字数多需转行书写时，注意词语的完整性并保持居中。

(1)完整式标题。发文机关(或通过决定的会议名称)+(关于)+事由+决定，如《全国人大常委会关于维护互联网安全的决定》。

(2)省略式标题。(关于)+事由+决定，如《关于惩治虚开、伪造和非法出售增值税专用发票犯罪的决定》。

如果是会议通过的决定，应在标题下居中用括号写明某年某月某日某会议通过。

2. 主送机关

有特定受文对象时写，普发性的决定一般不写主送机关。

3. 正文

正文一般由决定依据、决定内容两部分构成。

(1)依据。即发布决定的背景、原因、目的或意义。行文要求简短明确。

(2)内容。即决定的具体事项和执行要求。对决定的具体事项、落实决定的措施和要求要写得准确具体，层次清楚，便于有关单位和人员执行。

4. 落款

在正文后空两行右下方书写发文机关和成文日期，成文日期用阿拉伯数字写全年月日。如标题下已经写明发文日期此处不再赘述。

(五)写作要求

1. 要有政策和法律依据，结合实际做出决定。

2. 决定事项明确突出。对决定的内容表述应完整周密，简短明确，且具有可行性，便于下级机关贯彻执行。

3. 语言运用准确决断。决定的语言必须庄重严谨、准确精练，富有决断性而又分寸适宜，切忌犹豫含混。

(六)决定和通报的区别

1. 适用范围不同。决定适用于对重要事项或者重大行动做出安排，奖惩有关单位及人员，变更或者撤销下级机关不适当的决定事项；通报适用于表彰先进，批评错误，传达重要精神或者情况。一般而言，决定的发文机关较通报的发文机关更具权威性。

2. 写作目的不同。写作决定的主要目的是把结果公布于众，要求下级机关贯彻执行。写作通报的目的是使受文对象了解某一重要情况，从而起到教育或警示的作用。

3. 行文用语不同。决定的行文语气庄重严谨、准确精练，富有决断性。通报的行文用语富有明显的褒贬感情色彩，语气相对委婉一些。

模式应用

模式一

××××关于××××的决定(完整式标题)

(普发性的决定没有主送机关)

(以下是决定正文)

写决定的依据，即写明发布决定的背景、原因、目的或意义，如“为了……，特作出如下决定”或“……，据此，经××研究，决定……”。

决定的内容，即决定的具体事项和执行要求，要写得准确具体，层次清楚，便于有关单位和人员执行。

发文机关(印章)

××××年×月×日

模式二

关于××××的决定(省略式标题)

(××××年×月×日××会议通过)

主送机关：(有特定的受文对象时写)

(以下是决定正文)

写决定的依据，即写明发布决定的背景、原因、目的或意义，如“……，据此，经××××年×月×日××会议研究并一致通过，决定……”。

决定的内容，即决定的具体事项和执行要求，要写得准确具体，层次清楚，便于有关单位和人员执行。

发文机关(印章)

(标题下已经写明成文日期此处可不再写)

实例示范 2.18

图纸会审会议纪要

2016年12月10日，高×在××市××路××大厦17号楼主持召开了××路(××路至××路已建段)道路工程施工图纸会审会议，施工单位、监理单位、建设单位对图纸提出了相关问题，设计院进行现场答复。现纪要如下：

1. 深层搅拌桩施工所采用的固化剂为42.5级普通硅酸盐水泥，是否应明确为32.5或42.5级的水泥。

答复：采用42.5级水泥。

2. 旧港道回填采用薄轮加法进行施工，该施工方法的施工工艺能否给予详细提供。

答复：由于路基范围内现场旧港道及南侧场地已回填，不存在路堤稳定性的问题，可按一般路基分层碾压施工。

3. 渠化岛上的障碍墩采用什么材料？

答复：采用花岗岩。

4. 过路管槽部分

(1)管道与过路管槽交叉部分的发石卷采用什么材料？

(2)过路管槽搭板与路面相接一面应预埋传力杆，传力杆的大小和间距要给予明确。

(3)墙体上供管线穿越的预留洞位置不明确。

答复：

(1)发石卷材料采用与墙同，为 M7.5 浆砌条石；

(2)取消过路管槽搭板与路面相接一面应预埋传力杆；

(3)本次管槽只实施路沿处，不预留孔洞。

5. 路面结构应由原设计 62 cm 改为 61 cm。

答复：62 cm 正确，含 1 cm 沥青表处下封层。

6. 水泥稳定层施工时按规定 3%的第一层水稳层施工完成后需要养护 7 天后才能施工 5%的第二层水稳层，第二层施工完成后也要养护 7 天后才能进行下道工序施工。这样工期就无法保证，能否考虑提前检验和下道工序施工。

答复：按施工规范进行。

7. 本次施工暂定为 600 m，排水管道可否全部施工，如果排水管道也只施工 600 m 的话，一是本次施工的排水段将无法排出，对道路施工和以后的使用都不利；二是目前正处于冬季，是施工下水的好时机，如果留到以后施工，将会增添很多不利因素。

答复：与业主协商确定。

8. 本次施工段没有考虑人行道的软基处理，如果不进行软基处理的话，今后会有不同程度沉降。

答复：设计根据上部荷载、造价等因素综合考虑处理方案，是可行的。

参加会议人员：××房地产有限公司陈××、韩××、高××、余××，××××建设工程监理咨询有限公司朱××，××××建设集团设计院陈××、杨××、叶××，××省水文地质工程勘察研究院张××，××市××市政工程有限公司王××、×××、×××。

2016 年 12 月 16 日

实例评析：这是一篇专题会议纪要，主要作用是向社会有关方面通报会议情况。标题为“会议名称＋纪要”；正文部分先写会议概况(包括时间、地点、出席人、会议内容等)，后写会议事项，采用分条列项的形式写出了会议主要内容，清晰有条理，使读者一目了然；一般会议纪要不署名，只写成文日期。

实例示范 2.19

关于研究×××博物院地质展馆设计布展事宜会议纪要

2015 年 1 月 15 日，×××人民政府副秘书长×××、××共同主持召开会议，研究×

××博物院地质展馆设计布展有关事宜。现纪要如下：

一、×××博物院地质展馆设计布展工作由×××国土资源信息院牵头，×××经济委员会、财政厅、×××博物院要做好配合工作。×××博物院要保证提供900平方米展厅，另外在二楼公共休闲区提供天体展示空间；×××经济委员会要提供我区矿产资源产业延伸加工的文字展示内容；×××财政厅要在展馆设计和布展方面给予必要的经费支持。

二、×××国土资源信息院要尽快聘请国内外一流的地质展馆专业设计公司对展馆进行设计，并将设计方案和预算情况报×××人民政府审定。

三、此次地质展馆的设计布展要体现"精品、一流、现代"的特点。地质展品的征集和提供工作由×××国土资源厅负责，在展品选择上要多方筹集，广泛征集具有代表性的高档次地质标本，同时可征集一些具有代表性和视觉冲击力较强的大型地质标本进行室外展览。在展位设计上要充分利用声光电等高科学技术，突出各类地质标本的特点。要力争通过各种方式，将博物院的地质展览办成能够体现我区地质资源总体布局和特色，充分反映我区地矿产业现状和发展趋势的一个精品展，使参观者能够通过这个展览对我区地质资源基本情况有一个全面深入的了解。

四、各项工作的具体负责人：展馆设计由×××国土资源信息院副院长×××负责；展馆由×××博物院筹备领导小组副组长××负责；展品提供由×××国土资源厅副厅长×××负责；经费支持由×××财政厅副厅长××负责。

参加会议人员：×××人民政府办公厅×××、××，×××国土资源厅×××，×××财政厅××，×××经济委员会×××，×××国土资源信息院×××、×××，×××博物院××、××。

×××人民政府办公厅（印章）

2015年1月16日

实例评析：这是一篇办公纪要，用以传达办公会议所研究的工作、议定的事项和布置的任务，要求与会单位和有关方面、有关人员共同遵守、执行。行政约束力很强，具有明确的指示性。文书采用分条列项的形式概括说明了此次会议的主要内容；落款处署上召开会议的领导机关的全称，下面写上成文日期。

写作知识

三、纪要

（一）定义

纪要是记述要点的文字。其主要适用于记载会议主要情况和议定事项，是经过综合整理而制发的一种具有纪实性和指导性的公文，但不是所有的会议都要形成会议纪要。

（二）特点、作用

纪要的主要作用是沟通情况、交流经验、统一认识、指导工作、执行依据。比较重要的会议才形成并发布会议纪要。

纪要的特点有以下几点：

1. 纪实性。会议纪要应如实反映会议的主要内容和议定事项，是对会议重要精神、重要决议的实录性公文。

2. 提要性。会议纪要重点记录会议成果，而不是叙述会议的过程，是对会议情况和内容进行概括整理后形成的文书。

3. 灵活性。行文方向上可上行、下行、平行，使用灵活方便，分别有汇报情况、指导工作、交流沟通的作用。

(三)种类

1. 办公纪要。办公纪要是用以传达由机关、单位召开的办公会议所研究的工作、议定的事项布置的任务，要求与会单位和有关方面、有关人员共同遵守、执行。行政约束力很强，具有明确的指示性。

2. 其他纪要。这类纪要主要由专门工作会议、专题讨论会、座谈会、学术研究会等形成，有的起到通报会议情况的作用，使有关人员尽快知道会议的基本情况和主要精神；有的具有指导作用，它所传达的会议精神，可对有关方面的工作予以指导。

(四)结构与写法

会议纪要一般包括标题、正文和落款三部分。

1. 标题

文章第一行居中编排。字数多需转行书写时，注意词语的完整性并保持居中。

(1)召开会议的机关名称＋会议内容＋纪要，如《国务院贫困地区经济开发领导小组第六次会议纪要》。

(2)会议名称＋纪要，如《全国农村工作会议纪要》。

(3)由正副标题构成。正标题概括会议的主要内容或精神，副标题由会议名称＋纪要构成，如《回顾过去成绩显著，展望未来任重道远——沿长江五市对外开放研讨会纪要》。

2. 正文

会议纪要的正文主要包括会议概况和会议事项两部分。

(1)会议概况。会议概况主要包括会议的目的意义、主办单位、起止时间、地点、名称、主持人、与会人员(领导人要着重指出)、主要议程和简要评价等，让读者对会议有总体印象。

(2)会议事项。按照主次有重点地写出会议的内容和成果。常务会、办公会、日常工作例会的纪要，一般包括会议内容、议定事项，有的还可概述议定事项的意义。工作会议、专业会议和座谈会的纪要，往往还要写出经验、做法，今后工作的意见、措施和要求。由于会议纪要反映的是与会人员的集体意志和意向，一般采用“会议”作为主体，表述为“会议认为”“会议强调”“会议提出”“会议决定”“会议要求”“会议号召”等惯用语。

3. 落款

落款包括署名和时间两项内容。署名只用于办公室会议纪要，署上召开会议的领导机关的全称，下面写上成文日期，加盖公章。一般会议纪要不署名，只写成文日期，不盖公章。

(五)写作要求

1. 实事求是反映会议内容，同时注重概括归纳、分类整理会议内容。

2. 突出要点，集中反映会议主要事项和重要精神，区别于会议记录。

3. 注意使用会议纪要的习惯用语。如“会议认为”“会议强调”“会议提出”“会议决定”“会议要求”“会议号召”等。

（六）会议纪要和会议记录的区别

1. 性质不同。会议记录是日常事务性文书；会议纪要是正式文件，是《党政机关公文处理工作条例》中 15 种公文之一。

2. 写法不同。会议记录是原始材料，会议进行中“有闻必录”；会议纪要是会后对会议记录综合整理后形成的重要内容。

3. 作用不同。会议记录的主要作用是作为资料存档备查；会议纪要的主要作用是沟通情况、统一认识、指导工作。

4. 要求不同。一般会议都需要做会议记录；比较重要的会议才形成会议纪要。

模式应用

模式一

××××会议纪要（会议名称+纪要）

（以下是会议纪要正文）

会议概况，（主要包括会议的目的意义、主办单位、起止时间、地点、名称、主持人、与会人员、主要议程和简要评价。）现纪要如下：

会议事项，有重点地写出会议的内容和成果。

会议讨论……

会议认为……

会议强调……

会议提出……

会议决定……

会议要求……

会议号召……

（一般会议纪要不署名）

××××年×月×日（阿拉伯数字书写）

模式二

××××会议纪要（会议内容+纪要）

（以下是会议纪要正文）

会议概况，（主要包括会议的目的意义、主办单位、起止时间、地点、名称、主持人、与会人员、主要议程和简要评价。）现纪要如下：

会议事项，有重点地写出会议的内容和成果。

一、……

1.……

2.……

3.……

……

二、……

1.……

2.……

3.……

……

（一般会议纪要不署名）

××××年×月×日（阿拉伯数字书写）

模块小结

本节介绍了议案、决定、纪要这三种党政机关公文的基础知识。它们在写作结构和格式写法上各有不同，通过掌握写作理论知识，结合对例文的学习，学生应着重学习和掌握其写作格式，注意牢记每个文种的特殊之处。

知识拓展

会议记录

一、定义

会议记录是指在会议过程中由记录人员把会议的基本情况和具体内容如实、全面记录形成的文书。

二、结构与写法

会议名称＋记录或会议内容＋记录（标题）

（会议基本情况，这些要素竖排成一列按序记录，如下）

会议时间：××××年×月×日，上午/下午×时

会议地点：具体清楚

主持人：×××（全名＋职务）

出席人：姓名＋职务（重要领导）或与会人员范围、统称

缺席人：×××（全名＋职务）（如没人缺席则不写这一项）

列席人：×××（全名＋职务）（如没人列席则不写这一项）

记录人：×××（全名＋职务）

会议主要议题：××××××

会议内容：(包括发言、报告、研讨、建议、决议等内容，按先后顺序分条列项记录清楚谁说了什么内容)

一、____。

二、____。

三、____。

散会

主持人：(签名)

记录人：(签名)

三、实例示范

培训中心例行会议记录

时间：××××年5月4日(星期三)下午14：30—16：30

地点：××中心三楼第二会议室

主持人：刘××(副主任)

出席人：王××(主任)、李××(处长)、兰×(处长)及各科室负责人

缺席人：胡××(因病请假)

记录人：胡××(办公室秘书)

会议主要内容：

一、主持人发言

说明此次会议为中心例行会议，主要有传达学习文件精神、交流讨论近期事务和问题及确定解决方案等议程内容。

二、王××主任讲话，传达学习上级文件精神。(略)

三、李××处长和兰×处长分别做近期工作报告，并指出了当前工作中存在的问题。(略)

四、交流讨论

王××主任：中心如何按照上级文件要求，进一步创新模式，抓好培训教学、科研等活动的正常开展，同时切实做到开支合理。

刘××副主任：对当前存在的问题积极应对解决，调动各科室负责人及成员的工作积极性，凝心聚力，集思广益，发挥大家的智慧处理问题。

各科室负责人分别发言说明各自想法、办法。(略)

五、决议(王××主任讲话)

(一)各科室自行安排时间学习上级文件，认真领会精神，提高认识，统一思想。并写出今后工作思路。此项工作于下周二前完成。

(二)就当前工作中存在的问题，提出以下解决办法(具体内容略)，各处负责人抓好解决落实。

(三)各处室必须严格控制外派人员考察、学习、参会的人数。

……

散会。

主持人：(签名)

记录人：(签名)

写作练习

一、基础训练

(一)填空题

1. 用于全面、如实记录会议情况和会议内容的文书是________。

2. 议案一般适用于________按照法律程序向同级人民代表大会或________提请审议事项。

3. 会议纪要的主要作用有________、________、________和________。

4. 决定在行文方向上是________行文，由领导机关或会议制发，要求下级机关贯彻执行，所以有较强的________和________。

(二)选择题

1. 会议纪要要求写明召开会议的(　　)。

A. 背景、目的　　B. 名称、时间

C. 地点、与会人员　　D. 议题、会议成果

2. 向同级人民代表大会提出审议事项用(　　)。

A. 请示　　B. 议案　　C. 报告　　D. 决定

3. 传达经过会议讨论通过并要求贯彻执行的重要事项用(　　)。

A. 决定　　B. 通报　　C. 会议纪要　　D. 议案

4. 以下内容可以用议案行文的是(　　)。

A. 南京市人民政府表彰2015年应急管理工作优秀单位

B. 国务院办公厅关于2017年部分节假日的安排

C. 呼和浩特市人民政府关于×××等同志的任免

D. 国务院提请审议批准《中华人民共和国和×国领事条约》

(三)判断题

1. 议案的写作可以“一案多事”。　　(　　)

2. 全国人民代表大会通过的议案具有法律约束力，承办单位必须贯彻执行。　　(　　)

3. 决定适用于对重要事项或者重大行动做出安排。　　(　　)

4. 写作决定文书时，如标题下已经写明发文日期，落款处不再赘述。　　(　　)

5. 会议纪要一般采用“我们”“大家”“与会人员”作为主体，表述为“我们认为”“大家提出”“与会人员号召”等惯用语。　　(　　)

(四)简答题

1. 决定的特点有哪些？

2. 议案的写作要求有哪些？

3. 比较会议纪要与会议记录的异同。

二、写作实训

(一)纠错题

1. 会议纪要是所有会议都要形成的会议文件。

2. 议案与建议是一回事。

3. 议案的主送机关，不仅仅是同级人民代表大会及其常务委员会，还可以有其他并列机关。

4. 会议纪要有明显的思想主观性，可以加入个人观点倾向。

5. 决定必须写主送机关。

（二）写作题

1. 根据下面的材料，拟写一份公文。

据查，宏远科技有限公司财务科科长李林丽利用职务之便贪污受贿，现已被公安机关逮捕归案。公司于 2015 年 8 月 17 日召开全员会议，经过讨论，决定撤销李林丽财务科科长一职，并将其开除出公司。

2. 根据最近一次主题班会的内容写出一份会议纪要。

任务三　请示、报告

实例示范 2.20

关于购买打印机等办公设备的请示

尊敬的领导：

由于我院现有的一些教学设备损耗严重、年久失修，已不能满足工作需要，现申请购买如下办公设备：

序号	设备名称	型号	规格 参数	数量	单价 （万元）	总价 （万元）	备注
1	联想计算机	启天 M4650	CPU 频率：3.2 GHz 内存 1TB	5	0.4	2	
2	联想手提电脑	E4430	14 英寸 CPU 主频：2.4 GHz	3	0.43	1.29	
3	惠普打印机	1020	A4	1	0.12	0.12	激光
4	佳能复印机	iR2420L	A3	1	0.62	0.62	数码复合机
合计：人民币肆万零叁佰元整（¥40 300 元）							

妥否，请批示。

电子工程学院（印章）

2016 年 10 月 30 日

实例评析：这是一篇求准性请示。标题采用“事由＋文种”的写法；主送机关“尊敬的领导”是泛称，这样的泛称在实际行文中被经常使用；正文开头简明扼要交代了请示的缘由，请示的具体事项因涉及多种办公设备的多项内容，故用表格形式说明，使读者一目了然；结语恰当；落款完整。

实例示范 2.21

××省财政厅关于《会计人员职权条例》中"总会计师既是行政职务又是技术职称"的请示

财政部：

国发〔1987〕××号文件发布的《会计人员职权条例》(以下简称《条例》)规定，会计人员技术职称分为总会计师、会计师、助理会计师、会计员四种；其中"总会计师"既是行政职务，又作为技术职称。在执行中，工厂总会计师按《条例》规定，负责全厂的财务会计事宜；可是每个工厂，尤其大工厂，授予总会计师职称的人有四五人，究竟由哪一位负责全厂的财务会计事宜，执行总会计师的职责与权限呢？我们认为宜将行政职务与技术职称分开。总会计师为行政职务，不再作为技术职称，比照最近国务院颁发的《工程技术干部技术职称暂行规定》将《条例》第五章规定的会计人员职称的"总会计师"改为"高级会计师"。

以上意见妥否，请指示。

××省财政厅(印章)

××××年×月×日

实例评析：这是一篇求示性请示。标题为完整式标题；主送机关明确；行文简练流畅，请示缘由和事项一气呵成；结语符合求示性请示的写法；落款完整。

实例示范 2.22

关于对执行《经济合同法》若干问题的意见的请示

国务院：

第五届全国人民代表大会第四次会议通过的《中华人民共和国经济合同法》(以下简称《经济合同法》)，将于当年7月1日起施行。为保证经济合同法如期顺利实施，最近，国务院经济法规研究中心会同国家经济委员会、国家工商行政管理局、最高人民法院经济审判庭等单位共同研究了执行经济合同法的有关问题，并提出了对执行《经济合同法》若干问题的意见。现摘要报告如下：

一、关于《经济合同法》施行以后，国务院及国务院各部门和省、市、自治区人民政府过去颁发的有关经济合同方面的法规的效力问题。根据第五届全国人民代表大会常务委员会《关于建国以来制定的法律、法令效力问题的决议》精神，《经济合同法》施行前颁发的有关经济合同方面的法规，除同《经济合同法》相抵触者应当修订或废止外，其余均继续有效。

二、关于《经济合同法》施行以前签订的经济合同，在该法实施以后发生纠纷，是否按《经济合同法》的规定处理的问题。根据《经济合同法》不溯及既往的原则，以及为便于经济司法起见，凡在《经济合同法》施行以前所签订的经济合同，延续到该法施行以后还在继续执行的，发生纠纷时应按照签订经济合同时所依据的法规或政策处理。

以上报告如无不妥，请批转各省、市、自治区人民政府和国务院各部门执行。

国家经济委员会(印章)
国家工商行政管理局(印章)
国务院经济法规研究中心(印章)
××××年×月×日

实例评析：这是一篇求转性请示。相关职能部门针对业务方面的新情况、新问题提出了工作建议，因不能直接要求平级或不相隶属的机关部门照办，故请求上级机关审定后批转有关方面执行。标题为“事由＋文种”的省略式标题；主送机关明确；开头一段说明了请示缘由，请示内容分为两部分(两条)来写；结语使用求转性请示的特定写法；落款发文机关不止一个，按行政级别分行书写和完整。

写作知识

一、请示

(一)定义

请示是下级机关向上级机关请求指示或批准的公文，是典型的上行文。

(二)特点、作用

请示是在发文机关权限不够、能力不足、认识不清的情况下使用的一种带有祈请性的上行文，具有强制回复的性质。

请示的特点有以下几点：

1. 请求事项明确具体，一文一事。

2. 行文内容具有祈请性。请示是请求批准和请求指示的公文，因此行文语气、语言上要把握分寸，不得强硬。

3. 请示必有回复。上级根据请求事项作出批复。

(三)种类

1. 求示性请示。对上级制定的方针、政策、法律、法令、法规、规章或某项指示有不同理解，希望上级明确说明，或在执行过程中遇到困难、出现新的情况，需要变通，或从实际出发需要对某项规定、制度、指示作出修订、补充，因而向上级机关请求指示。

2. 求准性指示。下级机关就某个问题或某项工作(如机构设置、人事变动、项目安排、经费划拨和设施改善等)请求上级机关给予审定核准、帮助解决。

3. 求转性请示。某职能部门针对新情况、新问题提出了解决的办法和措施，因不能直接要求平级或不相隶属的机关部门照办，需要请求上级机关审定后批转有关方面执行。

(四)结构与写法

请示在写作结构上一般包括标题、主送机关、正文和落款四部分。

1. 标题

文章第一行居中编排。字数多需转行书写时，注意词语的完整性并保持居中。

(1)完整式标题：发文机关+(关于)+事由+请示，如《××省医药公司关于急需防疫救灾药品收购资金的请示》。

(2)省略式标题：(关于)+事由+请示，如《关于解决学生宿舍拥挤问题的请示》。

写标题时不能将“请示”写成“报告”或“请示报告”，标题中也不能出现“要求”“请求”“申请”之类的词语。

2. 主送机关

主送机关即受文对象，标题下空一行左起顶格写，一般只写一个主管的领导机关。

3. 正文

请示的正文一般包括缘由、事项和结尾三部分。

(1)缘由。缘由是请示的导语，写明请示的原因、依据，这一部分应言之有理、阐述充分。

(2)事项。事项是请示的主体部分，应写明请求什么事项、请求上级机关做什么，不能含糊其辞。

(3)结尾。结尾常用“以上请示妥否，请批示”“以上意见是否可行，请指示”“以上请示，请审批”“以上意见如无不妥，请批转各地执行”等惯用语作结。

4. 落款

写在正文右下方，分行书写发文机关全称和成文日期，并要签字盖章。成文日期用阿拉伯数字写全年月日。

(五)写作要求

1. 一事一请、一文一事。

2. 只写一个主送机关，不能多头主送。受双重领导的机关在报送请示时，根据内容写明主送机关与抄送机关，由主送机关负责答复。

3. 除领导直接交办的事项外，不得直接递交领导个人。

4. 请示发文机关在未获上级机关批复前不得擅自作出决定。

5. 不得越级请示。

模式应用

××××公司关于购买××设备的请示(完整式标题)

××××：(主送机关只写一个)

(以下是请示正文)

请示的缘由，写明请示的原因、依据，这一部分应言之有理、阐述充分。如“因……”“根据……，结合……”拟定……。具体情况说明如下：

请示的事项，写明请求什么事项、请求上级机关做什么，不能含糊其辞。

请示的结尾，另起一行空两格写，常用“以上请示妥否，请批示”“以上意见是否可行，请指示”“以上请示，请审批”“当否，请批示”等惯用语作结。

发文单位名称(印章)

××××年×月×日(阿拉伯数字书写)

实例示范 2.23

××学院2016年党支部换届工作报告

校党总支：

今年，我院党支部委员会三年任期届满，按照《党章》有关规定，根据相关文件精神应如期进行换届选举。为了进一步加强我院党支部建设，切实提高我院党支部领导班子整体素质和组织建设水平，为学校进一步建设发展提供坚强的组织保证，在我院上一届党支部委员会的精心组织下，学院顺利地举行了党支部换届选举大会。现将本次换届选举工作过程汇报如下：

首先，学院于4月28日召开支部委员会全体会议，学习《党章》有关规定和条款，确定召开党支部换届大会的时间和议程；起草本届支部委员会三年任期的工作报告；起草本次换届选举办法。

其次，学院分别于5月15日和5月20日召开教职工大会及全体党员大会，进一步统一对换届选举工作的思想认识，进行民主推荐。

最后，学院于6月3日召开全体党员大会，由支部书记作工作报告，会后分三个党小组审议工作报告。审议本次换届选举办法；酝酿、推荐新一届支部委员会委员候选人和推选监票人、计票人。新一届支部委员会委员候选人分别是：××、×××、×××、××、××；监票人是：×××和×××；计票人是：×××和×××。接着进行了大会选举，差额选举出新一届委员会委员；并向全体党员报告了本次选举结果。本次大会应到正式党员53人，实到党员50人。新一届党支部委员会将不辱使命，再接再厉，再立新功！

特此报告。

××大学××学院党支部(印章)

2016年6月8日

实例评析：这是一篇工作报告。标题完整；主送机关明确；开篇第一段交代了报告的依据和目的，报告的具体事项通过分段落、按时间先后顺序用概括性的语言叙述事实经过；以报告的惯用语作结。文书结构完整，既有全面概括，又不乏重点细节，符合工作报告的写作要求。

实例示范 2.24

招标情况报告

根据公司安排，结合我矿的实际，为保证10201回采工作面拆除工作的顺利进行，我矿10201工作面拆除工程进行了招标。现将招标情况汇报如下：

首先，我矿成立了以总经理为组长的议标领导小组，另设两个具体工作小组——技术组和商务组，公司经营部领导为监督组，办公室设在经营科，并负责资料的收集、议标安排、文件起草、组织议标等工作。经过资质审查，调查摸底，进行层层筛选后，确定了四个竞标单位，分别是：江苏省矿业工程集团有限公司(一级资质)、山东立业机械装备有限公司(一级资质)、河南省矿业工程集团有限公司机电安装队(一级资质)、浙江天成建设工程有限公司(二级资质)。

经过领导小组研究决定，于2013年5月27日下午3点在矿区三楼会议室进行议标。首先由主持人宣读议标会会场纪律，接着介绍出席会议人员。会议正式开始后，主持人按竞标单位的上交投标书的时间顺序进行唱标，山东立业机械装备有限公司报价为1 191 863元；河南省矿业工程集团有限公司机电安装队报价为1 182 398元；浙江大成建设工程有限公司报价为698 000元；江苏省矿业工程集团有限公司报价为1 576 200元。本次招标不设标底，经与经营部协商，拦标价为120万元，超过120万作为废标处理，故江苏省矿业工程集团有限公司投标书作废标处理，由其他三家进入第二轮竞标，在报价前有20分钟的准备时间。

下午16：20后，由三家竞标单位代表进行抽签，决定报价顺序：1号签是山东立业机械装备有限公司；2号签是河南省矿业工程集团有限公司机电安装队；3号签是浙江天成建设工程有限公司。为了尽量避免恶意竞争，三家的最终报价以纸质版、签字的形式，按抽签顺序上报。山东立业机械装备有限公司最终报价1 090 000元；河南省矿业工程集团有限公司机电安装队最终报价1 138 888元；浙江天成建设工程有限公司最终报价898 900元(因第一次报价没考虑二次拆除，故报价较第一次有所提升)。

通过两轮的报价和竞争提问，并本着公平、公正、双赢的原则：山东立业机械装备有限公司有同类的安装、拆除经验且报价合理，但是对我矿10201工作面拆除的技术措施和施工方案没有进行明确的说明；河南省矿业工程集团有限公司机电安装队，一直在我矿进行安装、拆除工作，人员不用再进行住宿上的安排；浙江天成建设工程有限公司在金泰源煤矿有安装方面的经验。最后由商务组和技术组进行打分，监督组进行监督。根据所定评分标准(略)进行打分后，结果为：山东立业机械装备有限公司得分55.31分；河南省矿业工程集团有限公司机电安装队得分为56.33分；浙江天成建设工程有限公司得分为80.18分。故竞标单位排名为第一名浙江天成建设工程有限公司，第二名河南省矿业工程集团有限公司机电安装队；第三名山东立业机械装备有限公司。

最后经矿办公会议研究决定上报两个竞标单位：分别为浙江天成建设工程有限公司和河南省矿业工程集团有限公司机电安装队。两个施工单位经公司与矿方共同勘探现场、考察团队后，再确定最终中标单位。

请审阅。

新生煤业有限公司××矿(印章)

2013年5月28日

实例评析：这是一篇情况报告。下级机关就招标情况向上级机关进行汇报，便于上级机关根据实际情况，及时采取措施，指导工作。标题为“事由＋文种”的省略式标题；无主送机关；正文部分分若干段落按先后顺序陈述情况，内容全面详细，事情经过、结果具体明确，写作及时。

实例示范 2.25

关于报送《××县2015年工作总结》的报告

市委、市政府：

现将《××县2015年工作总结》随文呈报，请审阅。

附件：××县2015年工作总结

中共××县委员会(印章)　××县人民政府(印章)
2015年12月23日

实例评析：这是一篇报送报告。结构完整，行文简洁，说明事项，所报送的材料作为附件附后即可。注意落款处因是××县党委、行政同级联合行文，故署名按先党委后行政的顺序在同一行书写，中间空一格。

写作知识

二、报告

(一)定义

报告是用于向上级机关汇报工作、反映情况、提出意见或建议、答复上级机关询问时使用的一种陈述性公文。

(二)特点、作用

报告适用于向上级机关汇报工作、反映情况、回复上级机关的询问，是陈述性公文。

报告的特点有以下几点：

1. 内容的实践性。只有真实的事件材料才能写入报告，以实践为依据，不能弄虚作假。

2. 表述的概括性。报告的表达方式以叙述和说明为主，详略得当，重点突出，不要求描述大量细节。

3. 报告中不能夹带请示事项，上级对报告不作答复，但可以将建议性报告批转有关下级机关。

(三)种类

1. 工作报告。用于向上级机关或重要会议汇报工作情况的报告。它主要用以总结工作，反映某一阶段、某个方面贯彻落实政策、法令、批示的情况。

2. 情况报告。用于向上级机关反映本单位、本区域的重大情况、特殊情况和突发情况等的报告，这种报告便于上级机关根据下级机关实际情况，及时采取措施，指导工作。

3. 建议报告。用于汇报或提出工作建议、措施的报告。下级机关或主管部门向上级领导机关提出工作意见，或贯彻某文件、指示的意见，或解决问题的措施、工作方案等。

4. 答复报告。用于有针对性地回答上级机关的询问或回答上级机关批办文件的办理结果，需用书面形式，要突出专一性、时效性。

5. 报送报告。用于向上级机关报送文件、物品、资料等而发出的说明性报告。

(四)结构与写法

报告在写作结构上一般包括标题、主送机关、正文、落款四部分。

1. 标题

文章第一行居中编排。字数多需转行书写时，注意词语的完整性并保持居中。

(1)完整式标题：发文机关+(关于)+事由+报告，如《××省经贸委关于确认××名牌产品的报告》。

(2)省略式标题：(关于)+事由+报告，如《关于发现“变相货币”的报告》；不能直接写文种“报告”。

2. 主送机关

主送机关即受文对象，标题下空一行左起顶格写。主送机关是单位，应当写清机关全称或规范化简称，如“内蒙古师范大学”“山东省人社厅”(“山东省人力资源和社会保障厅”规范化简称)；主送机关是个人，应写姓名+职务，如“王院长”“石书记”等。有时根据情况可不写主送机关。

3. 正文

报告的正文一般包括缘由、事项和结尾三部分。

(1)缘由。缘由是报告的导语，一般概述基本情况和写报告的起因依据，并用“现将有关情况报告如下”领起下文。

(2)事项。事项是报告的主体部分，用来说明报告事项。它一般包括两个方面内容：一是工作或事件情况及问题；二是进一步开展工作的意见。内容多时可采用分条列项或分段式的形式陈述所要汇报的情况。

写作不同类型的报告，正文中报告事项的内容可以有所侧重。工作报告在总结情况的基础上，重点提出下一步工作安排意见，大多都采用序号、小标题区分层次。情况报告重点报告重大情况、特殊情况和新动态，要抓住事物的本质，实事求是反映情况；情况和问题讲清楚，把事情的经过、原委、结果、性质写明白。建议报告即提出处理意见和建议，重点应放在建议的内容上，要写得具体、明确、简要，尤其要注意提出意见、建议的角度，不能在报告中夹带请示事项，写作要及时，可以采用分条列项的形式书写。答复报告则根据实际情况，按照上级机关的询问和要求回答问题，陈述事实。报送报告，只需要写清楚报送材料(文件、物件)的名称、数量等，外加附件。

(3)结尾。结尾是根据报告的不同种类使用相应的模式化用语，另起一行空两格书写。工作报告和情况报告常用“特此报告”“以上报告，请审阅”；建议报告常用“以上报告，如无不妥，请批转执行”；答复报告常用“专此报告”；报送报告常用“请审阅”“请收阅”“请验收”等。

4. 落款

写在正文右下方，分行书写发文机关全称和成文日期，并要签字盖章。成文日期用阿拉伯数字写全年月日。

(五)写作要求

1. 实事求是，情况确凿。

2. 重点突出，详略得当。

3. 行文中不能夹带请示事项。

4. 汇报及时，讲求实效。

(六)请示与报告的区别

1. 作用不同。请示用于向上级机关请求指示、批准；报告用于向上级机关汇报工作、反映情况，回复上级机关的询问。

2. 行文时间不同。请示需事前行文；报告一般在事后和事情进行中行文。

3. 主送机关不同。请示只写一个主送机关；报告有时可写多个主送机关。

4. 写作内容不同。请示一般先写请示的原因(报告现有情况)，再写请示的事项；报告只是陈述工作或事件情况，行文中不能夹带请示事项。

5. 结束语不同。请示与报告都要在结尾处提出希望和要求，但请示一般用“当否，请批示”“以上请示妥否，请批示”“可否，请指示”等惯用语作结；报告常用的结语有“特此报告”“专此报告”“以上报告，请审阅”等。

6. 受文机关处理方式不同。请示属办件，收文机关需作出明确批示和答复，具有呈请性；报告多属阅件，不需要收文机关作出答复，具有呈报性。

模式应用

××大学关于校园三期工程建设进展情况的报告(完整式标题)

××××：(主送机关)

(以下是报告正文)

报告的缘由，一般概述基本情况和写报告的起因依据，如“按照……”“根据……”“近期，……”后用“现将有关情况报告如下”领起下文。

报告的事项，一般写工作或事件情况和今后怎么做，可采用分条列项或分段式的形式陈述所要汇报的情况。

报告的结尾，另起一行空两格写，常用“特此报告”“专此报告”“以上报告，请审阅”等惯用语作结。

发文机关名称(印章)

××××年×月×日(阿拉伯数字书写)

模块小结

本节主要学习的内容是请示和报告两种公文的写作基本知识，其中文书的结构要素和写作格式是学习重点，并且要注意把握请示和报告的区别，能够正确使用这两种常用公务文书。

知识拓展

一、批复

(一)定义

批复是上级机关答复下级机关请示事项时使用的一种下行公文。一般而言，有“请示”必有“批复”。

(二)结构与写法

批复一般由标题、主送机关、正文和落款四部分构成。

1. 标题

文章第一行居中编排。字数多需转行书写时，注意词语的完整性并保持居中。

(1)完整式标题：发文机关+(关于)+事由+批复，如《国家税务总局关于个人所得税若干业务问题的批复》《教育部关于中央广播电视大学更名为国家开放大学的批复》。

(2)省略式标题：(关于)+事由+批复，如《关于建设中关村科技园有关问题的批复》。

2. 主送机关

批复的主送机关是指请示的发文机关。标题下空一行左起顶格写，以冒号结束。

3. 正文

批复的正文包括引语、事项和结尾三部分。

(1)引语。可引叙下级来文的日期、发文字号和文题，还可简述来文内容，以说明批复的根据。通常用“某文已收悉，经研究，现批复如下”引出下文。

(2)事项。这是批复的主体部分，针对来文予以答复，表明同意或不同意，对批复事项阐述解释或希望要求，都据实写出。

(3)结尾。正文之后另起一行空两格写“特此批复”或“此复”作结。

4. 落款

写在正文右下方，分行书写发文机关全称和成文日期，并要签字盖章。成文日期用阿拉伯数字写全年月日。

(三)实例示范

××省科技厅关于对××研究所资金短缺问题的批复

××研究所：

你所上报的《关于筹建生物工程实验室项目资金短缺的请示》已收悉，同意拨付资金100万元，请你所按要求使用好该项资金，项目完成后，提交资金用途报告，我厅将进行审核。

特此批复。

××省科技厅(印章)
2015年5月12日

二、函

(一)定义

函，俗称“信件”。这里指的是“公函”，是适用于不相隶属机关之间相互商洽工作、询问和答复问题，或向有关主管部门请求批准和答复审批事项时使用的公文。

(二)特点和作用

1. 平等性和沟通性。函主要用于不相隶属机关之间商洽工作、询问和答复问题，体现着双方平等沟通的关系，这是其他上行文和下行文所不具备的特点。即使是向有关主管部门请求批准，在双方没有隶属关系的情况下，也不能使用请示和批复，只能用函，并且姿态、措辞、口气也跟请示和批复不相同，也要体现平等和沟通的特点。

2. 灵活性和广泛性。凡是申请事项、建议咨询、商洽工作、通知事项、催办事情、答复询问、召开会议、报送材料等，均可用函，还用来请请求批准和答复审批有关事项等，是机关、单位公务往来中使用比较简便灵活、使用范围广、使用频率高的公文文种。函对发文机关的资格要求很宽松，在行文方向上，广泛地应用于各平行或者不相隶属机机关之间，任何机关或组织均可制发，不受内容繁简、字数多少的严格限制。

3. 单一性和权威性。函的内容必须单纯，一份函只能写一件事项。函不需要在原则、意义上进行过多的阐述，不重务虚重务实。函是正式公文的一种，不论用于商洽公务，询问与答复问题或向有关主管部门请求批准，均代表使用单位的意志与权威，传达机关的决策和意图，具有法定效用。

(三)种类

1. 按发文内容和用途分，可分为商洽函、询问和答复函、请批函、告知函。商洽函是用于平行机关或不相隶属机关之间商洽工作、联系有关事宜的函。用于不相隶属刨 I 的机关之间询问或答复：复書有关问题的函。请批函请批函是用于向有关主管部门请求批准孝 f 项时使用的函。告知函是平级或不相隶属单位之间相互通知事情时使用的函。

2. 按发文的方向分，可分为发函和复函。主动制发的函为发函，回复对方来函的函称为复函。

3. 按文面规格分，可分为公函和便函。公函，按一般公文格式需写上标题、主送机关、正文、落款，也要编上发文字号，既可由机关办文部门按发文统一编号，也可按函件单独编号。便函格式灵活、简便，写法较自由，可不写标题、不编文号。便函不列入正式文件范围。

此外，还有通知事项的函、催办事宜的函、转送材料的函等等。

(四)结构与写法

函一般由标题、主送机关、正文和落款四部分构成。

1. 标题

文章第一行居中编排。字数多需转行书写时，注意词语的完整性并保持居中。

(1)完整式标题：发文机关＋(关于)＋事由＋函，如《国务院办公厅关于宁波海关升格为正厅级直属海关问题的复函》。

(2)省略式标题：(关于)＋事由＋函，如《关于商洽开办第四期县级教育局长岗位培训班的函》。

2. 主送机关

主送机关即函件致送的单位。标题下空一行左起顶格写，以冒号结束。

3. 正文

函的正文主要由缘由、事项和结尾三部分构成。

(1)缘由。即发函的原因、依据。

(2)事项。即商洽、请求、答复的具体内容。

(3)结尾。正文之后另起一行空两格写"特此函告""特此函复""请函复""特此函询""请予接洽为盼"等惯用结语收尾。

4. 落款

写在正文右下方，分行书写发文机关全称和成文日期，并要签字盖章。成文日期用阿拉伯数字写全年月日。

(五)实例示范

中国科学院××研究所关于建立全面协作关系的函

××大学：

近年来，我所与你校双方在一些科学研究项目上互相支持，取得了一定的成绩，建立了良好的协作基础。为了巩固成果，建议我们双方今后能进一步在学术思想、科学研究、人员培训、仪器设备等方面建立全面的交流协作关系，特提出如下意见：

一、定期举行所、校之间学术讨论与学术交流。(略)

二、根据所、校各自的科研发展方向和特点，对双方共同感兴趣的课题进行协作。(略)

三、根据所、校各自人员配备情况，校方在可能的条件下对所方研究生、科研人员的培训予以帮助。(略)

四、双方科研教学所需要的高、精、尖仪器设备，在协商可能的条件下，为对方提供利用。(略)

五、加强图书资料和情报的交流。

以上各项，如蒙同意，建议互派科研主管人员就有关内容进一步磋商，达成协议，以利工作。

请函复。

中国科学院××研究所(印章)

2015年10月8日

写作练习

一、基础训练

(一)填空题

1. 报告的主要类型有________、________、________、________和________。

2. 报告的特点有________、________和________。

3. 请示的主要类型有________、________和________。

4. 请示的写作要求有________、________、________、________和________。

(二)选择题

1. 下级向上级请求指示、批准事项时使用(　　)。

A. 指示　　B. 报告　　C. 请示　　D. 通知

2. 批复是针对(　　)作出答复的公文。

A. 报告　　B. 请示　　C. 通知　　D. 决定

3. 下面结语不能用于报告文书的是(　　)。

A. 特此报告　　B. 专此报告　　C. 以上报告请审阅　　D. 以上报告请批示

(三)判断题

1. 反映情况、答复上级机关的询问用报告行文。(　　)

2. 请示应在事前行文，而报告应在事后行文。(　　)

3. 请示和报告有时可合在一起写成请示报告。(　　)

4. 以上请示无不妥，请尽快予以批准。(　　)

5. 报告不能用“以上报告当否，请指示”之类的结束语。(　　)

6. 报告标题可只用“报告”两字。(　　)

7. 请示可以一文一事，也可以一文多事。(　　)

8. ×厂拟用报告向市工业局汇报该厂遭受火灾的情况。(　　)

(四)简答题

1. 请示的特点有哪些?

2. 请示与报告有哪些区别?

二、写作实训

(一)纠错题

1. 请阅读下面这则请示，指出文中错误之处并进行修改。

关于要求解决学生宿舍拥挤问题的请示

市人民政府、市教育局：

我校今年由于住宿生急剧增加，已有的学生宿舍已无法容纳，现在住宿生基本上是一个床位两个人睡，严重影响学生的身心健康。为解决这一困难，我校决定再建一栋学生宿舍楼。另外，我校图书馆也尚未达到省“两基”标准，望上级部门给予适当支持。

特此请示，请回复。

滨海市二职

二○一二年十二月五日

2. 请阅读下面这则批复，指出文中错误之处并进行修改。

国务院关于将辽宁蛇岛、老铁山划归
国家重点自然保护区请示的批复

省人民政府：

辽政发[1980]190号文收悉。国务院同意将蛇岛、老铁山候鸟停歇站列为国家重点自然保护区，由你省环境保护部门归口领导。请你省建立必要的管理机构，搞好保护区的规划和科学研究，按自然保护区的要求，采取有效措施发展蝮蛇资源和保护候鸟。保护区所需人员编制、经费、物资等应纳入省的计划。

中华人民共和国国务院
1980年8月6日

(二)写作题

1. 根据以下材料，请你代酷宝玩具厂第二分厂向总厂写一份请示。

酷宝玩具厂第二分厂于2016年10月从市区搬往50公里外的远郊区，虽在新厂区附近盖了120套职工家属宿舍，但仍有60多名职工住在市区，往返路程交通极为不便。分厂领导为解决这部分职工的交通问题，决定向总厂请求批准购买一辆大客车作通勤车用。

2. 请你代班主任就本班学生近期在校情况(包括学习、思想、住宿、文娱等方面)向所属二级学院拟写一份报告。

3. 请查阅资料或上网浏览找几篇批复文书，并试着对【实例示范2.20】一文拟写一份批复。

单元三　事务文书

教学目标

知识目标	能力目标	素质目标
了解事务文书的定义、种类和特点，理解计划、总结、演讲稿等常用事务类文书的定义、特点、作用及其写作理论	掌握计划、总结和演讲稿等常用事务类文书的结构和写法以及写作要求。通过学习与训练，能写出规范的事务文书	增强事务文书写作的规范意识，揣摩例文，模拟写作，提升职业写作的综合素养，提高职场工作的应对能力

教学要求

引导学生认识到学习写作常用事务文书的重要性和实用性，增强学生在日常事务活动中通过事务文书处理事务的意识，指导学生通过理论学习和实践写作相结合的方法，掌握计划、总结和演讲稿写作的基本常识和写作技能，培养学生根据实际需要熟练地撰写常用事务文书的能力。

模块导读

事务文书是人们在日常工作、生活中使用频率较高的几个文种，包括计划、总结、演讲稿等常用事物文书。本单元通过介绍事务文书的定义、种类和特点及对某一文书不同种类的实例示范、讲解写作理论及安排写作练习，帮助学生掌握这些常用事务文书的写作技能，使学生具备一定的写作能力。

实例示范 3.1

房地产公司工作计划

今年以来，公司在董事会的领导下，经过全体员工的努力，各项工作全面铺开，“××”品牌得到了社会的初步认同。总体上说，成绩较为喜人。为使公司各项工作再上一个新台阶，在新的年度里，公司将抓好“一个中心”、搞好“两个建立”、做到“三个调整”、进行“四个充实”、着力“五个推行”。其工作计划具体如下：

一、以××项目建设为中心，切实完成营销任务

××项目，是省、市重点工程。市委、市政府对其寄予了殷切的期望。由于项目所蕴

含的社会效益和潜在的经济效益，我们必须把它建成，而不能搞砸；我们只能前进，而不能停滞甚至后退。

(一)确保一季度××工程全面开工，力争年内基本完成第一期建设任务

××项目一期工程占地面积为60亩，总投资1.6亿元，建筑面积12.6万平方米。建筑物为××商业广场裙楼、××大厦裙楼和一栋物流仓库。

1. 土地征拆工作(略)

2. 工程合同及开工(略)

3. 报建工作(略)

4. 工程质量(略)

5. 预决算工作(略)

(二)切实完成年营销任务，力保工程进度不脱节

公司确定的××××年医药商铺、产权式酒店、公寓式写字楼的销售年任务为1.5亿元。该任务的完成，直接关系到一期工程任务的实现。故必须做好营销这篇大文章。

1. 实行置业任务分解，确保策划代理合同兑现(略)

2. 合理运用广告形式，塑造品牌扩大营销(略)

3. 努力培养营销队伍，逐步完善激励机制(略)

4. 拓宽融资渠道，挖掘社会潜能(略)

(三)全面启动招商程序，开展工作注重成效

招商工作是××项目建成后运营的重要基础。该工作开展顺利与否，也直接影响公司的楼盘销售。因此，在新的一年，招商应有计划地、有针对性地、适时适量地开展工作。

1. 结合医药市场现状，制订可行的招商政策(略)

2. 组建招商队伍，良性循环运作(略)

3. 明确招商任务，打好运营基础(略)

4. 做好物流营运准备，合理有效适时投入(略)

二、以品牌打造为长远目标，逐步完成“两个建立”

“××”品牌的打造是公司的战略目标之一。现代品牌打造的成功必须依赖于企业的现代管理模式。新的一年，我们将在建立集团公司、建立现代企业管理体系上下功夫，逐步把公司建成为大型的民营企业集团。

1. 注册成立企业集团，不断扩大公司规模(略)

2. 建立现代企业管理体系，推行工作标准到人到岗(略)

三、以××发展为历史契机，加快内部“三个调整”

××的发展是历史的使命，也是市场的要求，我们应顺应这一时代的需要，不断完善自我，发展自我，调整机制，集聚“内功”，合理发挥员工动能，以使××集团傲立于医药之林。

1. 人员调整(略)

2. 机构调整(略)

3. 例会制调整(略)

××房地产公司(印章)

××××年12月26日

实例评析：这是一份专项工作计划。开篇简明扼要地指出了做好工作需要把握的几个方面，主体部分详细地写出具体措施，目标明确。文字表述言简意赅，结构清晰。

写作知识

模块一　事务文书概述

一、定义

事务文书是党政机关、社会团体、企事业单位及个人在处理日常公私事务时，用来沟通信息、安排工作、总结得失、研究问题、指导工作、规范行为的、经常使用的、有一定规范格式的应用文书，是应用文写作的重要组成部分。

二、种类

事务文书主要包括计划、总结、调查报告、述职报告、策划书、演讲稿、规章制度、简报、大事记等。

三、特点

事务文书是以主体需要、客体实用为目的的文书写作，具有以下特点：

1. 政策性。事务文书在撰写过程中，要以党和国家的方针政策为指导，以法律法规为依据，文件所涉及的内容均不得违背方针政策和法律法规。

2. 实用性。事务文书是为解决工作、学习中实际问题，处理具体事务而撰写的，实实在在地办事，帮助把有关工作做好，有较强的实用性。

3. 真实性。事务文书所涉及的内容必须真实可信，不得弄虚作假隐瞒事情的真相。

4. 广泛性。事务文书行文相当广泛，可以灵活选择行文对象，行文方向不是固定不变的，如简报，可以上报，也可以平送，还可以下发。

5. 时限性。时效是事务文书的生命。完成工作、解决问题都有一定的期限要求，才能发挥其效应。

模块二　常用事务文书写作

任务一　计划、总结

实例示范 3.2

××县教育局 2013 年政治理论学习计划

2013 年是全面贯彻落实党的十八大精神，积极推进社会主义和谐社会建设的重要一年，也是全县教育工作贯彻落实科学发展观，努力办让人民满意的教育，保持教育良好发展态势的重要一年。为了进一步提高广大干部群众的政治理论素养，努力开创我县教育工作的新局面，根据中央、省、市、县关于理论学习的要求，结合我县教育工作实际，现就2013年度政治理论学习活动作如下安排：

一、指导思想

以邓小平理论、“三个代表”重要思想和党的十八大精神为指导；以提高党的执政能力、加强先进性建设为核心；以上级规定的理论学习资料、与教育相关的法律法规和从事教育工作必备的专业知识为主要内容。遵循理论联系实际和学精管用的原则，解放思想，实事求是，不断提高广大党员干部职工的政治理论素养和思想道德水平，为全面实现2013年教育工作目标提供有力的思想和组织保障。

二、学习内容

2013年全体党员干部群众要在继续深入学习马列主义、毛泽东思想、邓小平理论和“三个代表”重要思想的基础上，重点学习以下内容：

1. 学习党的十八大精神。重点学习党的十八大报告。各支部要再次掀起学习热潮。特别是要集中时间、集中精神，学习好、理解好、把握好十八大报告的精神实质，学习的过程中可以采取通读报告原文，收听、收看音像辅导讲座，分章节学习、分专题研讨等形式进行。同时，各支部还要组织党员干部做好十八大其他相关文件的学习。

2. 结合教育工作实际，深入学习新课程改革有关书籍，学习《人民教育》《吉林教育》《松原教育》《扶余教育》等教育专刊上刊载的优秀文章。不断提高自身业务水平和驾驭、管理教育教学的能力。

3. 学习《教育法》《教师法》《未成年人保护法》《预防未成年人犯罪法》等和教育息息相关的法律法规，增长法律知识，增强法律意识，努力做到依法治校。

4. 认真学习现代经济知识以及社会管理知识，提高驾驭市场经济的能力和社会管理能力。

三、学习方法

采取集中学习与个人自学相结合、辅导讲座与座谈研讨相结合、系统学习与专题学习相结合的方法进行。通过以辅助学、以查导学、以赛促学、以考督学的形式，使政治理论学习收到实效。

四、具体要求

1. 提高认识，加强领导。（略）

2. 完善制度，严肃纪律。（略）

3. 联系实际，深入研讨。（略）

4. 督促检查，促进学习。（略）

××县教育局（印章）

2013年1月8日

实例评析：这是一份年度工作计划。前言部分简明扼要地指出了进行理论学习的依据及重要性，用“现就2013年度政治理论学习活动作如下安排”过渡，引出主体。主体部分按照理论学习的任务分成四部分，措施具体，目标明确；文字表述言简意赅，结构清晰。

实例示范 3.3

××建筑工程有限责任公司
2015 年安全生产工作计划

一、施工现场安全管理工作指导思想

坚持“以人为本”的理念，贯彻落实“安全第一，预防为主”的方针，加强安全生产管理，进一步落实安全生产的各项规程、标准，提高安全、文明施工管理水平。

二、施工现场管理目标

1. 落实公司各项规章制度，采取针对性措施，杜绝死亡事故和重伤事故，轻伤事故率不超过 1.5%，确保施工安全。

2. 施工现场达标率为 100%，加强文明施工的过程管理，提升文明施工管理水平。

三、施工现场管理工作部位

1. 需重点管理的施工部位

(1)以下部位施工必须编制专项施工方案：地下暗挖施工；深度超过 1.5 m 的沟槽土方施工；人工挖扩孔桩施工；脚手架、卸料平台、水平安全网搭设与拆除施工；大模板和跨度超过 6 m 的梁、板模板施工；塔式起重机、施工升降机，整体提升脚手架，电动吊篮的安装、提升、拆除施工，起重、吊装施工。

(2)以下部位施工方案需组织专家论证：地下暗挖工程穿过既有建筑物、构筑物、道路、铁路、河道的工程施工；跨度超过 18 m 的钢结构吊装及钢结构施工用承重脚手架施工；城市房屋拆除爆破工程施工。

(3)规范、标准规定的其他需编制施工组织设计的工程项目。

2. 重点管理工作

(1)进一步完善公司的安全生产保证体系，技术、生产、材料、安全等部门各负其责，对安全生产实施管理。

(2)各项目部要严格按照施工组织设计、专项施工方案，由项目经理负责，组织对实施方案的分包单位的资质、安全生产许可证和工人的上岗证进行检查，并在施工前做好安全技术交底，施工中加强检查，施工完毕后做好验收工作。

(3)项目部的专职安全员负责对工程施工过程的安全生产进行检查，随时纠正违章和隐患。专职安全员的配置应不少于以下数量。

①房屋建筑工程：建筑面积在 2 万 m^2 以下 1 人；2 万～5 万 m^2 2 人；5 万～10 万 m^2 3 人；10 万 m^2 以上设安全管理机构。

②市政工程：5 000 万元以下 1 人；5 000 万～1.5 亿元 2 人；1.5 亿～2.5 亿元 3 人；2.5 亿元以上设安全管理机构。

③专业承包、劳务分包单位工程施工人员超过 50 人的必须配备专职安全员。

(4)对新进场的施工人员进行三级安全教育，建立三级安全教育卡。

(5)有关部门及项目部加强对施工现场安全工作的检查(着重对脚手架、基坑、模板、“三宝”“四口”防护、施工用电、物料提升机、外用电梯、塔式起重机、起重吊装、施工机具)，开展定期、不定期、专项检查，及时督促项目部对存在的隐患进行整改。

(6)施工现场建立义务消防队和消防制度，加强用火管理，定期对施工现场的防火工作进行检查。

(7)加强对工地食堂管理。食堂必须办理卫生许可证，炊事人员必须持健康证上岗。严格执行食品采购登记制，确保施工人员不食扁豆、黄花、发芽土豆等易中毒食物，防止发生食物中毒。

(8)夏季施工做好防汛、防雷、防暑工作；冬季施工做好防冻、防滑、防火、防煤气中毒。

(9)根据本项目部承建工程特点，制定突发事故应急救援预案，并报工程部备案。

(10)"春节""五一""十一"等重大节日前开展安全大检查，加强安全值班，确保节日期间施工安全。

××建筑工程有限责任公司(印章)

2014 年 12 月 20 日

实例评析：这是××建筑工程有限责任公司 2015 年的安全生产工作计划，主要涉及 2015 年的施工现场安全工作指导思想、施工现场管理目标、施工现场管理工作部位等内容。计划内容明确，有较高的可行性和实际操作性，结构清晰，语言朴实，专业用语准确。

写作知识

一、计划

(一)定义

计划是机关、团体、企事业单位或个人在学习、工作和生活中，对未来一定时期内的工作、事项、活动等作出预先打算和安排，确定目标、任务、步骤和措施所形成的事务性文书。

(二)特点、作用

古人云："凡事预则立，不预则废"。计划是一种应用范围广泛、使用频率较高的应用文书，事前谋划、拟定计划可以减少工作的盲目性和无序性，是顺利完成某项工作的有效保证，具有指导、推动和监督作用。

计划的特点有以下几点：

1. 预见性。制定计划的目的是为了完成某项工作，因此，计划的写作要依据当前实际情况，客观、准确地研判形势，预见未来发展，提出切实有效的工作设想。

2. 可行性。计划的制定要根据本单位、本部门或个人实际情况提出今后一个时期的发展目标，以及为实现该目标应采取的办法、措施、要求等相关内容。计划中所提及的办法、措施和要求等必须切实可行，可操作性强。

3. 灵活性。俗话说"计划赶不上变化"。在现实工作中还存在着一些我们无法预料的事情，也就是说我们制订计划时所做的预想还带有一定的主观性。制订计划要留有余地，充分考虑到我们无法预料的种种因素，以免发生意外情况时手足无措。

(三)种类

计划的种类很多，根据不同的分类标准，可以划分为以下几种类型：

1. 按照内容划分，可以分为学习计划、工作计划、生产计划、销售计划、科研计划、教学计划等。

2. 按照性质划分，可以分为专项计划或综合计划等。

3. 按照时间划分，可以分为长期计划(五年以上计划)、中期计划(一年以上、五年以下计划)、短期计划(通常指年度计划、季度计划、月度计划)等。

4. 按照范围划分，可以分为国家计划、单位计划、部门计划和个人计划等。

5. 按照形式划分，可以分为条文式计划、表格式计划、文表结合式计划和文件式计划等。

计划是个统称，像规划、纲要、设想、打算、要点、方案、安排等都是根据计划目标远近、时间长短、内容详略等差异而确定的名称。

(四)结构与写法

计划在写作结构上包括标题、正文和落款三部分。

1. 标题

文章第一行居中编排。字数多需转行书写时，注意词语的完整性并保持居中，如计划尚处于酝酿或讨论过程中，或没有批准通过，则可以在标题后加括号注明“草案”或“讨论稿”字样。

(1)完整式标题。包括制定计划的单位名称、计划时间、计划的性质(内容)和文种。如《××大学2017年教学工作计划》《××市2016年国民经济和社会发展计划》。

完整式标题：单位名称＋时限＋性质(内容)＋计划名称。

(2)省略式标题。可省略制定计划的单位名称或时限，如《2017年教学工作计划》《教学工作计划》。

省略式标题：性质(内容)＋计划名称。

(3)公文式标题。包括制定计划的单位名称、事项和文种。例如《××职业技术学院关于新入职教师培训工作安排》。

公文式标题：发文机关＋(关于)＋事由＋计划名称。

2. 正文

正文主要内容包括计划的开头、主体和结尾三部分，即做什么，怎么做，完成任务的时限等。

(1)开头。即引言、前言。一般写制定计划的依据、背景材料(如面临的基本形势、前段工作经验教训等)，或制定计划的目标、总任务和意义等内容。这部分要写得简明扼要，力戒套话、空话、大话。不同计划对上述内容可以有不同的取舍和侧重。

(2)主体。即计划的核心内容，计划的“三要素”是目标、措施、要求，即阐述“做什么”(目标、任务)、“怎样做”(措施办法)和“做得怎样”(要求)都在这部分。这部分是要求实施和随时对计划落实情况进行检查的依据。所以提出的任务、要求应当明确，完成任务的措施、办法、步骤、期限等要具体可行。这是计划最重要的内容，也是篇幅最大的一部分，要写得周到详尽，具体明白，一般采用标明层次、段落序号、分条列项的方法来写，以求做到条理分明、结构清晰。

计划三要素是互相联系的，没有目标或者目标不明确，就谈不上措施要求；没有具体的措施，目标就难以实现；而没有具体要求，实现目标的效率、质量就没保证。它们之间是互相依存、缺一不可的。

(3)结尾。提出希望、发出号召、展望前景等，激励大家为实现计划而努力。结尾部分应根据需要，灵活掌握写法及内容，有的计划甚至可以不写结尾。

3. 落款

写明制定计划的单位(标题中已标明单位的可省略)和制定日期。如果以文件的形式下发或报送，还需要加盖公章。

(五)写作要求

1. 要遵循党和国家的有关方针、政策和法律、法规。

2. 要注意从本单位、本部门的实际情况出发，不要脱离客观实际，任务指标不要定得过高或过低。

3. 计划要制定得具体、可行，以便于落实和督促检查。

4. 内容要具体明确，表达要简明准确，有条有理。

5. 表达方式以说明为主，行文中不夹杂议论。

模式应用

单位名称+时限+性质(内容)+计划名称(标题)

(以下为计划的正文)

(开头)

制定计划的依据、背景材料(如面临的基本形势、前段工作经验教训等)，或制定计划的目标、总任务和意义等，现将计划如下：

(主体)

一、目标和任务

(具体内容略)

二、措施和方法

(具体内容略)

三、步骤和安排

(具体内容略)

(结尾)

提要求或提出希望、发出号召、展望前景等。

单位名称(印章)

年　月　日

实例示范 3.4

××街道工会“五一”劳动节活动总结

为隆重庆祝第 127 个“五一”国际劳动节，贯彻市委市政府和区委区政府有关精神，落实市总工会的工作要求，丰富广大职工群众的精神文化生活，大力弘扬“劳动光荣，劳模伟大”精神，展现全区广大职工群众的良好精神风貌，号召全体职工行动起来，为把×湖建设成更繁荣、更文明、更幸福的城区努力奋斗。××区总工会在 4 月已经下发《××区总工会×××× 年庆“五一”系列活动方案》给各街道总工会，各工委会、教育工会、“两新”组织工委工会。各单位根据活动方案总体部署，在“五一”前后，精心筹备广泛宣传发动，组织开展了一系列丰富多彩的庆祝“五一”系列活动，受到基层职工的一致好评。现将活动总结如下：

一、活动主题

全面贯彻落实科学发展观，以“新工人、新市民”和推动深圳文化大发展大繁荣为主线，以“面对面、心贴心、实打实服务职工在基层”为重点，在全区范围内开展以“劳动光荣，共建共享，快乐×湖，幸福×湖”为主题的庆祝“五一”系列活动。通过多种文化手段和生动活泼的活动形式，唱响时代主旋律，展示当代职工奋发有为、昂扬向上、与时俱进、开拓创新的时代风采，激发劳动者建功立业的工作热情，为把×湖建设成更繁荣、更文明、更幸福的城区努力奋斗。

二、活动情况

1. ××区庆“五一”暨第六届劳模表彰大会。以“劳动光荣，共建共享”为主题，通过先进模范表彰大会和典型事迹短片宣传、原创编排的文艺演出和代表×湖产业特色的职工方阵参与的互动方式，为我区职工群众送出一份独特的精神文化大餐，表达区委区政府对职工群众的节日问候和殷切期望，发挥工会组织在组织职工、教育职工、引导职工的重要作用。

4 月 26 日下午，××××年××区庆“五一”和三年一度的劳模表彰大会在××会堂隆重举行。××区五套班子主要领导出席了大会，并在会前与区 20××年市、区劳动模范和先进工作者以及市、区先进单位(集体)获得者代表合影留念。表彰大会上除了播放精心制作的先进典型人物或单位的电视短片外，还穿插××区总工会精心编排的一系列原创节目，有歌颂劳模的配乐诗朗诵《你们是幸福×湖的楷模》，有反映工会为职工服务的快板舞蹈《工会是我家》，也有展现新时代职工风采的大型歌舞《我们是新时代的工人》《自豪的建设者》。另外，由 400 多名××特色产业职工群众代表组成的方阵参加了大会，共享节日的喜悦和欢乐，展现了区广大职工积极向上的精神风貌。此次大会受到了区领导、职工朋友和先进人物的热烈欢迎和一致好评，营造了劳动光荣的浓厚氛围，表达了全区劳模和广大职工以实际行动建功立业的决心和信心。

2. 社康中心义诊活动。邀请社康中心专家举办“关爱职工”的社康中心义诊活动，主要向职工讲解有关职业病及预防职业病的方法等内容，让职工了解职业病等相关知识和预防方法，有效地减少职业病的发生率，努力营造健康向上、奋发有为的社会氛围。

3. 庆“五一”趣味运动会。以“五一”劳动节为契机，组织开展趣味运动会，比赛项目有跳大绳、夹气球接力、盲人足球射门等；广泛发动步行街商家、基层工会和职工积极参与，通过活动的开展，广泛吸引和凝聚街区企业、职工，进一步推动基层工会建设。

4. 庆“五一”迎“五四”企业联欢会活动。通过整台会演的形式，强化企业文化建设，丰富职工文化生活，展示新时期广大企业的时代风貌。

5.“活力××·幸福××”系列职工文体活动。活动包括登山比赛、羽毛球比赛、三人篮球比赛、跳绳比赛、乒乓球比赛和拔河比赛等等，活动目的主要是加强企业间的横向交流、增进友谊、活跃职工的文体生活、激发员工爱岗敬业的热情、增强街道工会的凝聚力和影响力，为促进××区德育、经济全面发展作贡献。

6. 服务职工在基层活动。通过聘请律师现场解答职工疑问的形式，举办职工维权宣传，让职工学习相关法律知识，提高职工的维权意识，进一步推动我区工会权益保障工作。

7. 爱心献血活动。通过无偿献血这种有意义的活动，体现职工关心他人，关心社会，共建和谐的精神风貌。

8. 送电影到基层。为活跃社区工人文化，丰富工会生活，陶冶工会会员情操，促进社区和谐氛围，××街道工会组织了送电影到基层活动。

三、活动总结

1. 高度重视，密切合作

对此次庆祝“五一”系列活动，活动主办或协办的各单位高度重视，开展了丰富多彩形式多样的庆祝活动。既面向一线职工群众，结合企业文化活动，不拘一格地创新形式，又丰富了职工文化业余生活，推进企业文化建设，增强基层工会活力。

2. 突出主题，务求实效

各级工会在今年的庆祝“五一”活动中突出了以“劳动光荣，共建共享”为主题，创新活动载体，广泛宣传“尊重劳动，尊重创造”和“职工为本，基层为重”的理念，扩大工会组织在基层的影响力和凝聚力，受到企业和职工的一致好评。

3. 广泛宣传，扩大影响

各级工会在举办庆祝“五一”系列活动前，及时、深入地向职工和企业宣传、扩大影响。充分利用了各种宣传手段和渠道，借助网络、媒体等传播工具，共同营造浓厚的宣传舆论氛围。举办庆祝“五一”系列活动之后也认真总结做好后续宣传报道工作。

××街道办事处

××××年×月×日

实例评析：这是一份工作总结。全文分三个部分将活动的主题、具体情况和总结进行阐述，文字表述言简意赅，结构清晰。

实例示范 3.5

××新区第一人民医院党委 2011 年党建工作总结

2011 年，××新区第一人民医院党委在××街道党委的正确指导下，以邓小平理论和“三个代表”重要思想为指导，坚持贯彻党的十七大和十七届五中全会精神，坚持科学发展观，加强政治理论学习及行风建设，贯彻落实“以病人为中心”的理念，紧紧围绕医院业务工作，创新性地开展党建工作，积极构建和谐医院，带领全院干部职工，扎实开展创先争优及“三好一满意”活动，推动医院可持续发展。现将我院 2011 年党建工作总结如下：

一、基本情况

××新区第一人民医院党委现有共产党员76人，在职75人，退休1人，下设3个党支部，上半年发展了4名预备党员，确定了8名入党积极分子。

二、转变干部作风，增强党组织的凝聚力和战斗力，圆满完成上级党组织交给的各项任务

(一)抓学习，深入开展创先争优活动(略)

(二)抓管理，规范完善规章制度(略)

(三)抓活动，增强组织凝聚力(略)

(四)抓表率，发挥先锋模范作用(略)

三、加强党建工作，促进医疗卫生事业发展

(一)围绕中心工作，推动医院逐步向前发展(略)

(二)围绕建党90周年，开展形式多样的活动(略)

(三)廉洁从政，加强党风廉政建设(略)

(四)密切联系群众，扎实推进惠民工程(略)

四、注重实效，硕果累累展新风

(一)党的基层组织建设成效明显(略)

(二)行业作风进一步转变，树立卫生行业新形象(略)

五、存在的问题

回顾2011年的党建工作，虽然取得了一些成绩，但也存在一些问题。在新的一年里，我们将从以下几个方面加以改进和提高：

1. 党委委员会、支委委员会、党员大会等党的组织工作制度完整度不够，接下来将进一步抓好落实，完善相关工作制度，形成加强党的组织建设的长效机制。

2. 对入党积极分子的教育培养工作不够，将适时开展培训工作，努力抓好入党积极分子教育工作，并注意在青年职工和技术业务人员中建设一支充满活力的党员后备队伍。

3. 党员先进知识教育不充分，将继续开展创先争优，把党员先锋模范教育工作贯穿于支部建设的全过程，使之成为支部的一项日常工作。

××市××新区第一人民医院党委(印章)

2011年12月24日

实例评析：这是一篇年度专题工作总结。前言部分概述党建工作基本情况，用“现将我院2011年党建工作总结如下”作为过渡，引出主体。主体部分从五个方面对全年党建工作做了总结，并指出存在的问题及今后发展方向，分析客观，实事求是。整篇总结采用总分式结构，格式典型、规范。

实例示范 3.6

2004年个人年度工作总结

办公室主任　××

这一年来，在领导的关心和帮助下，在全体同志的支持配合下，我服从工作安排，加

强学习锻炼，认真履行职责，全方面提高完善了自己的思想认识、工作能力和综合素质，较好地完成了各项目标任务。虽然工作上经历了很多困难，但对我来说每一次都是很好的锻炼，感觉到自己逐渐成熟了。现将一年的工作总结如下：

一、认真履行职责，积极开展工作

(一)努力做好行政管理工作

1. 协助领导做好行政管理工作，组织召开全体职工大会×次，中层干部会议×次，班子会议×次，支委会×次，党员大会×次，职工代表大会×次，工会委员会×次，团员会议×次。做好会前各项准备工作及会议记录，做到了保密和及时归档。

2. 认真做好材料的撰写、打印、信息上报和档案管理等工作，确保及时撰写和上报相关材料。做好各种文件的收发、复印及誊印工作。及时请领导阅办，科室下达做好记录，按时布置，全年起草行政法文××件，党务发文×件。今年规范了文件的转发程序，做到了文件转接有登记。

3. 完成2004年行政工作计划、总结、人大汇报材料以及年鉴、大事记的编写和上报工作。

4. 完成2003年度办公室工作档案的收集、整理和归档工作，完成各项统计报表报送工作。

5. 与其他同志一起做好办公室电话业务咨询、投诉举报的接报和转报工作，全年共受理投诉举报×××余件。

6. 完成或协助有关单位完成了××区食品量化分级管理授牌仪式表彰大会、人大代表视察、艾滋病宣传活动的筹备工作。能够及时解决和安排上级单位布置的工作和其他单位的协调工作，做到重大问题及时上报。

(二)协助党支部、工会做好各项工作

1. 完成2004年党务、工会、计划生育工作的计划、总结、职工之家的汇报材料。

2. 协助党支部组织党小组、党员学习，举行工会委员会、小组长会议，及时印发学习材料，开展“是与非”答题活动。筹备召开了预备党员转正大会。完成2004年度重点发展对象的函调工作。

3. 制定《廉政执法责任书》《计划生育责任书》完成领导和科室、监督员的签订工作。

4. 对中层干部、党员进行了×次民主测评，召开×次民主生活会，并将总结报告及时上报。

5. 协助支部完成对××名中层干部、×名重点发展对象的考察，及时进行公示和完成任命。

6. 组织捐衣、捐款×次共计1万余元。

7. 组织职工休养、女工体检、献血工作以及2004年新年联谊会的各项文体活动。

8. 每月及时审核、调整独生子女费等的发放，有计划地做好计划生育药具的发放工作。

9. 组织召开职代会两次，完成所务公开栏公示两期，配合工会一起探望生病职工及家属×人次。

10. 建立党员及入党积极分子档案、科技创新档案等，完善了支部基础档案。

(三)全力做好团支部工作

2004年我被评为××区卫生局优秀团干部，团支部获得“2004年度五四红旗团委”，这是对团支部工作的充分肯定。组织了几项团员活动，具体有：

1. 积极组织团员参加“亮丽青春青年医务人员礼仪大赛”并获得优胜奖。

2. 组织青年志愿者行动，参加艾滋病宣传等大型宣传活动。

3. 组织35岁以下青年嘉年华活动。

4. 建立了35岁以下青年档案，为团支部推优工作打下基础。

5. 我有幸作为团代表参加了丰台区的团代会，受益匪浅。

(四)办公室内部工作

协助办公室主任完成各项交办的工作；每月按时统计上报办公室考勤；进行印刷、电脑设备的维修和耗材管理工作；协调办公室内部工作，合理调配人员。

二、业务能力的培养

(一)在《中华卫生与监督》杂志上发表论文《××区2003年食品卫生投诉举报现状分析及对策》，并协助所长完成了4篇论文的完善和修改，帮助完成杂志社投稿和发表工作。

(二)积极参与突发事件的处理，其中食物中毒×起，水污染事故×起，投诉×起，处罚××元，参加了防汛演习，通过锻炼，我的业务能力得到了进一步的提高。

(三)整理规范了创卫工作基础档案。

三、坚持严于律己、努力做好表率

(一)加强思想作风建设

我严格按照胡锦涛同志提出的“勤于学习、善于创造、乐于奉献”的要求，坚持“讲学习、讲政治、讲正气”，始终把耐得平淡、舍得付出、默默无闻作为自己的准则；始终把增强公仆意识、服务意识作为一切工作的基础；始终把作风建设的重点放在严谨、细致、扎实、求实上，脚踏实地埋头苦干；始终保持青年干部的蓬勃朝气、昂扬锐气和浩然正气，努力成为青年同志的楷模。办公室工作最大的规律就是“无规律”“不由自主”。因此，我正确认识自身的工作和价值，正确处理苦与乐、得与失、个人利益与集体利益、工作与家庭的关系，坚持甘于奉献、诚实敬业，一年到头，经常加班加点连轴转，做到加班加点不叫累、领导批评不言悔、取得成绩不骄傲，从而保证了各项工作的高效运转。

(二)积极参加政治理论学习

一年来，始终把学习放在重要位置，努力在提高自身综合素质上下功夫。我重点学习了“三个代表”重要思想和十六届四中全会精神等文件，作为党支部的助手，及时将学习材料搜集打印下发给党员进行学习，进一步增强了党性，提高了自己的政治洞察力，牢固树立了全心全意为人民服务的宗旨和正确的世界观、人生观和价值观。作为入党联系人，积极与入党积极分子联系谈话7人次。

四、存在的问题和建议

(一)自身的问题

一年来，在领导和同志们的关心支持下，工作也取得了一定的成绩，但距领导和同志们的要求还有不小的差距：

1. 由于工作性质的限制，深入基层锻炼的时间、机会偏少，对业务工作的了解只局限于书本经验的理性认识上，缺乏实在的感性认识。

2. 在工作中与领导交流沟通不够，有时候只知道埋头拉车。

3. 由于自己是年轻干部，工作中缺乏强有力的管理，开展工作时缺乏魄力。

(二)今后工作的思路

1.“没有规矩，不成方圆”，办公室特殊的地位和工作性质要求办公室必须是一个制度健全、管理严格、纪律严明、号令畅通的战斗集体。要本着“从严、从细、可行”的原则，在原有各项制度的基础上，进一步修订完善办公室工作规范、考核制度、保密制度、文件管理制度，从而使办文、办事、办会等各项工作的开展更加规范有序。

2. 办公室主任是所内最基层的管理者，既是指挥员又是战斗员，是领导意志、意见的体现，也是基层问题的反馈者，因此更要树立起良好的自身形象，在工作中成为同事的榜样，在感情上成为同事信任的伙伴。

3. 工作中要学会开动脑筋，主动思考，充分发挥领导的参谋作用，积极为领导出谋划策，探索工作的方法和思路。

4. 积极与领导进行交流，出现工作上和思想上的问题及时汇报，也希望领导能够及时对我工作的不足进行批评指正，使我的工作能够更加完善。

总之，完美主义和理想主义一直是我工作中的最大障碍，应当更加清醒地面对今后的工作。我一定会进一步解放思想，紧跟监督所的工作思路，积极配合主任的工作，认真实践“三个代表”重要理论，牢记“两个务必”，与时俱进，开拓创新，在现有工作的基础上更上一个台阶！

2004 年 12 月 26 日

实例评析：这是一份个人年度工作总结。开篇概述工作的整体成绩，接着从具体履行职责、业务能力培养、思想纪律等几个方面进行总结，然后分析了工作中存在的问题，之后又提出了今后工作的思路。全文比较全面地总结了一年来的工作情况。

写作知识

二、总结

(一)定义

总结是党政机关、企事业单位、社会团体及个人对前一阶段工作进行回顾、反思和分析研究，找出成绩与问题、经验与教训，用来指导今后工作的一种事务性文书。

(二)特点、作用

总结是对自身实践活动的回顾，又是人们的思想认识从感性阶段向理性层次不断提高的过程。人们可以通过总结经验，肯定成绩，反思过去，展望未来，互通信息，共同提高。

总结的特点有以下几点：

1. 回顾性。总结是对已经过去的工作、学习等情况进行回顾，总结成绩和经验，找出不足之处，吸取经验教训，改进今后的工作。

2. 真实性。总结的写作应坚持实事求是，客观真实地进行总结。

3. 指导性。总结的基础是对过去实践活动的回顾与追溯，其结果是对以往工作的成败得失做出的正确评估，并归结出某种带规律性的理性认识，而人们这种对以往实践经验的总结认识又反过来指导今后实践活动的展开。

(三)种类

总结的种类很多，根据不同的分类标准，可以划分为以下几种类型：

1. 按内容分，有工作总结、学习总结、思想总结、科研总结等。

2. 按时间分，有年度总结、季度总结、月份总结等。

3. 按范围分，有地区总结、行业总结、单位总结、个人总结等。

4. 按性质分，有综合总结、专题总结等。

(四)结构与写法

总结在写作结构上包括标题、正文和落款三部分。

1. 标题

(1)完整式标题。包括制定总结的单位名称、总结的期限、总结的性质或内容、总结的名称，如《××县××学校××××年工作总结》。综合性总结一般都采用这种形式的标题。

完整式标题：单位名称＋时限＋性质(内容)＋总结。

(2)省略式标题。有的只写期限、性质(内容)和文种或性质(内容)和文种，如《××学年个人学习总结》《××××年工作总结》《工作总结》。

省略式标题：时限＋性质(内容)＋总结。

(3)文章式标题。常用于专题总结，如《更新观念培养开拓型人才》。

(4)正副标题。常用于专题总结，如《加速技术改造完善宏观调控——正确处理技术改造中的七个关系》《抢抓机遇不断进取——××学院2016年工作总结》。

2. 正文

正文一般由开头、主体、结尾三部分组成。

(1)开头，即引言、前言。一般是简明扼要地概述基本情况，包括时间、地点，什么背景下做了什么事情，取得了什么样的效果等，领起下文，为主体部分内容的具体展开作好铺垫。

(2)主体。主体是总结的重点部分，对总结的具体内容进行阐述，一般包括以下几项：

①做法、成绩、经验。这是总结的核心部分。要写明做了哪些工作，采取了怎样的措施、方法和步骤，有什么效果，取得了哪些成绩，取得成绩的主观原因是什么。哪些做法是成功的，行之有效的，有什么经验和体会。这些内容中，做法、成绩是基础材料，经验、体会是总结的重点，在全文中占有主导地位。写作中要处理好主次详略的关系。

②问题和教训。写出工作中存在的问题与不足以及它们给工作带来的影响、造成的损失；分析出现问题、失误的主客观原因及由此得出的教训。存在的问题是综合总结中不可缺少的部分，如果是着重反映问题的总结，就要把这部分作为重点。

(3)结尾。结尾一般是写今后的工作设想和努力方向。这是在总结经验教训的基础上，针对工作的实际问题，提出改进措施；或者说明今后打算、工作发展趋势，展望工作前景，提出新的目标。这部分文字无须过长，要简短有力，不写空话、套话。

主体部分可采用分条列项的方法写作。

3. 落款

落款在正文的右下方，如个人总结写自己的名字；单位的总结写单位名称，有的总结加盖公章，以示郑重。如果单位的名称在标题中或标题下面已经写明，落款可写可不写。总结的日期写在署名的下一行，年月日要齐全。

(五)写作要求

1. 要坚持实事求是的原则。总结中使用的材料、罗列的事实要准确无误，客观公正地评价工作中的成绩和存在的问题。

2. 要总结规律。写作总结时必须善于从成绩和出现的问题中总结、归纳出带有规律性的认识，从而将规律性的经验提炼为明确的观点。

3. 语言准确、简朴、叙议结合。总结中介绍基本情况、主要做法和成绩，一般采用叙述的表达方式，而分析原因、归纳总结一般用议论。

模式应用

单位名称十时限十性质(内容)十总结名称(标题)

(以下为总结的正文)

(开头)

简明扼要地概述基本情况，包括时间、地点，什么背景下做了什么事情，取得了什么样的效果等，现将总结如下：

(主体)

一、主要成绩。

二、基本经验。

三、存在的问题。

(结尾)

今后的打算和努力的方向。

单位名称(印章)

年 月 日

模块小结

计划和总结是我们在处理日常事务中经常使用的文书，应用频率很高。在写作计划时，要注意突出其预见性和可行性的特点，要从工作实际出发，统筹兼顾、目标明确、步骤具体。总结切忌写成“流水账”，要注意总结经验，找出问题。

知识拓展

策划书

一、定义

策划是根据现有信息判断事物变化的趋势，确定可能实现的目标和结果，再由此来设计、选择能产生最佳效果的资源配置与行动方式，进而形成决策计划的过程，而将这一复杂的思维过程用文字方式完整表现出来的文本就是策划书，即对某个未来的活动或者事件进行策划，并展现给读者的文书。

从表面看，策划与计划似乎是相同的，但实际上它们有着本质的区别。计划可以说是所有机关、企事业单位、社会团体的一种日常事务活动，是常规性的工作流程，而策划却是只在某种特定情况下才采取的措施，必须具有创新性。计划一般是对具体事物的处理程序和细节安排，是具体的，而策划只对具有方向性的问题进行描述，是一种原则性的指导。

二、特点、作用

策划书是目标规划的文字书，是实现目标的指路灯。撰写策划书就是用现有的知识开发想象力，在可以得到的资源的现实中尽可能最快地达到目标。

策划书的特点有以下几点：

1. 前瞻性。分析市场环境，并由此判断市场的发展趋势，这是制定策划的前提，因此，一份优秀的策划书必然具有前瞻性。

2. 目的性。策划书的提出是为了达到一定的目标，比如为了推广新的产品、为了拓展新的市场等，因此，只有目标明确，策划才能顺利进行，获得预期效果。

3. 创意性。创意是策划的生命，如果没有创意，就不能称之为策划，只能说是一项工作计划。只有充满新意的、独创性的策划方案才能被客户接纳，才有实施的可能。

4. 可行性。任何新奇的创意，只有付诸实施，才能变为现实。因此在制定策划方案时，一定要考虑实施的条件并且是可以具体操作的。

三、种类

1. 根据内容不同，可分为活动策划书、广告策划书、营销策划书、创业策划书等；

2. 根据行业不同，可分为医疗策划书、婚礼策划书、网站策划书等；

3. 根据策划层次不同，可分为战略策划书、策略策划书和部门工作策划书等。

四、结构与写法

策划书在写作结构上包括封面、目录、正文、附录四部分。

1. 封面

策划书的封面由策划书的名称、被策划的客户、策划机构或策划人的名称、策划书完成的日期构成。策划人是指本策划书的制作者，他所属的机构、部门及职务等。如果是由一个策划团队制定的，应先写上策划团队的名称、所属机构，再写团队负责人和团队成员的姓名。策划书完成的日期指整个策划书撰写完成的时间。

2. 目录

一般说来，超过十页的策划书要制作目录，以便读者了解策划书的逻辑结构，从而迅速找到自己感兴趣的部分。

3. 正文

正文是策划书的核心，是策划方案成功与否的关键，当然也是写作的重点。正文的内容一般由策划背景、目标与任务、策划方案这几部分组成。该部分写作要求详细具体，逻辑清晰，层次分明。有的还要指出问题与困难之所在，产生问题与困难的原因，并提出行之有效的解决方案等。因此不同类型的策划书内容也有所不同。

4. 附录

附录是指所有不便收入正文，但对正文有补充说明的资料，包括正文中所引用数据、资料的来源，一些说明性的图表等。

五、实例示范(正文部分)

××感冒药广告策划书

一、广告策划背景分析

(一)上一年度广告效果分析(略)

(二)存在的问题(略)

(三)产品机会点

通过对销售××感冒药的各大药店进行调查，结果显示：购买××感冒药的大多数消费者是指名购买，可见其在消费者心目中已经形成较高的可信度和品牌知名度。(略)

二、广告定位

(一)广告商品

以××感冒药为主，并根据销售时机的需要给予弹性配合。

(二)广告目标

1. 提高消费者的指名购买率。

2. 提高药房工作人员的主动推荐率。

3. 强化产品的特性——镇痛、止痛，让患者免除痛苦、恢复健康、享受幸福人生。

4. 衔接上一年度的广告主题和投资。

(三)广告期限：2014 年 1 月 1 日—12 月 31 日。

(四)××感冒药广告诉求区域：以城市、城镇为主。

(五)广告诉求对象：以城市白领、企事业单位职员为主。

三、广告宣传策略

(一)针对消费者方面(略)

(二)针对药店方面(略)

2013 年 12 月 5 日

实例评析：这份广告策划书要素齐备，通过对市场的分析，准确地找到了主要消费群体，并能根据消费群体的个性制作富有说服力的广告作品，广告媒体的投放也比较符合消费群体的喜好。

写作练习

一、基础训练

(一)填空题

1. 计划是机关、团体、企事业单位或个人在学习、工作和生活中，对未来一定时期内的工作、事项、活动等作出预先打算和安排，确定目标、任务、步骤和措施所形成的________文书。

2. 总结在写作结构上包括________、________和________三部分。

(二)选择题

1. 下列不属于计划特点的是(　　)。

A. 预见性　　B. 可行性　　C. 灵活性　　D. 政策性

2. 下列不属于计划的“三要素”是(　　)。

A. 目标　　B. 措施　　C. 要求　　D. 原则

3. 总结的种类很多，可以根据下述(　　)分类标准进行划分。

A. 按内容分，有工作总结、学习总结、思想总结、科研总结等

B. 按时间分，有年度总结、季度总结、月份总结等

C. 按范围分，有地区总结、行业总结、单位总结、个人总结等

D. 按性质分，有综合总结、专题总结等

(三)判断题

1. 计划的种类很多，按照内容划分，可以分为专项计划或综合计划。(　　)

2. 总结的特点是它的回顾性和真实性。(　　)

3. 策划书正文的内容一般由策划背景、目标与任务、策划方案这几部分组成。(　　)

(三)简答题

1. 什么是计划？

2. 计划的写作要求有哪些？

3. 总结的特点是什么？

4. 总结的正文部分主要写明什么内容？

二、写作实训

(一)纠错题

分析以下计划，找出该计划写作中的问题。

2015 年物业管理工作计划

一、小区公共事务方面

1. 全面推行租赁经营服务工作，召开全体工作人员总动员会，明确租赁服务意义目的，统一思想，集体学习相关业务推广内容和业务办理操作流程，确保工作正常进展。

2. 为提高费用收缴率，确保财务良性循环，以专题会议形式组织各物业助理、前台人员、领班及以上人员进行学习《各种费用追缴工作流程》。

3. 以专题会议形式，组织三个小区管理骨干及相关工作人员集体学习《案例通报管理制度》《案例通报操作流程图》及相关作业表格，明确责任关系，杜绝各种同类负面案例再次发生，全面提高管理服务质量，这也是 2015 年工作计划中的重中之重。

4. 制定《保安器材管理规定》，包括对讲机、巡更棒、门岗电脑等，并认真贯彻实施，明确责任关系，谁损坏谁负责，杜绝各种不合理使用现象。

二、××项目

1. 全力抓好 30～35 幢物业移交工作，确保业主满意。

2. 督促管理处及时做好 26～29 幢摩托车位车牌的制作及安装；并督促管理处及时颁发通知，要求业主在 5 月 20 日前到管理处办妥租赁停放手续，该区域摩托车从 6 月 1 日起全面执行收费。执行前协调保安做好落实工作。

3. 继续跟进 26～29 幢绿化种植工作。

(二)写作题

1. 结合实际为自己制定一份课外读书计划。

2. 写一篇个人的阶段学习总结。

3. 请以小组为单位策划本班新年联欢会。

任务二 演讲稿

实例示范 3.7

好习惯 益终生

尊敬的老师、亲爱的同学们：

大家好！我今天演讲的题目是《好习惯，益终生》。

英国学者培根说过，“习惯是人生的主宰，人们应该努力追求好习惯。”是的，行为习惯就像我们身上的指南针，指导着我们的行动。爱因斯坦有句名言：“一个人取得的成绩往往取决于性格上的伟大。”而构成性格的，正是日常生活中的一个个好习惯。好习惯养成得越多，个人的能力就越强。养成好的习惯，就如同为梦想插上了翅膀，它将为人生的成功打下坚实的基石。鲁迅先生小的时候，就养成了不迟到的习惯，他要求自己抓紧时间，时刻叮嘱自己凡事都要早做。这位以“小跑”走完一生的作家，在中国文学史上留下了辉煌的业绩。可见，行为习惯对一个人各方面的素质起到了决定性的作用。

我在报纸上曾看到这样一篇报道：一家著名的企业公开招聘管理人才，在应聘者当中，有高学历的人，也有口才非常出众的公关人员，更有曾经从事过管理工作的人。但是，到了最后，负责招聘的企业老总却选中了一位在走廊上随手捡起一张废纸的应聘者。有人问该企业老总：“为什么你要录用那位不占任何优势的应聘者呢?”企业老总回答说：“一个有好习惯的员工，就是一座金矿。有这种人格魅力的人，一定可以为公司创造更多的财富。”是的，当一个人养成了良好的习惯，他的人格魅力便会自然得到提升。

同学们，今日的习惯好坏，决定明天的你们事业成功与否。因此，在今天的学习、生活中，同学们一定要养成一些好的习惯。比如：习惯于主动打扫卫生，形成热爱劳动的习惯；习惯于说声“谢谢、你好、对不起”，形成以礼待人的好习惯；习惯于每天坚持锻炼，形成健美的体魄；同学交往中习惯于理解、宽容，就能化干戈为玉帛；习惯于去用心观察，就能形成好的观察能力；习惯于提前预习、课上学习、课后练习、考前复习，就能形成高效的学习方法……

人们常说：“播下一个行动，便会收获一种习惯；播下一种习惯，便会收获一种性格；播下一种性格，便会收获一种命运。”我要送给同学们几句话——“积一千，累一万，不如养成个好习惯”，“勿以善小而不为，勿以恶小而为之”，“扔一次垃圾，心灵就蒙一层灰尘，捡一次垃圾，心灵就添一块净土”，“好言一句三冬暖，恶语伤人六月寒”，“文明谦让，让出安全，让出和谐”，“每天锻炼一小时，健康工作 50 年，幸福生活一辈子”，……

同学们，让我们从小将“好习惯、好人生”的种子埋下，用恒心去浇灌，去成就我们生命的精彩！

谢谢大家！

实例评析：这篇演讲稿短小精悍，特点鲜明，有针对性，从听众心理方面进行分析说理，强调“好习惯，益终生”的重要性。整篇演讲列举实例，有理有据，意味深长，发人深省。演讲语言生动，通俗易懂，幽默风趣，结构完整，层次清晰。

实例示范 3.8

我是最棒的

你喜欢自己吗？你对自己满意吗？你最羡慕谁，你愿意自己也成为他吗？如果你对自己有疑惑，那么我来告诉你：每一片叶子都有它独特的形状，每一种花儿都有它独特的香味，我们每一个人都是世上独一无二的个体，在这个世界上，没有两个人是完全一样的。我们每一个人的存在，都有自己的价值与意义。别人可能比我好，也可能比我差，但没有人可以取代我。

美国少年天使肯尼，一出生就因为身体畸形而截掉双腿，但是，肯尼并没有向残疾低头。他在家人的帮助下向自己的生命挑战，拼命练习生存技能，使得自己日渐独立，能跟常人一样上学，甚至还学会了溜滑板和溜冰。肯尼的生命是美丽的、动人的！

美丽的生命在于更新。化蛹为蝶，才能使生命焕然一新。人的一生需要多次蜕变才能成长。健康的我们，要不断学习、不断提高自己。如何采取积极的行动来弥补自己的不足、克服自己的缺点呢？一方面要正确地和别人做比较，寻找以后努力的方向；另一方面要正确认识自己，看到自己的优点。不要老是觉得某某的学习比我好，某某的字比我写得好，某某的琴比我弹得好，实际上每个人身上都有自己的闪光点。学习好的可能体育不如你，书法好的可能学习不如你，不要一味给自己挑毛病。既能够看到闪光点，也能够看到不足之处。这样，才能更好地取长补短。

台湾著名作家琼瑶，小时候除了语文外，其他学科成绩并不好。有一次数学考试，她只考了 20 分，学校发给她一张成绩通知单拿回去给父母签字盖章。挨到深夜，她鼓足勇气把成绩通知单交给母亲。母亲看到她的成绩通知单，整个脸色都暗了下去，将她狠狠地责骂了一顿。她绝望地给母亲写了一封长信，服毒自杀，幸亏抢救及时，才没有造成终身的遗憾。从死神手中逃回来的她，分析了自己的长处与短处，下决心取长补短，专心写作。父母默认了她的追求，开始发挥她写作方面的长处，琼瑶最终取得了令人羡慕的成就。

所以我们要多鼓励自己：“学习成绩不好没关系，只要努力了，就是一名好学生！”“基础不好没关系，只要每天都有进步，就是一种成功！”“我的生活充满阳光，努力会使我更美丽！”只有这样自信地度过每一天，你才会越来越体验到：“我的人生是非常有价值的，我是最棒的！”

实例评析：这篇演讲稿以设问开头，从听众心理方面进行阐述“每个人都是最棒的”，从而引发听众的共鸣。语言生动活泼，整篇演讲通过联想，运用叙述、议论、抒情等表达方式，辅以设问、反问、引用等多种修辞格，说理透彻，引人入胜。

实例示范 3.9

书让我的生活更加充实而精彩

敬爱的老师，亲爱的同学们：

大家早上好！

在蓝蓝的天空中，是谁最快乐？是鸟儿。因为蓝天给了鸟儿一双坚硬的翅膀；在茫茫的大海中，是谁最欢畅？是鱼儿。因为大海给了鱼儿一片广阔的世界；在美丽的春日里，是什么令我们最开心？是读一本本好书。因为书给了我们鸟儿一样坚硬的翅膀，鱼儿一样广阔的世界，书给了我们无穷的知识，智慧的头脑，带给我们享受，带给我们力量，让我们的生活更加充实而精彩。

又是一年春好处，有一种期盼在春日里绽放，有一个主题在春日里鲜活，有一股清香在春日里飘逸，有一份快乐在春日里蔓延。又一届读书节在春日拉开序幕，这将是我度过的第六个读书节了。回忆过去，每个读书节带给我们的，是笑声，是智慧。笑声来自于同学之间的换书、漂书，我们不仅获得了书籍、欢笑，还赢得了友谊；智慧来自于一次次的展示、比赛与考级，那一本本经典的名著，那一篇篇优美的诗文，丰富了我们的阅历，增长了我们的见识，锻炼了我们的胆魄，在浓浓的书香中，同学们翻阅了一本本薄薄厚厚的书，上至长盛不衰的经典，下至时下流行的小说，一时间，校园里翻书之声不绝于耳，只要多吸几下鼻子，书的芳香便扑面而来……

回味着美好的书韵，让我们再一次浸泡在书香里吧！再一次站在巨人的肩膀上，我们将看得更远。同学们应该有同感，走进书里去，与书中的人物相识，我们永远都不会孤单。在《水浒传》里，我们能结识忠义宽厚的宋江；在《三国演义》里，我们能认识足智多谋的诸葛亮；在《钢铁是怎样炼成的》一书中，我们能汲取战胜苦难的力量！走进白纸黑字间，世界万物都能找到。看见的，看不见的，潜移默化地影响着我们，感染着我们，改变着我们。它，激发了我们的斗志，让我们拥有了向上的动力；它，给了我们启迪，让我们获得了无穷的智慧。

当然，读书不是一件轻松的事情，它需要动脑、用心，还要有毅力，但是没有书香的滋润，我们的生命将是何等的乏味，何等苍白啊！只有经过书香熏陶的生命才是斑斓多彩的。“鸟欲高飞先振翅，人求上进先读书”。同学们，我们正如那羽翼未丰，却有鸿鹄之志的雏鸟，让我们用书籍给理想插上高飞的翅膀吧！亦如那扎根沃土，茁壮成长的小树，为了我们的凌云之志，用阅读的根须吸收更多的养分吧！在我们踌躇满志，即将起航的人生之舟上，让我们用知识来编织乘风破浪的风帆吧！让我们以书为眼，拥有更开阔的视野；以书为耳，倾听时代的心跳；以书为镜，照出大千世界的千姿百态，众生万物的真假美丑吧！

拥有书，我们就拥有了整个世界；拥有书，我们就拥有了美好的明天！让我们一起，在茫茫书海中扬帆起航，让飘逸的书香浸润我们的校园，让我们一起成为知识的富翁、精神的巨人！

实例评析：这篇演讲稿语言生动，比喻、排比等修辞手法的运用，刻画生动，引人入胜，激励人们去多读书，好读书，读好书。

写作知识

一、定义

演讲稿也称为演说词、讲演稿，是演讲者事先准备的在较隆重的集会或会议上发表的讲话文稿。

二、特点、作用

演讲稿是人们在工作和社会生活中经常使用的一种文体，是进行演讲的依据，是对演讲内容和形式的规范，它体现着演讲的目的和手段。它可以用来交流思想、感情，表达主张、见解；也可以用来介绍自己的学习、工作情况和经验等。

演讲稿的特点有以下几点：

1. 针对性。演讲稿的内容多是听众最关心、最感兴趣、最想了解的；演讲稿的内容和表达方式都是针对听众的。

2. 鼓动性。鼓动性是演讲稿的生命，演讲的目的是感动听众、说服听众，以情感人，激发共鸣。这种鼓动性一方面要从演讲稿的内容中体现，另一方面要从语言色彩上体现。

3. 逻辑性。演讲稿的结构、层次要简明清晰，使听众信服。

三、种类

演讲稿的种类很多，根据不同的分类标准，可以划分为以下几种类型：

1. 从演讲场合划分，可分为会场演讲稿、广播演讲稿、电视演讲稿、课堂演讲稿、法庭辩论稿等。

2. 从演讲内容和性质划分，可分为政治演讲稿、学术演讲稿、社会活动演讲稿。

3. 从表达方式上划分，可分为记叙性演讲稿、议论性演讲稿、抒情性演讲稿。

四、结构与写法

演讲稿在写作结构上包括标题、称谓、正文三部分。

1. 标题

演讲稿的标题有多种形式。具体如下：

(1)提要型标题，如《把青春献给党》。

(2)象征型标题，如《扬起生命的风帆》。

(3)警句型标题，如《有志者，事竟成》。

(4)抒情型标题，如《我自豪，我是共青团员》。

好的演讲稿标题要有积极性、针对性、生动性和感情色彩，不要太冗长、太深奥或者太空泛。

2. 称谓

称谓需要根据听众和演讲内容确定，如“同志们、同学们、朋友们”等。称谓要自然、亲切、得体。

3. 正文

正文由开场白、主体和结尾三部分组成。

(1)开场白。开场白的作用是引起听众的注意，营造交流的气氛，引领出下文，为整个演讲定下基调。开场白常用：提问式、警句式、悬念式、揭示主题式、故事式等方式。

(2)主体。演讲稿的主体是演讲内容的核心。应该围绕演讲的主题进行选材、合理安排结构层次、采用恰当的表达方式，从而达到最佳的演讲效果。不同类型的演讲稿的主体部分结构方式是有区别的：议论型演讲稿的主体可采用议论文的论证结构方式，以典型事例和理论为论据，用观点说服听众；叙事型演讲稿的主体可按事件发展的过程安排纵向式结构，以对人物事件的叙述和生活画面描述行文；抒情型演讲稿的主体可按感情变化的线索安排结构，寓情于理，以情感人。

主体部分要精心设计，通过对事例准确而深刻的分析，提炼出精辟的观点，使听众为之折服，从而掀起高潮；运用气势磅礴的排比段和排比句，产生强烈的鼓舞，从而掀起高潮；或者通过讲述人物的感人事迹，使听众在感情上产生共鸣。

(3)结尾。好的结尾是演讲成功的关键。其作用是总结全文，揭示主题，提出希望，给人鼓舞，表示决心，激起热情。结尾要做到意味深长，发人深省，让听众在反复回味中受到教育和启发。

五、写作要求

1. 写作演讲稿前，首先要了解听众，了解他们的性格、年龄、受教育程度等，分析他们的观点、态度、希望和要求。掌握这些后，就可以决定采取什么方式来吸引观众，说服听众，取得好的效果。

2. 确定演讲稿的主题。好的演讲稿要有一个集中、鲜明的主题。无中心、无主次、杂乱无章的演讲是没有人愿意听的。一篇演讲稿只能有一个中心，全篇内容都必须紧紧围绕着这个中心去铺陈，这样才能使听众得到深刻的印象。

3. 好的演讲稿，应该既有热情的鼓动，又有冷静的分析，要把抒情和说理有机地结合起来，做到动之以情，晓之以理。

4. 演讲稿的语言要求做到准确精练、生动形象、通俗易懂，不讲假话、空话，也不能讲过于抽象的话。要多用比喻，多用口语化的语言，深入浅出，把抽象的道理具体化，把概念的东西形象化，让听众听得入耳、听得明白。

模式应用

标题

称谓：

(以下是演讲稿正文)

开场白。

主体。

结尾。

模块小结

常用事务文书是机关、团体或个人在处理事务中经常使用的，有一定格式要求的文体。与行政公文相比，事务文书虽不具备法定权威，但在工作中的使用频率较高。事务文书主要包括计划、总结、策划书、简报和规章制度等。学习这类应用文，应重点掌握事务文书的文体特点、内容结构和写作要求。

知识拓展

欢迎词、欢送词、祝词等礼仪文书的写作应当准确、适当地表达出礼仪的要求，根据不同的实际需求和对象，力求做到恰如其分、恰到好处、感情真挚、表达自然。

一、欢迎词

1. 定义

欢迎词是在迎接宾客的仪式、集会、宴会上主人对宾客的光临表示欢迎之意的一种带有礼仪性质的讲话文稿。

2. 特点

(1)欢愉性。我国有句古话“有朋自远方来，不亦乐乎”，所以致欢迎词应当有一种愉快的心情，言词用语务必富有激情和表现出致辞人的真诚。只有这样才可给客人一种“宾至如归”的感觉，为下一步各种活动的完满举行打下好的基础。

(2)口语性。欢迎词本意是主人现场面向宾客口头表达的，所以口语化是欢迎词文字上的必然要求，用词用语上要运用生活化的语言，既简洁又富有情感。口语化会拉近主人同来宾的亲切关系。

3. 种类

(1)从表达方式上分为现场讲演欢迎词和报刊发表欢迎词。

(2)从社交的公关性质上分为私人交往欢迎词和公事往来欢迎词。

4. 结构与写法

欢迎词在写作结构上包括标题、称呼、正文和落款四部分。

(1)标题。标题的写作可直接在第一行居中以“欢迎词”作为题目；或以“活动内容＋文种”为题，如“在开学典礼上的欢迎词”；或以“致词人＋活动内容＋文种”为题，如“河北省省长×××在××会议开幕式上的欢迎词”。

(2)称呼。称呼在第二行顶格写，称对方的姓名一般应使用全称，为讲究礼仪，应在宾客姓名前冠以表示尊敬和亲切的修饰语，如“尊敬的”“敬爱的”“亲爱的”等，也可以在称呼后加头衔或职务，如“先生”“女士”“夫人”“教授”“厅长”等。

(3)正文。欢迎词正文的写作主要表达四层意思：一是对宾客的到来表示热烈的欢迎和诚挚的问候；二是阐述宾客来访的目的、意义和作用，赞颂客人取得的成就；三是回顾双方交往的历史及友好合作的成果，表达希望加强合作的愿望；四是表示良好的祝愿和希望。

(4)落款。在正文右下方写明致词人的姓名和日期。如标题中已有名称，此处不必再次署名。

5. 写作要求

(1)欢迎词所表达的感情要亲切和诚恳，力图营造一种友好的氛围；要注意礼貌，措辞要注意分寸，既要尊重对方，又要不卑不亢。

(2)写欢迎词要紧扣“迎”字，切忌信口开河不着边际，同时要注意尊重对方的风俗习惯。

(3)欢迎词的语言要简洁生动、热情友好、朗朗上口。

6. 实例示范

胡锦涛会见连战一行并致欢迎词

尊敬的连战主席和夫人，尊敬的吴伯雄副主席、林澄枝副主席、江丙坤副主席，尊敬的国民党大陆访问团的全体成员：

大家好!

四月的北京春意盎然，在这美好的季节里，我们迎来了中国国民党主席连战先生率领的国民党大陆访问团。今天的会见是我们两党主要领导人历史性的会见，我为此感到非常高兴。首先，我代表中共中央向连主席和夫人，向各位副主席，向访问团的全体成员表示热烈的欢迎，并致以良好的祝愿。

有朋自远方来，不亦乐乎。你们的来访是中国共产党和中国国民党关系史上的一件大事，也是当前两岸关系当中的一件大事。

从你们踏上大陆的那一刻起，我们两党就共同迈出了历史性的一步，这一步既标志着两党的交往进入了新的发展阶段，也体现了我们两党愿共同促进两岸关系发展的决心和诚意。我们共同迈出的这一步，必将记载在两岸关系发展的史册上。

当前，两岸同胞都希望两岸关系走向和平、稳定、发展的光明前景。我们多次表示，欢迎认同“九二共识”、反对“台独”、主张发展两岸关系的台湾各政党、团体和代表性人士同我们开展交流和对话，共同推动两岸关系的改善和发展。

昨天全国政协贾庆林主席和连战主席以及访问团的成员进行了很好的会见，陈云林主任和林丰正秘书长也进行了工作会谈，等一会儿我还要和连主席交换意见。我想，我们一定能够在促进两岸关系发展和两党交往等问题上达成重要共识。

虽然我们两党目前还存在一些分歧，但只要我们双方都能够以中华民族的根本利益为重，以两岸同胞的福祉为重，就一定能够求同存异，共同开创美好的未来。

今年是孙中山先生逝世八十周年，连主席和访问团的全体成员在南京敬谒了中山陵。中山先生是伟大的爱国主义者和民族英雄，是中国民族革命的伟大先行者，他为民族独立、民主自由、民生幸福，为国家的统一和富强贡献了毕生精力。他在全国各族人民和一切爱国人士当中有着崇高的威望，中国共产党人始终对他怀着崇高的敬意，从来就是中山先生革命事业的坚定支持者、合作者、继承者。中山先生也把中国共产党人当作自己的好朋友。在当年，中国内忧外患的情况下，中山先生第一个喊出了“振兴中华”的口号，这理应继续成为我们两岸的中国人共同的追求和责任。中山先生为中华民族和中国人民留下了许多珍贵的精神遗产，值得我们永远地继承和发扬。

在当前两岸形势复杂变化的形势下，我们两党都要深入地体察两岸同胞的所愿所想，深刻地把握两岸关系和世界大势的发展趋向，要以我们积极的作为向两岸同胞展示两岸关系和平稳定发展的前景，要向世界表明两岸的中国人有能力、有智慧解决彼此的矛盾和问题，共同争取两岸关系和平、稳定、发展的前景，共同开创中华民族的伟大振兴。

我相信，国民党大陆访问团的这次访问，以及我们两党的交流对话，已经给两岸关系的改善注入了春天的气息，希望我们双方共同努力，争取两岸关系和平、稳定、发展的方向前进。让我们两岸同胞一道在和平、发展的道路上不断开拓前进。

非常感谢连主席和各位听完我的欢迎词，谢谢大家。

实例评析：这是一篇欢迎词。主要内容首先是对客人表示热烈的欢迎；之后回顾与展望了国共两党的交往历程，全面、客观地分析了当前两岸形势；并对未来两党间的发展前景提出了良好的希望。结构清晰、言辞情真意切，友善礼貌，营造出一种友好的气氛。

二、欢送词

1. 定义

欢送词是在欢送宾客的仪式、集会、宴会上主人对宾客、亲友即将离去表示热烈欢送的一种带有礼仪性质的讲话文稿。

2. 特点

(1)惜别性。有句古诗说的好“相见时难别亦难”，中国人重情谊这一千古不变的民族传统精神在今天变得更加可贵。欢送词要表达亲朋远行时的感受，所以依依惜别之情自然溢于言表。当然情绪也不可过于低沉，尤其是公共事务的欢送更应把握好分别时所用言辞的分寸。

(2)口语性。遣词造句应注意使用生活化的语言，使送别既饱含深情，又自然得体。

3. 种类

(1)从表达方式上分为现场讲演欢送词和报刊发表欢送词。

(2)从社交的公关性质上分为私人交往欢送词和公事往来欢送词。

4. 结构与写法

欢送词在写作结构上包括标题、称呼、正文和落款四部分。

(1)标题。标题的写作可直接在第一行居中以“欢送词”作为题目，或以“活动内容＋文种”作为题目。

(2)称呼。称呼在第二行顶格写，称对方的姓名一般应使用全称，为讲究礼貌，应在宾客姓名前冠以表示尊敬和亲切的修饰语，如“尊敬的”“敬爱的”或在称呼后加头衔或职务，如“先生”“女士”“总理”“局长”“主任”等。

(3)正文。欢送词正文的主要内容：一是对宾客的即将离去表示热烈的欢送；二是叙述宾客访问的行程及收获，并对客人在这一阶段取得的成绩予以肯定；三是要提出对宾客的希望及要求，表示希望继续加强交往的意愿，并显示出依依惜别的感情。

(4)落款。在正文右下方写明致词人的姓名和日期。如在标题中已经写明，此处不必再署名。

5. 写作要求

(1)称呼用尊称，注意宾客身份，致辞要恰到好处，感情要真挚诚恳。

(2)写欢送词要紧扣“送”字，切忌信口开河不着边际，同时要注意尊重对方的风俗习惯。

(3)欢送词是一种礼节性的社交公关辞令，要言简意赅、短小精悍，这样更宜于表达主人的尊重和礼貌。

6. 实例示范

在××外国语学院毕业典礼上的讲话

同学们：

花开花谢，潮起潮落，三年的大学时光马上就要结束，作为即将跨出校门的毕业生，我们应该做些什么呢？应该怎样把我们自己的形象和最后的努力，自己的梦想和民族的希望紧紧连在一起？

“毕业生”这三个沉甸甸的字眼今天终于落在我们头上。但我们蓦然发现，这并不是什么耀眼的光环，反而是一种压力，甚至可以说是一种无奈，一种你非往前走不可的无奈。

这也是一种动力，一种责任。一种催人奋进的动力，一种青年人不可推卸的责任。不久，我们就会握手言别，各奔东西，但无论你是远赴天涯，戍守边疆，还是工作于条件优越的大都市，有一点是相同的，那就是，我们真正开始了从军报国的生涯。父辈已经把希望寄托在我们身上，我们靠什么来实现父辈的那为之梦回千转的希望呢？靠的是我们手中的“剑”！

我们手中的剑，不光是指自己的专业知识是否过硬，还有你的报国思想是否坚定，你的身体素质是否优秀……，所有这些，铸成了我们手中这把来日依其建功立业的长剑！

十年磨一剑！

这把剑我们已经磨了很久，就要派上用场了。再把剑磨利些，再把剑擦亮些。毕业来临时，祖国，人民都会凝视着我们拔出长剑，看我们手中的长剑是否寒光闪闪？看纷繁的日月，许多勇士冲锋陷阵，谱写了一曲又一曲惊天动地、荡气回肠的歌，我们相信，年轻的大学生们也一定能在地平线上立下一柱又一柱的辉煌。

同学们，让我们扬眉出剑吧。

×××

××××年×月×日

实例评析：这是一篇欢送词。作为一篇毕业典礼上的欢送词，它并没有催人泪下而是把握了离别言辞的分寸，恰到好处地表达了发言人真挚诚恳的感情与心愿。最后勉励大家“扬眉出剑”去创造“辉煌”和“建功立业”，全文情真意切。

三、祝词

1. 定义

祝词，也称为祝辞，是对特定的人和事表示良好祝愿和庆贺的礼仪文书，它是人际交往中必不可少的交际工具，常用于奠基仪式、剪彩仪式、会议开幕、开业、节庆或婚礼等场合。

2. 特点

(1)言词的喜庆性。祝词是在喜庆的场合对祝贺对象的一种真诚的祝颂、祝福和良好心愿的表达，因此，喜庆性是祝词的基本特点。在措辞用语上务必体现出一种喜悦、美好之情。

(2)体裁的多样性。祝词无须拘泥于某种文体，而可以根据祝愿和庆贺对象的具体情况采用合适贴切的文章体裁。如既可以用一般的应用文体，也可以采用诗、词、对联等各种其他的文体样式。

3. 种类

(1)事业祝词。

(2)会议祝词。

(3)祝酒词。

(4)祝寿词。

(5)新婚祝词。

4. 结构与写法

祝词在写作结构上包括标题、称呼、正文和落款四个部分。

(1)标题。可直接以文种“祝词”作为题目，或以“活动内容+文种”为题，如“××学校××班毕业晚会上的祝词”，或以“致词人+活动内容+文种”构成。

(2)称呼。即被祝贺的对象，第二行顶格写。称呼是单位的写全称，是某个人的在姓名后加“女士”“先生”“同志”等词语，既礼貌，又亲切。

(3)正文。祝词有很多类型，不同类型的祝词正文有不同的写法。如祝酒词，一般用于宴会上的举杯祝愿，先对宾客或来访者表示热烈欢迎，接着回顾双方的友好交往，最后表达祝愿和希望。结语一般为“为……而干杯!”；祝寿词则侧重表达祝愿对方幸福长寿，同时赞颂其已取得的成绩和做出的贡献等；祝某项工程开工典礼，正文就要先写明工程的名称、内容、开工时间，再对工程开工表示祝贺，提出希望和要求。

(4)落款。在正文右下方写祝词人姓名和发表祝词的日期。

5. 写作要求

(1)感情须亲切、真挚、诚恳，要符合当时情况，能适当引导出席者的情绪，以创造一种友好的气氛，密切关系，推动双边合作。

(2)颂扬与祝贺要恰如其分，过分的赞美之词会使对方感到不安，自己也难免有谄媚之嫌。对某些问题看法不一致、有分歧时一般不在言辞中表露。

(3)祝词语言要充满热情，表达喜悦、鼓励、希望之意，掷地有声、朗朗上口；不应使用辩论、谴责、批评等语气的词句。

(4)要全面了解被祝贺对象的基本情况，如已取得的成就及影响、大会的宗旨、工程建设的目的等。这样，才能切合实际，有的放矢，言之有物。

6. 实例示范

祝寿词

尊敬的各位长辈、各位亲朋好友，各位来宾：

大家中午好!

今天是一个吉祥的日子。在这个吉祥的日子里，我们迎来了杨××老人家八十岁寿辰。伴随着春天的序曲，我们相约来到××酒店，此时，酒店里福星高照满庭庆，寿诞生辉合家欢。我作为晚辈，非常荣幸地担任今天寿典仪式的主持人，首先请允许我代表所有来宾祝杨××老人家福与天地同在，寿与日月同辉，祝老人增福增寿增富贵，添光添彩添吉祥!同时我谨代表全家向在座的长辈、亲朋好友及来宾的到来表示热烈的欢迎和衷心的感谢!

在长辈的眼睛里，孩子们好像天上璀璨的星星，寄托着无限的希望。那么在晚辈的眼睛里，老人也一样，他们永远是那么伟大，那么坚强，永远是我们心中最红最红的红太阳。在这高寿庆典之际，在这温馨、快乐的时刻，让我们怀着浓浓的情意，向老人献上一份美好的祝愿。

八十年风风雨雨，老人含辛茹苦把子女抚养成人，他们工作的工作，上班的上班，家家和睦平平安安，然而沧桑的岁月在老人额头留下了很深很深的烙印，儿孙们有千言万语想要对老人表达，希望她延年益寿、幸福安康，让我们也一起祝老寿星：春秋不老、松柏常青，让我们一起度过这美好的时光。

×××

××××年×月×日

实例评析：这是一篇祝寿词，内容主要表达了对老人八十岁寿辰的祝愿，感情真挚、言辞恳切、结构精练。

写作练习

一、基础训练

(一)填空题

1. 演讲稿也称为________、________，是演讲者事先准备的在较隆重的集会或会议上发表的讲话文稿。

2. 演讲稿的________是演讲内容的核心。

(二)选择题

1. 演讲稿的特点是(　　)。

A. 针对性　　B. 鼓动性　　C. 逻辑性　　D. 时效性

2. 演讲稿标题的形式有(　　)。

A. 提要型　　B. 象征型　　C. 警句型　　D. 抒情型

3. 下列文种中，不需要写祝颂语的是(　　)。

A. 开幕词　　B. 祝词　　C. 欢送词　　D. 策划书

(三)判断题

1. 演讲稿的标题有提要型标题、象征型标题和警句型标题三种形式。(　　)

2. 一篇演讲稿只能有一个中心，全篇内容都必须紧紧围绕着这个中心去铺陈。(　　)

3. 祝词无须拘泥于某种文体，可以根据祝愿和庆贺对象的具体情况采用合适贴切的文章体裁，既可以用一般的应用文体，也可以采用诗、词、对联等各种其他的文体样式。(　　)

(四)简答题

1. 不同类型演讲稿的主体部分结构方式有何区别？

2. 欢迎词和欢送词的区别是什么？

二、写作实训

(一)阅读题

阅读当代小说家、编剧麦家在“书香中国全民阅读大讲堂”首场活动的演讲稿《读书就是回家》，写出这篇演讲稿的结构提纲。

(二)写作题

1. 写一篇以《放飞梦想》为题的演讲稿。

2. 请你写一份朋友生日祝词。

单元四　经济文书

教学目标

知识目标	能力目标	素质目标
了解经济文书的定义、种类和特点，理解经济合同、意向书和条据等经济文书的定义、特点、作用及其写作基础知识	掌握经济合同、意向书、条据等常用经济文书的结构要素和写作要求。通过学习与训练，能写出规范的经济文书	增强经济文书写作的规范意识，揣摩例文，模拟写作，提升职业写作的综合素养，提高职场工作的应对能力

教学要求

引导学生认识到学习写作常用经济文书的重要性和实用性；增强学生在日常经济活动中通过经济文书处理事务的意识，指导学生通过理论学习和实践写作相结合的方法，掌握合同、意向书和条据的写作技能，培养学生根据实际需要熟练地撰写常用经济文书的能力。

模块导读

经济文书是应用文书的一个分支。任何经济文书都不是有感而发，而是为事而作，以求解决实际问题。本单元通过介绍经济文书的定义、种类和特点和对某一文书不同种类的实例示范、讲解写作理论及安排写作练习，帮助学生掌握经济合同、意向书、条据等经济文书的写作技能，使学生具备一定的写作能力。

实例示范 4.1

房屋租赁合同

出租方：<u>×××</u>（以下简称甲方）身份证号：<u>×××××××××</u>

承租方：<u>×××</u>（以下简称乙方）身份证号：<u>×××××××××</u>

根据《中华人民共和国合同法》及有关法律、法规的规定，甲、乙双方在平等自愿、诚实守信的基础上，经协商一致，就房屋租赁的有关事宜达成如下协议：

一、租赁房屋情况

房屋坐落于××市××区××路××小区×单元×户，建筑面积95平方米。该房屋的使用范围、条件和要求，现有装修、附属设施、设备状况，甲乙双方均已确认，乙方不得未经甲方同意自行装修和增设附属设施(家庭日常使用设备、必需物品除外)。

二、租赁房屋用途

该房屋仅为家庭居住使用，不得他用。乙方须遵守使用协议和物业管理的规定。乙方不得擅自改变约定的使用用途，不得擅自转租。

三、房屋交付日期和租赁期限

甲乙双方约定，甲方于________年____月____日前向乙方交付该房屋。房屋租赁期自________年____月____日起至________年____月____日止。

租赁期满，甲方有权收回该房屋，乙方应如期返还。如乙方继续承租该房屋，则应于租赁期届满前1个月，向甲方提出续租要求，经甲方同意后重新签订租赁合同。

四、租金、支付方式和限期

甲乙双方约定，该房屋月租金为人民币______元(大写：______元整)，按______年一次性支付租金，支付方式为现金或银行转账，于承租居住前向甲方支付。

五、保证金和其他费用

甲乙双方约定，甲方交付该房屋时，乙方应向甲方支付房屋租赁保证金，保证金为人民币______元(大写：______元整)。甲方收取保证金后应向乙方开具收款凭证。租赁关系终止时，甲方收取的房屋租赁保证金除用以抵充合同约定由乙方承担的费用外，剩余部分无息归还乙方。

租赁期间，由使用房屋产生的水、电、煤气(天然气)、通信、有线电视、物业管理等费用由乙方承担。暖气费用由甲方承担。

租赁期满，承租人须结清租赁期间产生的水、电、煤气(天然气)、通信、有线电视、物业管理等费用。

六、房屋使用要求和维修责任

租赁期间，乙方应合理使用并爱护房屋及其附属设施。对于房屋及其附属物品、设备设施因自然属性或合理使用而导致的损耗，乙方应及时通知甲方修复；甲方应在接到乙方通知后的________日内进行维修。逾期不维修的，乙方可代为维修，费用由甲方承担。

租赁期间，因乙方使用不当或不合理使用致使房屋及其附属设施损坏或发生故障的，乙方应负责维修或承担赔偿责任，费用由乙方承担。

七、房屋返还时的状态

除甲方同意乙方续租外，乙方应在本合同的租期届满之日2日内返还房屋。乙方返还该房屋应当符合正常使用后的状态。返还时，应经甲方验收认可，并相互结清各自应当承担的费用。

八、解除本合同的条件

甲乙双方同意在租赁期内，有下列情形之一的，本合同终止，双方互不承担责任：

1. 乙方如在房屋内留宿他人进行各种违法活动的；
2. 房屋占用范围内的土地使用权依法提前收回的；
3. 房屋因社会公共利益被依法征用的；
4. 房屋因城市建设需要被依法列入房屋拆迁许可范围的；
5. 房屋毁损、灭失或者被鉴定为危险房屋的。

九、违约责任

1. 租赁期间，非本合同规定的情况甲方擅自解除合同，提前收回该房屋的，甲方应按提前收回天数的租金的______倍向乙方支付违约金。

2. 未征得甲方书面同意或者超出甲方书面同意的范围和要求装修房屋或者增设附属设施的，甲方可以要求乙方赔偿损失。

3. 租赁期间，乙方中途擅自退租的，乙方应按提前退租天数的租金的______倍向甲方支付违约金。甲方可从租赁保证金中抵扣。保证金不足抵扣的，不足部分则由乙方另行支付。

4. 出租方无故擅自解除合同或转租给他人，视为出租方违约，赔偿违约金______元(大写：______元整)。

5. 承租方在出租方无违反合同的情况下提前解除合同，视为承租方违约，赔偿违约金______元(大写：______元整)。

十、争议解决方式

甲乙双方履行本合同过程中发生争议，应通过协商解决，可由有关部门调解；协商或调解不成的，依法向人民法院起诉。

十一　补充与附件

本合同未尽事宜，依照有关法律、法规执行，法律、法规未作规定的，双方可以达成书面补充合同。本合同生效后，双方对合同内容的变更或补充应采取书面形式，作为本合同的附件。附件与本合同具有同等的法律效力。

本合同自双方签字之日起生效，本合同一式两份，其中甲方执壹份，乙方执壹份。

甲方：××× (手签)　　　　乙方：××× (手签)

联系方式：__________　　　　联系方式：__________

______年____月____日　　　　______年____月____日

实例评析：这是一份房屋租赁合同。合同首部写明了订立合同双方的基本信息和引言；合同主体用分条列项的形式交代了房屋基本情况、双方各自承担的权利与义务等；合同尾部双方当事人再次签署基本信息。这是此类合同典型的结构写法。

实例示范 4.2

借　条

今借到学校党政办《××职业技术学院院志》(2006—2016)一部，半月内归还。

此据。

××职业技术学院宣传部工会办公室

经办人：刘晓芳

××××年×月××日

实例评析：这是一张借条，属于证明性条据。写清所借物品的名称、数量和借还日期，简洁、清楚。

模块一　经济文书概述

一、定义

经济文书是在经济活动中使用并形成的具有实用价值和固定格式的文书，是经济管理部门、企事业单位，为处理经济事务、反映经济情况、传播经济信息、研究经济问题、协调经济关系等而制作的文书，以实用为原则，以经济活动为内容，以经济利益为目的。常见的经济合同、意向书、商业广告等都属于典型的经济文书。

二、种类

1. 报告类。报告类用于总结或分析经济工作的现状或发展趋势。例如，财务工作总结、市场调查报告、经济活动分析报告、财务预决算报告、审计报告等。

2. 方案类。方案类用于为决策者提供决策依据。例如，经济决策方案、可行性研究报告、市场预测报告和财经(商业)计划等。

3. 契约类。契约类用于确定经济活动以及双方的关系、彼此的权利与义务。例如，经济合同、意向书、各种条据等。

三、特点

1. 真实性。经济文书是为反映经济活动规律、解决实际经济问题而作，因此，它的写作内容应当是真实、准确、可靠的。

2. 规范性。写作经济文书要使用规范、正确的专业术语；同时，文体格式要求规范。既方便读者阅读、理解和执行，又有利于提高经济工作的质量和效率。

3. 时效性。大部分经济文书是在规定的时限内发生效力和作用，因此，必须及时、准确反映经济活动情况，否则时过境迁，文书就会失去其现实效用和实用价值。

模块二　经济文书写作

任务一　经济合同

实例示范 4.3

建筑安装工程施工合同

建设单位：××大学(以下简称甲方)

施工单位：××市××建筑工程公司(以下简称乙方)

建筑名称：××大学图书馆

建筑地点：××大学

建筑结构：框架结构

××大学经××字〔××××〕68号文件批准，新建图书馆一栋，委托××市××建筑工程公司承建，根据《建筑安装工程承包条例》的规定，为了明确相互权利、义务和经济责任，保证工程顺利进行，特立本合同，供双方共同遵照执行。

一、承包形式及内容

本工程经双方商定，采用包工包料的承包方式，即全部土建工程和室内水电工程的施工安装，其内容是：由甲方请有证勘察设计单位设计所提供的施工图。

二、结算方式

1. 本工程按××省2005定额，××地区定额站的有关文件和省2005年新收费标准，其综合费下浮0.5%，由施工单位编制施工图预算，交甲方或建行审定后的预算一次性承包。

2. 如遇下列情况予以调整

(1)±0.000以下工程数量与施工图预算数量有变动，经甲乙双方签证验收，按实计算。

(2)图样设计变更，按设计单位变更通知。

(3)国家和地市职能部门在施工期间所下达的有关文件。

(4)人力不可抗拒的自然灾害所造成的损失。

三、双方责任

(一)甲方责任

1. 办理正式工程和临时设施范围内的土地征用与租用等一切开工准备工作的全部手续。

2. 向经办银行提交拨款文件。按时办理拨款和结算。申请施工许可执照。做好“三通”(略)。

3. 组织有关单位对施工图等技术资料进行审定，按规定交足施工图给乙方。

4. 派驻工地代表，对工程进度、工程质量进行监督，检查隐蔽工程，办理中间交工工程验收手续，负责签证工作以及联系工作。

5. 负责组织设计施工单位共同审定施工组织设计、工程价款和竣工结算，负责组织工程竣工验收。

6. 按双方协定的分工范围和要求，供应材料和设备。

7. 施工过程中，因设计变更或停延，对乙方已备的物资造成积压或需改制代用时，所发生的一切费用由甲方负责。

(二)乙方责任

1. 做好施工场地的布置。编制施工组织设计或施工方案，做好各项准备工作。

2. 按双方协定的分工范围，做好材料和设备的采购、供应和管理。

3. 及时向甲方提出开工通知书，施工进度计划表，施工平面布置图，隐蔽工程验收通知，竣工验收报告。

4. 严格按照施工图与说明书进行施工。确保工程质量，按合同规定时间如期完工和交付。

5. 在工程施工过程中，在合同规定保修期内，凡施工造成工程质量问题，负责无偿修理。

6. 对甲方提供的实物材料，乙方按规定费用分摊，及时办理交接和结算手续。

7. 已完工的房屋、构筑物和安装的设备，在交工前应负责保管和修理。

8. 工地总技术负责人为肖××同志，自始至终坚持在工地现场。

四、工期

按国家《建安工程工期定额》的规定，本工程提前为 350 天，暂定于 2005 年 8 月 1 日开工，于 2007 年 7 月 20 日竣工交付使用，如甲方不能保证开工日期或其他原因，则工期顺延，鉴于工地土方由乙方承担，时间在 7 月 25 日前完成。如因土方未及时完成影响开工，应由乙方负责。

五、拨款办法

自合同签订盖章生效之日起，甲方应按"基本建设拨款条件规定"，合同签订之后，预付 30%备料款，以后按工程进度付款(至 2007 年 7 月 20 日止，包括备料款、进度款付足 180 万元，但必须保证主体工程供水)。

六、材料供应

本工程所需三材(木材、钢材、水泥)，以审定的预算数量为依据。

1. 钢材如甲方交实物，必须符合国家质量验收标准，并有合格证书，按图样规格数量，按要求交给乙方仓库，乙方按预算价格减百分之一的采保费退给甲方。若交指标乙方按有指标的现行价格计算，如无指标或实物，钢材议价按 1 850 元/t 补差。

2. 水泥由甲方提供实物或指标给乙方，如无指标或实物，甲方同意水泥按 156 元/t 补差。

3. 木材每立方米按 560 元议价补差。

4. 地方材料和市场采购物资，由乙方负责供应，对本地区物资缺乏或供应确有困难的地方产品，双方协商解决。

七、其他

1. 经双方签证的停水、停电一天以上，工期顺延。

2. 本工程实行工期奖罚，每提前或推迟一天竣工，按工程总造价万分之一进行奖罚，奖罚累计不超过总造价的 1%。

3. 根据×政发〔××××〕9 号文件精神，凡经质监站认定的优良工程，甲方同意按规定给乙方总造价 2%的优良工程奖励费。

4. 本合同未尽事宜，甲乙双方另行或签订补充合同。

5. 本合同一式 3 份，甲、乙双方和公证方各执 1 份，自签证盖章之日起至工程竣工验收，价款结算时废止。

甲方单位(盖章)	乙方单位(盖章)
代表：(签章)	代表：(签章)
联系电话：	联系电话：
开户银行及账号：	开户银行及账号：

签约地点：××大学行政楼会议室

签约日期：××××年×月××日

公证单位(盖章)：

公证人(签章)：

××××年×月××日

实例评析：该合同属于条款式合同，符合建筑工程合同的规范格式。标题由合同执行内容与种类及其他事项组成。合同的主体就承包形式、内容、结算方式、双方责任、工期、拨款办法、材料供应等事项进行了明确的约定，语言简洁，数据准确，条理清楚。合同一经订立，就有了法律的约束作用，双方均享有权利，受到法律的保护，双方所承担的义务受到法律的监督。

实例示范 4.4

流动资金借款合同

订立合同单位：

×××××(以下简称借款方)

×××××(以下简称贷款方)

为明确责任，恪守信用，特签订本合同共同信守。

一、借款种类：(略)

二、借款金额(大写)：(略)

三、借款用途：(略)

四、借款利率：借款利率为月息×××，按季收息，利随本清。如遇国家调整利率，按调整后的规定计算。

五、借款期限

借款时间自××××年×月××日至××××年×月××日止。借款实际发放和期限以借据为凭分次发放和收回。借据应作为合同附件，同本合同具有同等法律效力。

六、还款资金来源及还款方式：(略)

七、保证条款：(略)

八、违约责任：(略)

九、其他：(略)

合同的附件：(略)

本合同经各方签字后生效，贷款本息全部清偿后自动失效。

本合同正本一式 3 份，贷款方、借款方、保证方各执 1 份；合同副本×份，报呈×××有关单位各留 1 份。

借款方：(盖章)

法人代表：(签章)

地址：

联系人：

联系方式：

开户银行及账号：

贷款方：(盖章)

法人代表：(签章)

地址：

联系人：

联系方式：

开户银行及账号：

保证方：(公章)

法人代表：(签章)

联系人：

联系方式：

开户银行及账号：

签约时间：××××年×月××日

签约地点：××××

实例评析：这是一份借款合同。合同内容详尽具体，当事人责任明确，特别是涉及钱款的金额、币种、期限、方式等问题时，务必认真严谨、准确写明。

写作知识

一、定义

现行《中华人民共和国合同法》第二条规定："合同是平等主体的自然人、法人、其他组织之间设立、变更、终止民事权利义务关系的协议。"合同中最常用的是经济合同。

经济合同是双方或多方当事人为了一定的经济目的通过平等协商，明确相互权利与义务而共同订立的一种具有法律约束力的协议。经济合同是当事人履行权利与义务的依据。在履行过程中，一旦发生纠纷，它又是仲裁调解、司法判决的主要依据。

二、特点、作用

经济合同的订立有利于保护当事人的合法权益、规范市场交易活动、维护社会经济秩序，促进经济效益提高。

经济合同的特点有以下几点：

1. 合法性。合同是当事人依法通过协商明确相互权利与义务的一种法律行为，所列条款必须符合法律、法令和有关规定。

2. 平等性。订立合同是当事人平等、互利、协商一致的结果，当事人的法律地位是平等的。

3. 约束性。合同是当事人双方共同协商订立的、必须遵循的条款，这些条款对当事人在履约过程中有明确的规范性和约束力。

4. 凭据性。合同是以书面形式发布的，当事人的权利与义务通过书面形式确认才具有法律效力，一旦发生纠纷，书面合同可作为凭据帮助解决争议。

5. 时效性。任何一份合同都是一定时间段内的约定，有生效时间和失效时间。

三、种类

根据《中华人民共和国合同法》，按照业务性质和内容划分，合同可以分为以下几种：

1. 买卖合同。买卖合同又称为购销合同，是出卖方向买受方转移标的物的所有权，买受方支付价款时使用的合同。

2. 供用电、水、气、热力合同。供用电、水、气、热力合同是供电(水、气、热力)方向用电(水、气、热力)方供电(水、气、热力)，用电(水、气、热力)方向供电(水、气、热力)方支付费用时使用的合同。

3. 赠予合同。赠予合同是赠予人将自己的财产无偿给予受赠人，受赠人表示接受赠予时使用的合同。

4. 借款合同。借款合同是借款人向贷款人借款，到期返还借款并支付利息时使用的合同。

5. 租赁合同。租赁合同是出租人将租赁物交付承租人使用、受益，承租人支付租金时使用的合同。

6. 融资租赁合同。融资租赁合同是出租人根据承租人对出卖人、租赁物的选择，向出卖人购买租赁物，提供给承租人使用，承租人支付租金时使用的合同。

7. 承揽合同。承揽合同是承揽人按照定作人的要求，完成一定的工作，交付工作成果，定作人给付报酬时使用的合同。

8. 建设工程合同。建设工程合同是承包人进行工程建设，发包人支付价款时使用的合同。

9. 运输合同。运输合同是承运人将旅客或者货物从起运地点运输至约定地点，旅客、托运人或者收货人支付票款或者运输费用时使用的合同。运输合同包括客运合同、货运合同、多式联运合同。

10. 技术合同。技术合同是当事人就技术开发、转让、咨询或者服务等事项订立的明确相互之间权利和义务关系的合同。技术合同主要包括技术开发合同、技术转让合同以及技术咨询合同和技术服务合同。

11. 保管合同。保管合同是保管人保管寄存人交付的保管物，并返还该物，寄存人按照约定向保管人支付保管费时使用的合同。

12. 仓储合同。仓储合同是保管人储存存货人交付的仓储物，存货人支付仓储费时使用的合同。

13. 委托合同。委托合同是委托人和受托人约定，由受托人在受托权限范围内处理委托人的委托事务时使用的合同。委托人应当预付处理委托事务的费用，受托人为处理委托事务垫付的必要费用，委托人应当偿还该费用及其利息。

14. 行纪合同。行纪合同是行纪人以自己的名义为委托人从事贸易活动，委托人支付报酬时使用的合同。

15. 居间合同。居间合同是居间人向委托人报告订立合同的机会或者提供订立合同的媒介服务，委托人支付报酬时使用的合同。

四、结构与写法

经济合同在写作结构上包括首部、正文、尾部三部分。

1. 首部

(1)标题。标题也称合同名称，一般由两部分组成，即内容或性质加上文种“合同”，如《借款合同》《购销合同》《房屋租赁合同》《建筑工程承包合同》等。

(2)合同编号。合同编号可写可不写。如果经常订立合同，为便于查阅与管理，应统一编号。

(3)当事人名称。当事人名称可以是单位名称，也可以是个人。一般写全称，也可写规范化简称。为了在正文中叙述方便，通常在当事人全称或规范化简称后分别加圆括号写一个代称，如“买方”“卖方”，“供方”“需方”，“甲方”“乙方”等。此项条款反映在合同中，必须如实书写。

(4)签订时间。签订时间写明××××年×月×日(此条款有时放在尾部“合同的签署”后面)。

(5)签订地点。签订地点如“××市××会议厅”(此条款有时放在尾部“合同的签署”后面)。

以上第(2)、(3)、(4)、(5)条按序在标题下排成一竖行。

(6)合同引言，即订立合同的目的或依据。常以“为了……(目的)，根据……，经双方共同协商，特订立本合同，以资共同遵守”开头，然后进入正文，还可以用“主要条款如下”引出下文。

2. 正文

正文是合同的主体部分。根据《中华人民共和国合同法》第十二条规定，合同的内容由当事人约定，包括8项必备条款。这部分一般采用条款式写明各项内容。

(1)当事人的名称或者姓名和住所(此项条款如在合同开头已经写明，此处不再赘述)。此项条款反映在合同中，必须如实书写。

(2)标的。标的是指合同中权利与义务共同指向的对象。其包括劳务、货物、智力成果等。标的是一切合同必备的首要条款，没有标的的合同是无效的合同，须明确具体地写清楚。

(3)数量。数量是指标的多少、大小、轻重的表示，如用重量、体积、长度、面积、个数等作为计量单位，它关系到合同各方权利义务的大小程度，必须明确规定标的的数量、计量单位和计量方法。数量要采用国家法定的度量衡单位来计算。没有数量的确定，合同是无法生效和履行的，发生纠纷也不易分清责任。

(4)质量。质量是指标的特征和优劣程度，是标的内在本质和外在形态的统一体。产品质量检验、检疫法，应按国务院批准的有关规定的标准，如果没有规定的产品质检标准，则由双方当事人协商确定。没有质量的确定，合同是无法生效和履行的。

(5)价款或者报酬。价款是指有偿合同中，接受标的的一方当事人以货币形式向另一方当事人支付的钱款。价款是产品或商品的价格，报酬是指从事劳务应得到的酬金。在订立合同时，当事人必须对标的的价款或报酬协商一致，并在合同中明确写明支付的货币名称、数额(应有数字的汉字大写形式)以及支付的标准、方式、时间和结算的程序等。合同应遵循等价、互利的原则。

(6)履约的期限、地点和方式。期限是指合同当事人各方完成合同所规定的各自义务的时间限制。它是确定合同是否按时履行的标准，是当事人经济利益之所在。过期合同无效。地点是指合同当事人履行合同义务和接受履行的具体地点。方式是指合同当事人采取什么方法来履行合同规定的义务，一般包括标的支付方式、价款或酬金的结算方式(一次履行或分期履行)、计量方式、运输方式、验收方式等。

(7)违约责任。违约责任是指当事人一方或各方由于自身原因而未履行或不恰当履行合同义务，依法和依约所应承担的责任。违约责任可依法规定，也可由当事人约定。违约责任的方式有继续履行、采取补救措施、赔偿损失、支付违约金、给付定金等。

(8)解决争议的方法。在合同履行过程中有时会出现纠纷与争议，因此，要将合同的变更、争议、争议仲裁等解决纠纷、争议的办法商定明确，写入条款。如发生纠纷或争议，首先应通过协商解决，解决不了的，可以根据仲裁协议向仲裁机构提请调解、仲裁、诉讼。

违约责任是合同的关键条款之一。没有规定违约责任，则合同对双方难以形成法律约束力，难以确保圆满地履行，发生争执时也难以解决。

3. 尾部

尾部主要写明以下两个方面的内容。

(1)合同的必要说明。如合同中未尽事宜的处理办法，合同的有效期限，合同的份数和保存方式等。

(2)合同的签署。合同的签署包括当事人的名称、住址、联系方式、成文日期，并由法定代表人签名盖章；如合同是委托代理人签订的，公证或鉴证机关应签名盖章；开户银行及其账号以及需要写清楚的所有信息。

五、写作要求

1. 合同不得违反有关法律、行政法规及社会公共利益。否则，合同归于无效，不仅得不到法律保护，造成严重后果者，还会被依法追究责任。

2. 合同必须内容完备，条款完整，不能漏项。内容要具体、详细，不要留下缺陷、含糊笼统、造成歧义，否则，小则引起争议，不能顺利履行；大则造成重大损失。

3. 正确使用字词和标点。用字正确规范，不多字漏字；用词准确周密，慎用多义词；使用标点明白无误，易于辨认。

4. 合同不能涂改，如有错误、遗漏必须更正补充时，应加盖印章。

5. 合同有附件，应将附件名称、件数在合同中标明以便查对，附件同样具有法律效力。

模式应用

××合同

××方：<u>××××</u>(以下简称甲方)

××方：<u>××××</u>(以下简称乙方)

<u>合同引言。</u>订立合同的目的和依据，常以“为了……，根据……，经双方共同协商，特订立本合同，以资共同遵守”开头，然后进入正文，还可以用“主要条款如下：”引出下文。

(以下是合同正文)

<u>这是合同的主体部分，一般以条款式写明当事人双方所协定的事项内容。一般而言，主要包括以下8项必备条款。</u>

1. 当事人的名称或者姓名和住所(此项条款在合同开头已经写明，此处不再赘述。)
2. 标的(指合同中权利与义务共同指向的对象)
3. 数量
4. 质量
5. 价款或者报酬
6. 履约的期限、地点和方式
7. 违约责任
8. 解决争议的方法

(以下是合同尾部)

<u>合同的必要说明。</u>如合同有效期限，合同的份数和保存方式等。

<u>合同的签署。</u>当事人的名称、住址、联系方式、签署日期等信息。

任务二　意向书

实例示范 4.5

建立合资企业的意向书

中国××××厂(以下简称甲方)与法国×××公司(以下简称乙方)，经过初步友好协商，双方于××××年×月×日在××地，就在中国×××市建立合资企业事宜达成本意向书，内容如下：

一、甲、乙双方愿以合资或合作的形式建立合资企业，暂定名为×××有限公司。建设期为×年，即从××××年—××××年全部建成。双方意向书签订后，即向各方有关上级申请批准，批准的时限为××个月，即××××年×月×日—××××年×月×日完成。然后由×××厂办理合资企业开业申请。

二、总投资××万元人民币，折×万美元。××部分投资人民币××万元(折美元××万元)；××××部分投资人民币××万元(折美元×万元)。

甲方投资××万元人民币(以工厂现有厂房、水电设施现有设备等折款投入)。

乙方投资××万元人民币(以折美元投入，购买设备)。

三、利润分配：各方按投资比例或协商比例分配。

四、合资企业生产能力：……

五、合资企业自营出口或委托有关进出口公司代理出口，价格由合资企业定。

六、合资年限为××年，即××××年×月—××××年×月。

七、合资企业其他事宜按《中外合资法》有关规定执行。

八、双方将在各方上级批准后，再行具体协商有关合资事宜。

本意向书一式两份。作为备忘录，各执一份备查。

××××厂(甲方)(盖章)	×××公司(乙方)(盖章)
代表：×××(签字)	代表：×××(签字)
联系地址：	联系地址：
电话：	电话：
××××年×月×日	××××年×月××日

实例评析：这是一篇合资意向书，开头写清了签订意向书的双方的名称，然后简明扼要地说明因何事项进行了“初步友好协商”“达成本意向书”；主体部分写明经营项目、双方的职责、双方投资比例、公司的性质和生产能力及意向书份数等内容。但投资比例和利润分配都没有确切的数目，还有“双方将在各方上级批准后，再行具体协商有关合资事宜”，这些都是颇能体现意向书写作特点的细节，落款也规范。

实例示范 4.6

开展多方技术经济合作意向书

广西×××对外开放办公室(甲方)与深圳××××有限公司工贸发展部(乙方)，经双方协商同意，确定如下技术经济合作关系：

一、双方就以下范围进行长期的技术经济合作

1. 高科技产品开发；

2. 农副产品深加工与综合利用；

3. 外贸出口；

4. 合办第三产业；

5.“三高农业”项目开发；

6. 技术咨询；

7. 高新技术以及资金等方面的引进合作。

二、合作方式

双方本着互惠互利、利益共享、风险共担的原则，根据具体项目协商采用具体的多种合作方式。

三、合作程序

由双方商定在适当时间，组团考察，根据考察结果共同拟订合作项目、方式、内容、步骤。

四、甲乙双方义务

1. 甲方负责提供其资源、项目及资料和项目的落实。

2. 乙方负责提供合作开发项目的技术资料，组织有关技术力量，以及协调开发项目的有关关系。协助或代理甲方的产品出口，合作项目产品的出口，甲方所需或双方合作项目所需的设备、技术的引进。

3. 双方确定具体的联络人员，进行经常的联络工作。

五、此意向书一式四份，各执两份。

甲方：×××对外开放办公室(章)

代表：××(签字)

甲方联系人：黄××

联系电话：×××××××××××××

联系地址：××市××路 135 号

邮编：

乙方：××××有限公司工贸发展部(章)

代表：××(签字)

乙方联系人：李××

联系电话：×××××××××××××

联系地址：××市××路××大厦 206 室

邮编：××××××

实例评析：这是一则写得较好的技术经济合作意向书。标题由事由(项目)和文种构成。开头写明签订意向书的单位，并用承上启下惯用语导出技术经济合作的各项意向。正文写合作的范围、方式、程序和双方义务等方面的意向性意见。各条款以数字顺序标出。各条款内容只确定了原则意向，不涉及具体细则。文尾写意向书份数、双方代表的签字及联系方式等通联信息。全文目标具有导向性，条款只表现出原则性，为下一步进行实质性、具体性的项目洽谈奠定了基础。

一、定义

意向书，是双方或多方就合作项目在进入实质性谈判之前，根据初步接触所形成的带原则性、意愿性和趋向性意见的文书。

二、特点、作用

意向书为进一步正式签订协议奠定了基础，是“协议书”或“合同”的先导，不具有强制性的法律效力，其作用主要表现在其有利于双方进行实质性接触和谈判及作为下一步实质性谈判的客观的、基本的依据。多用于经济技术的合作领域。

意向书的特点有以下几点：

1. 目标的导向性。意向书是双方为了表示某项合作意愿而签订的文书，可为下一步磋商奠定良好的基础。因此，它只是一种导向性文书，合作目标只求总体轮廓清楚，不要求描述具体；合作意向只要求大体方向一致，不要求进程具体和步骤明确。

2. 条款的原则性。意向书的各项条款必须是就一些重大问题做出原则性的确定，而不是就一些具体问题分项列款表述，更不涉及具体细则。这样才可能求同存异，取得满意的结果，为下一步研讨留有余地。

3. 行文的灵活性。意向书不像合同协议那样，一经签约不能随意更改，意向书比较灵活，在协商活动中，当事人各方均按各自的意图和目的，提出意见，在正式签订协议、合同前也可随时变更或补充，最终达成协议。另外，意向书的行文措辞一般比较灵活，以便反映出友好的合作气氛。

三、种类

意向书的具体类型较多，但就合作各方所享有的权益和承担的义务来看，可分为以下几种：

1. 具有“双方契约”和“有偿合同”性质的意向书。这种意向书使签约双方或各方既享有一定的权利，也承担一定的义务。

2. 具有“单方契约”和“无偿合同”性质的意向书。这种意向书只有一方单独承担某种义务。

四、结构与写法

意向书在写作结构上分为标题、正文、落款三部分。

1. 标题

(1)完整式标题。合作双方单位名称＋合作项目名称＋意向书，如《××××和××××合作经营××度假村意向书》。

(2)省略式标题。合作项目名称＋意向书，如《合资修建学生宿舍楼意向书》。

(3)文种式标题。只写文种“意向书”，这种写法较少。

2. 正文

意向书的正文部分主要包括开头、主体和结尾三部分。这部分内容没有固定的写法。有的写得详细一点，有的写得简略一点；有的甚至只写各方对某一事项合作的意愿，不写如何合作的具体问题。

(1)开头。意向书签订的时间及地点，写明合作双方单位的名称，明确意向书的指导思想和政策依据、合作的事项等，然后用“现达成如下意向”或“双方达成如下意向”或“现将有关意向归纳如下”等承上启下惯用语引出下文。

(2)正文。正文是意向书所要实现的总体目标的具体化，一般都以分条列项的形式来表述双方的意图、初步商谈后达成的倾向性认识和比较认同的事项。各项条款之间的界限要清楚，内容要相对完整，既不要交叉叠叙，也不要过于琐碎，更不能有所疏漏。通常情况下，主体部分大致写以下内容：

①项目的名称和拟定的地址。

②合作项目生产、经营规模或范围。

③各方投资金额比例。

④产品销售、经济效益的设想和估计。

⑤利润分配和亏损分担。

⑥原料、设备、技术、企业用地等双方提供的方式。

⑦合作事项实习步骤。

⑧合作企业领导体制。

⑨合作期限。

⑩下一步双方各自要做的工作以及下一次洽谈的内容、时间和地点。

(3)结尾。结尾部分一般以“未尽事宜，在正式签订合同或协议书时予以补充”作结语，以便留有余地。同时，写清有关事项的说明，如意向书份数、生效日期等。

3. 落款

落款写合作双方单位名称，洽谈代表签字、报送单位以及签订时间、通信联络地址、电子邮箱、联系电话等。

五、写作要求

1. 意向书只是各方对合作事项意愿的表示，因此，对合作中涉及的系列问题无须详细论述，而只作粗略的轮廓性的表述。

2. 意向书的条款要写得比较有原则，以利于求同存异，为进一步谈判创造合作氛围，同时也便于在谈判中运作灵活。

3. 意向书仅仅是各方共同意向的记录，没有法律效力，一般不写入对各方有约束性的条文。

4. 意向书中的内容不能与我国现行经济政策和法律法规相抵触，也不能随意向对方承诺上级部门才能决定和职能部门才可解决的问题。

5. 语言准确，表达清楚，措辞严谨，既不失原则也不失热忱，促使日后实质性谈判的成功。

模式应用

合作单位名称+合作项目名称+意向书(标题)

写明意向书签订的时间、地点、合作双方单位的名称，明确意向书的指导思想和政策依据、合作的事项等，然后用“现达成如下意向”或“双方达成如下意向”或“现将有关意向归纳如下”等承上启下惯用语引出下文。如：××××厂(以下简称甲方)与×××公司(以下简称乙方），经过友好协商，双方于××××年×月×日在××地，就×××事宜达成本意向书，内容如下：

意向书正文一般以分条列项的形式表述双方的意图、初步商谈后达成的倾向性认识和比较认同的事项。

结尾部分一般以“未尽事宜，在正式签订合同或协议书时予以补充”作结语，同时写清意向书份数、生效日期等。

合作双方单位名称，洽谈代表签字、报送单位以及签订时间、通信联络地址、电子邮箱、联系电话等。

模块小结

经济文书在经济领域内使用广泛，要求文字和数字表述精确无误，必须实事求是，事必有据。本节主要学习的内容是经济合同、意向书的写作基本知识，其中文书的结构要素和写作格式是学习重点，以便在生活、工作中能够正确使用这种常用经济文书。

知识拓展

条　据

一、定义

条据是“便条”和“单据”的统称，是人们在日常工作、学习、生活中，彼此之间为处理财物或事务往来，写给对方的作为某种凭证或有所说明的字条。

二、种类

1. 说明性条据(便条)：主要是告知有关人员某个信息，向对方说明某件事情、托付事情、传递信息。这类条据只起说明告知的作用，不具有法律效力。如请假条、留言条、便条等。

2. 证明性条据(单据)：主要是作为证据、凭证，具有法律效力。钱物归还后，条据要回收作废或撕毁。如借条、欠条、领条、收条(收据)等。

三、特点

1. 凭证性。条据的主要功能就是凭证作用。条据作为钱物借还的重要凭据，应该严加保管，供日后核对情况甚至可以作为档案保存起来。

2. 说明性。条据内容涉及钱物的名称、用途、时间、数目、去向等重要信息，具有说明事实的性质，其语言要遵守说明文语言的规范。

3. 简便性。条据类应用文一般在熟悉的人员之间使用，运用起来灵活、方便，文小功能大。

四、结构与写法

(1)说明性条据通常包括标题、称呼、正文、结尾、落款五部分。

①标题：第一行居中写，如“请假条”“留言条”“便条”等。

②称呼：在标题下的一行顶格写受文者姓名或称谓，如“××同志”“尊敬的××老师”等，后加冒号。

③正文：另起一行空两格写清告知、说明的事项。

④结尾：可用“请批准”“此致敬礼”“谢谢”等用语。

⑤落款：正文右下方写上姓名和成文日期。

(2)证明性条据通常包括标题、正文、结尾、落款四部分。

①标题：第一行居中写条据的名称，如“借条”“收条”“欠条”等。

②正文：另起一行空两格，多以“今借到”“今收到”“今领到”“今欠”等惯用语开头，然后写清对方(单位或个人)的名称以及具体内容，即单据写给谁的(借谁的、收到谁的、欠谁的)、什么事情(标的的名称、数量、规格、型号和金额等)。涉及数字部分必须用数字的汉字大写形式，钱款还应写明币种和金额大小写，汉字大写末位数字后面常常加上“整”字，以示严谨。如果需要改动，应在改动的地方加盖图章，以示负责。其中，借条、欠条还应写明归还的具体日期及所借物品遗失或损坏赔偿等事宜；写借条时不要使用多音、多义字。

③结尾：正文结束另起一行空两格写上“此据”二字。

④落款：正文右下方写上姓名和成文日期。签名应由本人亲笔书写。

五、写作要求

1. 事项明确，内容简练。

2. 严谨规范，特别是涉及数字、钱款内容，更应认真对待，不得马虎。

3. 用语明确，尽量不使用多音、多义字(词)，避免歧义句。

六、实例示范

请 假 条

尊敬的张老师：

我因感冒发烧，经医生诊断为重感冒，需休息三天(9月20日至22日)，不能上课，特此请假，请予批准。

附：医院证明一张

此致

敬礼！

请假人：路桥1606班　张强

2016年9月20日

借 条

今借到内蒙古××职业技术学院课桌伍拾张、椅子壹佰张，作迎新春晚会用，会后立即归还。

此据。

内蒙古××政治学院

经办人：郝志军

2016年10月30日

借　条

今借到学校团委如下设备，3 天内归还。

序号	设备名称	规格(英寸)	型号	数量(台)	备注
1	海信电视机	49	LED49EC520UA	1	用于专业建设汇报用
2	联想笔记本电脑	15.6	ldeaPad110－15A6	1	
3	联想投影机		Lenovo SP001	1	

此据。

经办人：建筑学系王晓
2016 年 6 月 16 日

欠　条

原借赵乐身份证号××××××××××××××××××人民币玖仟元整(￥9 000 元)，已还贰仟元整(￥2 000 元)，尚欠柒仟元整(￥7 000 元)，将于 12 月 30 日前还清。

此据。

欠款人：张星
身份证号××××××××××××××××××
2015 年 11 月 13 日

收　条

今收到教务处齐娜交来一次性纸杯壹佰个、办公经费人民币叁佰元整(￥300 元)。

此据。

接收人：赵航
2016 年 11 月 3 日

领　条

今从党史研究室领取《中国共产党党史(2012 读本)》捌拾本。

此据。

领取人：王丽娜
2014 年 8 月 20 日

写作练习

一、基础训练

(一)填空题

1. 经济合同的特点有________、________、________、________和________。

2. 数字 1～10 的汉字大写形式分别是________、________、________、________、________、________、________、________、________、________。

(二)选择题

1. 经济文书的特点有(　　)。

A. 真实性　　B. 权威性　　C. 时效性　　D. 规范性

2. 下列不属于订立合同的原则的是(　　)。

A. 平等　　B. 互利　　C. 协商　　D. 强迫

3. 下列说法错误的是(　　)。

A. 居间合同是居间人向委托人报告订立合同的机会或者提供订立合同的媒介服务，委托人支付报酬时使用的合同。居间人也可以理解为“中介”

B. 无论单位合同还是个人合同，均须写合同编号

C. 标的指合同中权利与义务共同指向的对象

D. 合同的有效期限、份数和保存方式等当事人知道即可，不用写下来

(三)判断题

1. 写作经济合同，要以现行《中华人民共和国合同法》为依据订立合同。　　(　　)

2. 经济合同是一种具有法律约束力的协议，以口头承诺和书面形式都可以。　　(　　)

3. 领到现金后写的领条，数额小写即可。　　(　　)

4. 依法成立的合同，尚未有法律约束力，在生效后才有法律约束力。　　(　　)

5. 意向书表达的是各方共同意向，有法律效力，因此要写入对各方有约束性的条文。　　(　　)

6. 意向书中，和谈的双方都可以向对方承诺上级部门才能决定和职能部门才可解决的问题。　　(　　)

(四)简答题

1. 根据《中华人民共和国合同法》，合同正文一般包括的条款有哪些?

2. 合同中没有标的和违约责任会造成什么不同的后果?

3. 通常情况下，意向书主体部分大致包括哪些内容?

二、写作实训

(一)纠错题

请对以下句中糊糊语言进行判别纠正

1. 经甲方验收，不符合质量标准，乙方应负责任。

2. 交货期限：10 月底左右。

3. 交货地点：××××市机械厂附近。

4. 甲方必须提供一定的场所和必需的营业设备。

5. 卖方承担大部分短途运费。

6. 本合同的有效期，自签订之日起，到合同执行完毕止。

7. 甲方购买乙方苹果约10万公斤，视质量好坏，按市场价结算。

8. 每季度结算一次。

(二)阅读题

下面是一篇病文，请结合所学知识，指出其存在的毛病。

共建合资企业意向书

一、甲、乙两方愿以合资或合作的形式建立合资企业，定名称为××有限公司，地址在中国××市××街××号。建设期为××年，即从××××年至××××年全部建成。双方签订意向书后，即向各有关上级申请批准，批准的时限为×个月，即××××年××月完成。然后办理合资企业开业申请。

二、合资公司经营范围：合资公司从事××产品的生产、研究和开发。新产品在中国国内外市场销售，并进行销售后的技术服务。

合资公司的生产规模：生产初期年产×××吨；正常生产期年产×××吨。

三、合资公司为有限责任公司。合资各方按其在注册资本中的出资额比例分配利润、分担亏损和承担风险。

总投资为××万元，其中注册资本为××万元，贷款为××万元。××部分投资××万元；××部分投资××万元。

甲方投资××万元(以工厂现有厂房、水电设施现有设备等折款投入)，占注册资本的百分之××。乙方投资××(以折美元投入，购买设备)，占注册资本的百分之××。

四、合资公司所需要的机械设备、原材料等物资，应首先在中国购买，如果中国国内不能满足供应的，可以在中国国外购买。

五、合资企业自营出口或委托有关进出口公司代理出口，价格由合资企业定。

六、合资年限为×年，即××××年×月至××××年×月。

七、合资企业其他事宜按《中外合资企业法》有关规定执行。

八、双方在各方上级批准后，再具体协商有关合资事宜。

九、本意向书生效后，甲、乙双方应认真遵守本意向书的规定。任何一方因不执行本意向书规定的义务，对方有向违约一方索取赔偿经济损失的权利。

十、本意向书用中文和×文写成，两种文本具有同等法律效力。

××厂：(甲方)	××××公司：(乙方)
代表：	代表：
××××年×月×日	××××年×月×日

(三)写作题

1. 根据所学知识两人一组(分别扮演甲乙双方)写一份合同，内容自拟。

2. 根据所给材料，写出文中提及的请假条、欠条各一份。

2013年，李力因买房向兴泰建筑公司赵小花借款28.5万元，2016年12月9日(星期五)上午，李力按约定去还借款而不能上班，向单位领导王主任请假半天。当日上午李力如约和赵小花见面，按约定先还13.6万元，余款将于两年内还清，随即李力给赵小花写下欠条。

单元五　职业文书

教学目标

知识目标	能力目标	素质目标
了解职业文书的定义、种类和特点，理解求职信、个人简历等职业文书的相关理论知识	掌握求职信、个人简历等常用职业文书的结构和写法以及写作要求。通过学习与训练，能写出规范的职业文书	增强职业文书写作的规范意识，揣摩例文，模拟写作，提升职业写作的综合素养，提高职场工作的应对能力

教学要求

引导学生认识到学习写作常用职业文书的重要性和实用性，增强学生在日常求职活动中通过职业文书处理事务的意识，指导学生通过理论学习和实践写作相结合的方法，掌握求职信、个人简历写作的基本常识和写作技能，培养学生根据实际需要熟练地撰写职业文书的能力。

模块导读

职业文书是求职者自我推荐的一种文书，在求职竞争过程中应运而生。本单元通过介绍职业文书的定义、种类、特点和对某一文书不同种类的实例示范、讲解写作理论及安排写作练习，帮助学生掌握求职信、个人简介等职业文书的写作技能，使学生具备一定的写作能力。

实例示范 5.1

求职信

尊敬的贵公司领导：

您好！

首先感谢您能抽出宝贵的时间来阅读我的求职信。

我是××师范大学××××学院××××专业 2012 届的应届毕业生。我喜爱教师这份职业并为其投入了大量的精力和热情。

在四年的大学生活中，我勤奋刻苦，力求向上，努力学习基础与专业知识，课余时间积极拓宽自己的知识，并积极参加学校的各种体育活动，尤其热爱篮球。作为正要跨出校门，迈向社会的大学生，我以满腔的热情与信心去迎接这一切。

当今社会需要高质量的复合型人才，因此我时刻注重自身的全面提高，建立合理的知识结构。在学习专业知识的同时，我也努力学习课外知识，提高自身素质。同时，通过课程之外的学习实践活动不仅磨炼了我吃苦耐劳的品质，也很好地锻炼了我的人际交往与社会沟通能力。

四年大学生活的学习和锻炼，给我的仅是初步的经验积累，对于迈向社会是远远不够的。所谓士为知己者死，我相信自己饱满的工作热情以及认真好学的态度完全可以弥补暂时的不足。因此，面对过去，我无怨无悔，来到这里是一种明智的选择；面对现在，我努力拼搏；面对将来，我期待更多的挑战。战胜困难，抓住每一个机遇，相信自己一定会演绎出精彩的一幕。

希望通过我的这封自荐信，能使您对我有一个比较全面深入的了解，我愿意以极大的热情与责任心投入到贵公司的发展建设中去。您的选择是我的期望，给我一次机会还您一份惊喜，期待您的回复。

最后祝贵公司的事业蒸蒸日上，稳步发展！

此致

敬礼！

附件：1. 毕业证书、学位证书复印件各一份

2. 教师资格证书复印件一份

3. 社会实践证明复印件一份

4. 获奖证书复印件三份

求职者：×××

2012年6月16日

实例评析：这封求职信在开篇首先表达了对招聘公司礼貌的问候，之后介绍了自己的基本情况，最后以求职的强烈愿望作为全文的收束，全文结构严谨，表达流畅。

写作知识

模块一　职业文书概述

一、定义

职业文书是人们职业生涯中所涉及应用的文体的总称，是在职业选择、职业变动、职业调整等过程中表达职业意愿所使用的一种特定格式的应用文书。

在当今如此激烈的职业竞争中，让用人单位了解、相信和录用自己，为自己赢得就业机会或发展空间，职业文书写作的好与坏关系重大。职业文书是应用写作的一个重要组成部分。

二、种类

职业文书主要包括求职信(函)、自荐信、应聘信、竞聘辞、推荐信、辞职信(函)等。

三、特点

1. 主动性。面对激烈的竞争，求职者不可坐等别人来找你，要主动出击，向用人单位推荐自己、展示自己。

2. 突出性。职业文书内容不可夸夸其谈，要重点突出，重点介绍自己的才能、成绩、特长和优势。

3. 简明性。单位领导、招聘者工作量大，时间宝贵，不会花大量时间阅读冗长的职业文书，所以职业文书在重点突出、内容完整的情况下，要写得简明扼要，切忌面面俱到。

模块二　职业文书写作

任务一　求 职 信

实例示范 5.2

自 荐 信

××公司人事部：

从报上看到贵公司招聘市场营销员的启事，我衡量了自己的条件，认为比较符合贵公司三个招聘条件的要求，特此写信应聘。

首先，我是一名大专营销专业的毕业生，并已在一个企业做过两年市场营销工作，对市场比较熟悉，有一定的营销经验，如蒙录用，可以比较快地进入工作岗位，省去培训的时间。第二，我虽然快 31 岁了，但我身体比较健壮，生在农村，爬山走路都不会落后于小青年，而且年纪大点，也就比较老练，尤其是做营销，大有大的优点。第三，我有一个孩子，放在乡下由我父母亲照顾，他们一向支持我工作，我丈夫也在城里工作，并有一间租房，因此没有后顾之忧，也不会给企业增添麻烦。

我对每月的工资没有过高的要求，相信只要努力工作，今后企业发展了生意更好了，员工的待遇一定也会提高的。只是有一个要求，遇到节假日最好不要安排加班，让我回去看看孩子，尽几天母亲的责任。

以上情况供你们录用时参考，如蒙聘用，一定努力工作，不负厚望。

附件：1. 个人简历
2. 身份证(复印件)
3. 大专毕业证书

自荐人：×××
××××年×月××日

实例评析：这是一封自荐信。信中介绍了自己各方面的情况，包括年龄、学历、资历、能力以及待遇要求等，目的是让单位全方位了解自己，达到求职目的。这份自荐信内容充实，情况介绍全面，思路清晰，格式规范。

实例示范 5.3

求职信

尊敬的××公司总经理：

首先，为我的冒昧打扰向您表示真诚歉意。在即将毕业之际，我怀着对贵公司的无比信任与仰慕，斗胆投石问路，希望能成为贵公司的一员，为贵公司服务。

我是××职业技术学院计算机软件专业2014级学生，将于今年7月毕业。在学校学习期间，我努力学习各门基础课及专业课，并取得了良好的成绩(见附表)，英语通过四级考试(见附件)。本人不仅能熟练掌握学校所教课程的有关知识，包括VC程序设计、Auto CADR14、Front Page2003、Foxpro2.5、C语言等，而且还自学了PhotoshopCS5、3ds Max2013、Visual Foxpro等，专业能力强，曾获学校计算机软件设计比赛一等奖。

作为新世纪的大学生，我非常注意各方面能力的培养，积极参加社会实践，曾在平安保险做过业务员，在肯德基做过星级训练员，还在××信息有限公司做过网络技师，爱好广泛，有责任感，能吃苦耐劳。

本人期盼能成为贵公司的一员，从事计算机服务等工作。诚然我尚缺乏丰富的工作经验，如果贵公司能给我机会，我会用我的热情、勤奋来弥补，用我的知识、能力来回报贵公司的赏识。

盼望您能给我一次面试的机会。随信附上简历、英语等级证书、获奖证书等。

此致

敬礼!

附件：1. 个人简历
2. 成绩表
3. 英语等级证书(复印件)
4. 荣誉证书(复印件)

×××敬上
2017年3月16日

联系地址：××职业技术学院计算机系软件专业2014级2班
邮　编：××××××
联系电话：×××××××××××
邮　箱：×××××××××@qq.com

实例评析：这是一封求职信。正文开头谦恭有礼，说明“投石问路”的缘由。中间从三部分分别介绍自己的学业情况，重点介绍了自己的学习成绩和自学能力；突出写自己注重参加社会实践，特别自评了自己的爱好、责任感和吃苦耐劳精神；用恳切的言辞表达了自己的求职愿望和决心。求职信在正文结尾处注明将随信附简历、英语等级证书、获奖证书等证明材料，为文中的个人信息提供了佐证。全文情辞恳切，谦恭得体，不卑不亢。

写作知识

一、定义

求职信，也称为自荐信或自荐书，是求职者通过向用人单位介绍自己的个人信息、专业技能等基本情况，从而主动向目标单位推荐自己，以期被用人单位录用的专用求职书信。

二、特点、作用

求职信起到毛遂自荐的作用。好的求职信可以给求职者与用人单位彼此提供信息和交流沟通的机会，可以拉近两者之间的距离，使求职者获得面试机会多一些。

求职信除了具有一般书信的特征之外，还有其自身的特点。具体如下：

1. 推荐性。写作求职信是一种自我推荐的行为。当今社会生活和工作节奏日益加快，要想获得适合自己的职位就要主动宣传自己、推销自己。

2. 针对性。求职信要针对用人单位的不同岗位、不同职务的不同要求来写作。还要针对求职者自己的知识技能、业绩、阅历等情况向用人单位展示自己能力与优势。

3. 指向性。求职者在求职信中必须明确地表述求职意向和愿望，充分阐述自己的能力、特长和优势，以便给用人单位留下较深刻的印象。

4. 独特性。求职就像在过独木桥。要在激烈的竞争中取胜，在众多的求职者中脱颖而出，那就必须要出类拔萃，与众不同。这些都要在求职信中充分表现出来。

三、种类

1. 按求职者的社会成分划分

(1)毕业生求职信。我国每年有几百万的大学毕业生，其中大部分求职都通过求职信的形式进行。

(2)下岗、待业人员求职信。下岗工人、待业人员再就业除进行相应的技能培训之外，还要靠自己向用人单位毛遂自荐，求职信成为他们再就业的一个非常重要的工具。

(3)在岗者求职信。有些已经有工作岗位的人，由于不适应现有的工作岗位，或学无所有，或潜能得不到发挥，或为了谋求更好的职位，用求职信向用人单位推荐自己也是他们常用的方式。

2. 按求职对象的目标划分

(1)应聘信。求职者通过招聘广告等渠道清楚了解用人单位招聘的岗位及相关要求，这时写的求职信应该有针对性地谋求一个明确的目标岗位，这样的求职信其实就是应聘信。

(2)自荐信。这样的求职信是指求职者没有确定的求职单位，求职信是写给所有同类性质的单位，属于投石问路性质的。这样的求职信只能根据自己的专长与技能，凭借用人单位通常的用人标准来进行写作。

四、结构与写法

求职信符合一般书信的写作格式，其在写作结构上一般包括标题、受文单位(称呼)、正文和落款四个部分。

1. 标题

求职信的标题写在首页正中的位置，也可写作“自荐书”或“自荐信”等。

2. 受文单位

受文单位(称呼)写在标题下一行顶格的位置，加冒号结束。可写用人单位的名称或个人姓名。如“××公司”“××大学人事处负责同志”“××女士”等。求职信不同于一般私人书信，受信人未曾见过面，所以称谓要恰当，郑重其事。

3. 正文

求职信正文一般包括开头、主体和结尾三部分。

(1)开头。开头交代求职者的姓名、性别、年龄、学历等个人基本信息，写信的缘由和目的。如果是有明确求职目标的求职信，还可先谈谈自己获得征招信息的途径和应聘的原因。

(2)主体。首先对用人单位的征招内容或者根据自己掌握的用人单位的情况对自己进行介绍，主要是求职者的业绩、业务技能、特长和爱好等，目的是使用人单位意识到你是比较合适的人选之一。这也是求职信的关键所在。其次表达求职者对该工作的喜爱及渴望被录用的愿望，恳请用人单位给自己一次面试或工作机会，如“希望您能为我安排一个与您见面的机会”或“盼望您的答复”或“敬候佳音”之类的语言，并认真地写清楚求职者的通信地址、电话等联系方式。为了更好地证明自己的诚信，应以附件形式向用人单位提供自己的成果、奖励等证明材料的复印件附于信后。

(3)结尾。可用祝词礼貌地表达祝愿和问候，如“此致敬礼”“祝工作顺利”“祝事业发达”。这段属于信的内容的收尾阶段，要适可而止，不要啰唆，不要苛求对方。

4. 落款

求职信的落款在正文的右下方，包括署名和日期，注意要把年月日写完整。

五、写作要求

1. 开门见山表明写作目的。在求职信的开篇，开门见山地写明你对该单位的兴趣及想获得的职位，以及你是如何得知该职位的招聘信息等内容。

2. 推荐自己要实事求是。言简意赅地集中概括说明自荐者的简历、专业、能力和业绩的实际情况，特别要强调这些才能将满足该单位所招聘岗位的需要。

3. 内容要通俗易懂。写作要考虑读者对象的知识背景，不要使用生僻词语、专业术语；不要使用模糊、笼统的字眼；多使用实例、数字等进行具体说明。

模式应用

求职信(标题)

受文单位(组织或个人)：

(以下撰写求职信的正文)

问候＋感谢之词。

介绍求职者的姓名、性别、年龄、学历等个人基本信息。

展示求职者的专业、业绩、特长和爱好。

表达求职者对该工作的喜爱及渴望被录用的愿望。

祝词

附件：(如有，分条列项写)

求职者署名

年　月　日

联 系 人：

联系方式：

邮　　编：

电子邮箱：

任务二　个人简历

实例示范 5.4

个人简历

姓名：王××　　　　性别：男

出生日期：1992 年 12 月 12 日　　　　民族：汉族

籍贯：沈阳市　　　　健康状况：良好　　　　专业：计算机科学与技术

◆知识结构

主修课程：(略)

专业课程：(略)

选修课程：(略)

实习经历：(略)

◆专业技能

接受过全方位的大学基础教育，受到过良好的专业训练和能力的培养，在计算机应用等相关领域有扎实的理论基础和实践经验，有较强的实践能力。

◆外语水平

国家级大学英语六级。

有较强的阅读、写作、口语能力。

◆计算机水平

熟悉计算机及互联网的基本操作，掌握 Fortran、Quick-Basic、C 语言等。

◆主要社会工作

中学：班长，校学生会主席，校足球队队长。

大学：班长，系学生会主席，校足球队队长，学校国旗班班长。

◆兴趣与特长

☆喜爱文体活动，热爱自然科学。

☆小学至中学期间曾进行过专业单簧管训练，校乐团成员，参加过多次重大演出。

☆中学期间，曾是校生物课外活动小组和地理课外活动小组骨干，参加过多次野外实践和室内实践活动。

☆喜爱足球运动，曾担任中学校队、大学系队、校队队长，并率队参加多次比赛，曾获吉林市足球联赛(中学组)“最佳射手”称号，并参加过 98 嘉士伯北京市大学生足球联赛。

◆个人荣誉

中学：×××优秀学生、×××优秀团员、校级三好学生、市级优秀干部、×××英语竞赛三等奖。

大学：校级优秀学生干部、××年度三等奖学金、××年度二等奖学金。

◆主要优点

☆有较强的组织能力、活动策划能力和公关能力，如：在大学期间曾多次领导组织大型体育赛事、文艺演出，并取得良好效果。

☆有较强的语言表达能力，如：小学至今，曾多次作为班、系、校等单位代表在大型活动中发言。

☆有较强的团队精神，如：在同学中有良好的人际关系，在同学中有较高的威信。

◆自我评价：活泼开朗，乐观向上，兴趣广泛，适应力强，勤奋好学，脚踏实地，认真负责，坚毅不拔，吃苦耐劳，勇于迎接新挑战。

◆求职意向：胜任计算机及其相关领域的工作，也可以从事贸易、营销、管理及活动策划、宣传等方面的工作。

实例评析：这篇个人简历结构层次安排合理，内容突出了个人优势，可以看出求职者有较强的专业技能、外语水平和计算机水平，因而求职范围比较广泛，除了专业领域以外，还可以胜任贸易、营销、管理及活动策划、宣传等方面的工作。语言精练，形式简洁。

实例示范 5.5

个人简历

姓名	王××	性别	男
民族	蒙古族	出生年月	1992 年 6 月
学历	本科	所学专业	土木工程
籍贯	辽宁省沈阳市	现居住地	呼和浩特市
婚姻状况	未婚	身高	182 cm
身份证	1501××××××××××××××	联系电话	139××××××××
E-mail	××××××@qq. com	毕业时间	2014. 7
毕业院校	江苏省××大学		
家庭所在地	内蒙古呼和浩特市新城区腾飞北路××号		
简　历	何年何月起至何年何月止	在何地学习、工作(或实习)	
	××××年 9 月—××××年 7 月	在呼和浩特市××中学读高中	
	××××年 9 月—××××年 7 月	在江苏省××大学读大学	
	××××年 7 月—××××年 8 月	在江苏省××市××投资有限公司实习	
自我评价	1. 本人兴趣广泛，善于沟通，勤于思考，表达能力强，适应能力强，能吃苦，有耐心，灵活变通，有责任心，团队意识强烈。 2. 在校期间注重自身素质的全方面发展，主修了管理类、土木工程类、房地产估价、营销、开发等各方面的课程及学校的实践课程，参加了项目策划、市调技巧方式和销售技巧方式等培训课程，学习成绩良好，荣获学校“社会实践奖”“学习进步奖”“学习优秀奖”和“优秀学员”奖。 3. 大学四年担任班级生活委员，工作认真负责，能很好地完成学校上级布置的任务，并且积极参与学校组织的各项活动，包括科研立项(××市廉租房住房保障制度的实施情况调查)，江苏省大学生暑期实践等，并获得了令人满意的成果。		
求职意向	我期望在内蒙古呼和浩特市一个房地产开发公司寻求管理、策划和销售职务。		

实例评析：这一表格式个人简历首先从个人资料角度对自己的主要情况进行了介绍，再从个人的性格特点、在校学习情况、在校社会实践和个人荣誉及实践内容情况分三点进行阐述，之后对求职意向进行了简单清楚的描述。全文简明扼要，可以使招聘人员快速了解求职者的基本情况和求职意愿，体现了个人简历的特点。

实例示范 5.6

个人简历

姓　名：丁××　　　　　　　　　　　政治面貌：团员

出　生：1992 年 10 月 2 日　　　　　民　族：回族

性　别：男　　　　　　　　　　　　联系电话：1××××××××××

学　历：本科　　　　　　　　　　　所学专业：项目管理

邮箱：××××××@qq. com

现居地址：西安市西北工业大学长安校区星天苑 F 座

教育背景：(略)

主修课程：(略)

本科阶段主修：管理学、运筹学、系统工程、工程力学、项目管理概论、项目计划与控制、项目融资与费用管理、质量管理、项目人力资源管理、研发项目管理、国防项目管理、投资项目管理、合同管理、项目风险管理、管理信息系统、宏观经济学、微观经济学、会计学和财务成本管理。

核心能力及特长：

1. 在学生会体健部担任部长期间，多次组织我校各项传统体育赛事，如三航杯、新生杯以及校、院级运动会等，具备良好组织协调能力，能以高度的积极性和精神面貌完成上级交派的任务。

2. 2011 年 9 月至今，曾多次参加班级团日活动、院学生会的联谊活动，编排并出演话剧、相声、小品、舞台短剧等语言类节目，多次参加校迎新晚会的编排，随校话剧社参加西安市内的话剧比赛，舞台经验丰富，具备良好的公众宣讲以及语言表达能力，同时拥有出众的抗压能力。

3. 十分擅长篮球、羽毛球运动，身体素质出众。

实习经历：(略)

实例评析：这篇个人简历结构层次安排合理，内容突出了个人核心能力及特长优势，语言精练，形式简洁，但缺少求职意向。

写作知识

一、定义

个人简历，也称为简历，是求职者给招聘单位发的一份简要介绍，包括：个人基本情况、履历、能力和特长、求职意向、联系方式等基本要素。

二、特点、作用

简历是一份关于求职或应聘的个人情况简介，以达到求职或应聘的目的。

简历的特点有以下几点：

1. 真实性。简历必须客观真实地叙述个人学习经历、实践或工作经历等情况，任何编造都可能给求职或应聘造成难以预料的不良后果。

2. 针对性。写作简历时可以事先结合职业规划确定出自己的求职目标，做出有针对性的版本，从而对不同用人单位进行求职递送简历，这样做往往更容易得到领导的认可。

3. 价值性。简历的内容应尽量精练，把最有价值的内容放在简历中，使用语言讲究平实、客观和精练。简历中需要提供能够证明自己工作业绩的量化数据，同时能够提供职业含金量的成功经历。

4. 条理性。将用人单位可能雇佣你的理由用自己的经历有条理地表达出来，重点的内容有：个人基本资料、工作经历(职责和业绩)、教育与培训经历，职业目标、核心技能、背景概述、语言与计算机能力以及奖励和荣誉信息等。

5. 简要性。顾名思义，简历就是简要、简洁地介绍个人的基本情况、学习经历等相关情况。

三、种类

按写作方式分，简历可分为表格式简历、文字式简历和文字表格综合式简历。学生求职通常选用表格式简历。

四、结构与写法

个人简历在写作结构上包括标题、个人简介、学习经历、工作经历、求职意向、证明材料、联系方式。

1. 标题

标题一般直接写"个人简历""简历""求职简历"或在简历之前加姓名和称谓。

2. 个人简介

个人简介部分一般是个人基本情况的介绍，包括姓名、性别、出生日期、民族、政治面貌、婚姻状况、身体状况、专业、学历、毕业院校和毕业时间等相关情况。

3. 学习经历

学习经历即受教育履历，按照时间顺序将个人从高中至所获最高学历阶段学习经历罗列出来，包括就读学校及其专业。

4. 学习课程

学习课程即主要学习课程及其成绩。可将详细成绩单作为附件。

5. 工作(实习/实践)经历

通过叙述实习、实践或者工作经历，如社团工作实习、社会实践、志愿者活动等，突出个人主要才能、成果、经验等方面的内容。

6. 个人荣誉

一般按时间顺序如实列出个人所获得的各种获奖项目、等级或名次情况。相关职业技能证书可作为附件。

7. 求职意向

表明应聘到什么样的单位和岗位，想做什么工作及相关要求。

8. 联系方式

联系方式即写明电话号码、E-mail、QQ、详细通信地址、邮政编码等。简历通常有一个封面，包括标题、姓名、毕业学校、专业名称、联系电话等。封面中通联方式必须和内文中一致。

五、写作要求

1. 实事求是，切忌凭空杜撰。

2. 突出亮点。多表述自己的优点和长处，并注重适当自我评价。

3. 针对性强。注意介绍与自己谋求的职位相关的学习课程、专业知识和个人特长。可以在简历前置一封求职函。

4. 注意装帧，图文美观。各证书应附复印件，并附上自己的免冠近照。

模式应用

个人简历

个人简介(包括姓名、性别、出生日期、民族、政治面貌、婚姻状况、身体状况、专业、学历、毕业院校和毕业时间、联系方式、电子邮箱等相关情况。)

学习经历(按照时间顺序将个人从高中至所获最高学历阶段学习经历罗列出来，包括就读学校及其专业。)

学习课程(主要学习课程及其成绩。可将详细成绩单作为附件。)

工作(实习/实践)经历

个人荣誉(按时间顺序如实列出个人所获得的各种获奖项目、等级或名次情况。)

求职意向(表明想要应聘到什么样的单位和岗位，想做什么工作及相关要求。)

联系方式

附件：相关证明材料

模块小结

通过各种职业文书，求职者可表达自己对岗位的理解，对工作的思考，对生活的信心。职业文书写得好坏，直接关系到求职者求职的成败。一份好的个人简历或求职信，就是一个好的求职开始；一次好的竞聘讲演，就有可能有一份好的工作岗位。作为当代大学生，在求职竞争激烈的当今社会，掌握职业文书的结构和写作方法，是提升个人发展空间的必要手段。

知识拓展

竞聘辞

一、定义

竞聘辞，也称为竞选辞、竞聘演讲稿，或竞聘演说稿。它是竞聘者为了竞争某岗位或职位，向领导和听众展示自己具有足够条件、优势的演讲稿。

二、特点

竞聘辞是职业文书的一种，具备以下几个特点：

1. 目的的明确性。这是竞聘辞区别于其他演讲辞的主要特征，写作时要说明自己所要竞聘的岗位目标。

2. 内容的竞争性。写作时要表达出胜任该岗位的优势，有时甚至要化劣为优。

3. 主体的集中性。表达的意思单一，重点突出。

4. 材料的实用性。所选的材料既是符合实际的，又是对自己竞争有利的，也就是无论讲自己所具备的条件还是谈任职后的“构想”，都要从“自我”出发、从实际情况出发。

5. 措施的条理性。在讲措施时，条理要清楚，主次要分明。

三、结构与写法

竞聘辞在写作结构上与演讲稿大致相同，只是在写法上还必须突出竞聘者自身的特点——应聘条件。这里说的应聘条件，包括个人的主观条件和竞聘者提出来的未来任期的目标、施政构想、措施方略等。因此，结构是由标题、称谓和正文三部分组成的。

1. 标题

有三种写法：一是文种标题法，只写“竞聘辞”；二是公文标题法，由竞聘人和文种构成或由竞聘职务和文种构成，如“关于竞聘学院学生会主席的竞聘辞”；三是文章标题法，可以采用单行标题拟制，也可以采用正副标题的形式，如“明明白白做人，实实在在做事——竞聘学生会秘书长的竞聘辞”。

2. 称谓

称谓是对评委或听众的称呼，一般用“各位评委”“各位听众”，如果听众大多是年轻人、同龄人，可用“亲爱的同学们”“亲爱的朋友们”等。

3. 正文

正文内容的写作一般分为五个步骤：

第一步，开门见山讲自己所竞聘的职务和竞聘的缘由。

第二步，简洁地介绍自己的姓名、年龄、政治面貌、学历、现任职务等一些个人基本状况。

第三步，摆出自己优于他人的竞聘条件，如政治素质、业务水平、工作能力等。

第四步，提出假设自己任职后的措施。这部分内容是全文的重点，应该讲得具体详细，切实可行。

第五步，用最简洁的话语表明自己的决心和请求。

四、写作要求

1. 实事求是。竞聘者应实事求是，言行一致。每介绍一段经历、一项业绩都必须客观实在，不能含含糊糊，模棱两可。

2. 调查研究。竞聘是针对某岗位而展开的，因此，写作前必须充分了解该岗位的实际情况，力争找到解决问题的最佳途径，以便战胜对手。

3. 谦虚礼貌。竞聘者在写作上要讲究语言分寸，表述既要生动，有风采，打动人心，同时又要谦虚诚恳，情感真挚，注重礼仪。

4. 自我推销。撰写竞聘辞时应注意自我推销的艺术，切忌为了竞争而贬低对手，应遵循“唯真唯实，感人肺腑，具体可信，深入人心”的原则。

5. 语言精练。语言精练有力。用最简短的语言表达最丰富的内容，抓住重点、要点，清晰地阐述道理，用最朴实的语言解决最根本的问题。

五、实例示范

扬起自信的风帆

——在远帆文学社竞选大会上的演讲

许××

尊敬的各位评委、亲爱的同学们：

我来自高三文科班，拥有一个很大气的名字——许××，今天，我决心竞选远帆文学社社长一职。对此，我有足够的自信。

首先，我的文学成绩虽不十分出色，但也有一定的影响：发表了数十篇文章，荣获过多项大奖。记得《中学生大观察报》常务总编在给我的信中深情地写道："你有良好的天赋，用心去写，去亲近、感悟文字吧！"其次，我做过两年《大校园》学生记者，迄今仍被多家媒体聘为记者和会员，有一定的采访、办刊经验，如竞选顺利，我将是轻车熟路，较别人更容易进入社长的角色。再次，我和全国各地的一些校园刊物、文学社团都有固定的联系。我将充分利用这一得天独厚的条件，扩大我社影响，提高我社知名度。最后，也是最重要的，那就是我的激情，我的热忱。两年的创作实践，无论是学习，还是做人处事，都使我成熟了许多。期间经历的挫折和打击，反而更坚定了我对文学的热爱。我在《书剑如梦》一文中曾这样写道："今生，无论何时何地，注定要以笔为剑，做着行侠仗义、笑傲红尘的美梦。"这，是我一生不灭的追求。

在这充满竞争、洋溢着青春朝气的大舞台上，大家机会均等，但能力各有千秋，阐述的理由也各有特色。对于文学社具体工作的展开，我有一份详细的计划，在此我不想过多的赘述，因为这只是写在纸上、说在口上的。如果我竞选社长成功，我将在老师的指导下开展工作，团结文学社全体成员和全校师生一道为我校的精神文明建设增光添彩，奉献给大家的必定是美好的现实。

滚烫的宣言高高升作远航的风帆，搏击风浪、自信地飞扬在宏阔的蓝天下，我们是一队年轻的船，远航，拒绝靠岸！谢谢大家！

实例评析：这是一篇竞聘辞。这篇竞聘辞条理清楚，结构完整，较好地突出了竞聘者的个人优势。

写作练习

一、基础训练

（一）填空题

1. 求职信，也称为________，是求职者通过向用人单位介绍自己的个人信息、专业技能等基本情况从而主动向目标单位推荐自己，以期被用人单位录用的专用求职书信。

2. 个人简历首先需要遵循的原则就是________。

（二）选择题

1. 求职信的特点是（　　）。

A. 自我推荐性　　B. 指向明确　　C. 内容真实　　D. 言简意赅

2. 个人简历的特点是（　　）。

A. 真实性　　B. 针对性　　C. 价值性　　D. 条理性

（三）判断题

1. 求职信，也称自荐信或自荐书，是求职者通过向用人单位介绍自己的个人资料、专业技能等基本情况从而主动向目标单位推荐自己，以期被用人单位录用的事务文书。（　　）

2. 个人简历在写作结构上包括标题、个人简介、学习经历、工作经历、求职意向、证明材料、联系方式。（　　）

3. 目的的明确性是竞聘辞区别于其他演讲辞的主要特征。（　　）

（四）简答题

1. 求职信的作用和特点有哪些？

2. 简历的写作要求是什么？

3. 简述演讲稿和竞聘辞的区别。

二、写作实训

（一）纠错题

1. 阅读下面这封求职信，指出其不足。

求职信

××公司董事长：

打扰了。

贵公司是闻名遐迩的中外合资企业，董事长知人善用，我慕名已久。当看到贵公司的“招聘启事”，更鼓舞了我的信心，我渴望能为贵公司服务，为董事长效力。

本人在校学习期间，注重思想品德修养，严格要求自己，积极参加社会实践活动，学习成绩优秀，3次获得优秀学生奖学金。我系统学习过企业管理、工业管理、商业管理、旅游管理、营销管理、市场调查、秘书学、市场学公关实务、公文处理等课程，热爱写作，熟悉公文处理知识。学习过电脑操作技术，能适应现代化办公的工作需要。

本人性格开朗，热情诚实，通晓英语，去年已通过国家四级英语考试。我爱好广泛，喜欢文娱、体育活动，多次参加文艺演出，曾获省大学生征文比赛三等奖；代表学校参加省大学生演讲比赛获得优秀奖。我历任副班长、团支部委员、学生会宣传部长等职。我工作热情肯干，作风深入，还利用假期搞社会调查和兼职工作，积累了一些社会工作经验。我特别喜欢文秘和宣传工作。有多篇文章在《××日报》《××周刊》《××文选》《××文萃》等报纸、杂志上发表。我是本市户口，未婚，无负担，如被贵公司录用即可上班。在公司的栽培下，我一定会做好工作。敬请函告或电话约见，谨候回音。

应聘人：×××

××××年×月×日

2. 阅读下面个人简历，指出其不足。

个人简历

姓　名：章××

联系地址：内蒙古呼和浩特新城区××街道××小区3号楼东单元303室

联系电话：×××××××××××

求职目标：经营部、销售部、公关部、管理部

资格能力：毕业于××财经大学商业管理学院，获学士学位。选修课程有：企业管理、消费者行为和计算机原理与应用等。在校期间学习成绩一直很优秀，撰写毕业论文曾受到奖励，并在全国多家报刊上发表。

工作经历：××××年×月至××××年×月在××房地产开发有限责任公司负责××小区商品楼的营销及有关管理工作。

社会活动：求学期间曾担任××协会主席，曾在××营销管理理论论坛上代表协会发表演讲，并在该论坛××××年××月举行的会议上当选为年度“明日之星”。

其他情况：19××年生，未婚，能熟练运用各种现代办公设备，英语会话能力强，但书写能力稍差。爱好游泳、摄影、打网球。

(二)阅读题

1. 阅读下列材料，回答问题。

下面的竞聘辞你认为写得怎么样？怎样写使它效果更好？

同志们，假如我有幸成为你们的厂长，你们一定会问：“你能为我们做些什么？对企业有些什么样的改革措施?”恕我直言，我无力为你们迅速带来财富，提高你们的工资，增加你们的奖金。至于改革的具体方案和措施，我也无可奉告……

2. 试比较下列三种结尾，哪一种最好？为什么？

(1)“我的演讲完了，谢谢。”

(2)“最后，让我再次感谢领导给我这个难得的竞聘机会，感谢各位评委和在座的所有听众对我的支持和鼓励。”

(3)“今天，天气这么冷，大家还都来捧场，这使我非常感动。无论我竞聘是否成功，我都要向各位领导、评委和在座的朋友们表示深深的谢意!”

(三)写作题

1. 依据个人当前情况，向某企业写一封求职信。

2. 假定你今年毕业，请为自己写一份个人简历。

单元六　常用建筑工程文书

教学目标

知识目标	能力目标	素质目标
了解建筑工程文书的定义、种类和特点，理解招标书、投标书、实验报告、实习报告、设计说明书、广告文案、毕业论文和毕业答辩的定义、特点、作用及其写作基础知识	掌握招标书、投标书、实验报告、实习报告、设计说明书、广告文案、毕业论文和毕业答辩等建筑工程文书的结构要素和写作要求，能够写出规范的建筑工程文书	增强建筑工程文书写作的规范意识，揣摩例文，模拟写作，提升职业写作的综合素养，提高职场工作的应对能力

教学要求

引导学生认识到学习写作建筑工程文书的重要性和实用性；增强学生在建筑工程领域中通过建筑工程文书处理事务的意识，指导学生通过理论学习和实践写作相结合的方法，掌握招标书、投标书、实验报告、实习报告、设计说明书、广告文案、毕业论文和毕业答辩的写作技能，培养学生根据实际需要熟练地撰写常用建筑工程文书的能力。

模块导读

建筑工程文书是应用文书的一个分支，属于专业应用文书。任何建筑工程文书都不是有感而发，而是为事而作，以求解决实际问题。本单元通过介绍建筑工程文书的定义、种类、特点和对某一文书不同种类的实例示范、讲解写作理论及安排写作练习，帮助学生掌握招标书、投标书、实验报告、实习报告、设计说明书、广告文案、毕业论文和毕业答辩等建筑工程文书的写作技能，使学生具备一定的写作能力。

模块一　建筑工程文书写作概述

一、定义

建筑工程文书是建筑工程建设中不可缺少的一项关键工作，是建筑管理单位和建筑企业在处理建筑领域事务时，用来沟通信息、指导工作、规范行为的有一定规范格式的工程建设实务的各种文件和记录。

二、种类

1. 工程施工前期应用文

招标书、投标书、合同文书、企事业资信调查报告。

2. 工程施工中期应用文

报审表、工程申请书、实验报告、记录文件、交底文件、工程变更单。

3. 工程施工后期应用文

报验单、实习报告、总结。

三、特点

1. 目的性。目的性是指写作活动具有明确的社会目的，体现作者的主观意图。

2. 针对性。建筑工程文书的写作对象直接、明确，有很强的针对性。

3. 时效性。写作建筑工程文书是为了解决工程建设实际问题，所以对时间性、效率性有较高的要求。

4. 规范性。规范性包括写作内容的科学、合理和文书格式的统一、规范。

模块二　建筑工程文书写作

任务一　招标书、投标书

实例示范 6.1

××大学三期工程建设项目建筑设计方案招标书

为了改善教学环境，更快、更好地建成××大学的三期工程建设项目，经××省发改委批准，××大学对三期工程建设项目建筑设计方案进行招标。

一、项目基本情况

1. 项目分三个标段

(1)学生食堂；

(2)学生宿舍；

(3)教学楼。

2. 项目性质：公用事业项目。

3. 项目批准文号：××××。

4. 项目地点：××大学新校区。

5. 项目规模：

(1)学生食堂建设面积为××平方米；

(2)学生宿舍建设面积为××平方米；

(3)教学楼建设面积为××平方米。

6. 总投资：约××万元；其中：学生食堂投资约××万元；学生宿舍投资约××万元；教学楼投资约××万元。

7. 建设周期：××××年×月至××××年×月。

二、投标人能力和资质要求

1. 具备独立法人资格。

2. 具备行政主管部门颁发的有效营业执照、资格证书、安全许可证、组织机构代码证、税务登记证等证书。

3. 具有同类工程施工业绩和经验。

4. 具有良好的企业信誉。

5. 具有市政公用工程三级(含)以上资质。

6. 项目经理具备专业二级注册建造师或专业二级建造师临时执业证书及安全考核合格证书。

三、投标报名

1. 招标文件的获取

(1)网上下载

网站：××采购与招标网

(2)前来领取

××大学新校区基建处

联系人：张××、李××

电话：××××

2. 报名时间：××××年×月×日至××××年×月×日

3. 投标文件的递送方式

(1)将加盖企业及法人印章的文件快递寄送；地址：××，邮编：××

(2)将加盖企业及法人印章的文件直接递交；地址：××

(3)将加盖企业及法人印章的文件传真；传真号码：××××

四、开标、评标时间及方式

1. 开标时间：××××年×月×日

2. 评标结束时间：××××年×月×日

3. 开标、评标方式：建设单位邀请建设主管部门、建设银行、公证处及投标方参加公开开标、审查证书，采取集体评议的方式进行评标、定标工作。

4. 中标依据及通知：(略)

五、其他事项

招标单位：××××(公章)

通信地址：××××

邮编：××××

电话：××××

电传：××××

联系人：××××

××大学(公章)

××××年×月×日

实例评析：这份招标书要素齐备，格式规范。标题完整；正文包括前言、主体、结尾三个部分，前言部分说明招标的目的和依据，主体部分依次说明项目的基本情况、投标人的资质要求、投标报名的方式、开标、评标的时间及方式，最后结尾注明了招标单位的名称、通信地址、邮编、电话、电传、联系人等信息。全文采用分条列项的方式，内容清晰。

写作知识

一、招标书

(一)定义

招标书，即招标通知、招标说明书，是招标单位采取竞争、招标的方式选择工程建设承包者或大宗物品供应者的告知性文书。

(二)特点、作用

招标书是说明需要招标的项目的具体情况、要求以及投标人的资质条件、评标原则及办法、投标书如何制作、中标后合同格式等内容的文书，并提供统一格式的表格以利于投标。

招标书的特点有以下几点：

1. 竞争性。招标书是招标者通过竞争，择优选择投标者的一种文书。

2. 公开性。招标单位的整个招标过程都是公开的，并受公证机关等有关单位的监督。

3. 时效性。招标书一般都要求在规定的时间内得到结果。

4. 简明性。招标书对项目的有关情况必须写得既全面具体，又简洁明了，表述要做到直截了当、通俗易懂。

(三)结构与写法

招标书在写作结构上一般包括封面、标题、正文和结尾四部分。

1. 封面

封面包括项目名称、项目招标负责人、招标文件编制人员、招标人、招标代理机构资格证书编号、招标时间。

2. 标题

(1)完整式标题：招标单位名称＋招标内容＋文种，如《××大学三期建设工程招标书》。

(2)省略式标题：招标单位名称＋文种，如《××公司招标书》；招标内容＋文种，如《内部装饰工程招标书》；文种，如《招标书》。

3. 正文

(1)前言：应写清招标的项目名称、依据、目的、范围。

(2)主体：写明招标项目的基本情况、招标的方式、招标的程序、合同规则、质量要求、承包的方式、费用支付办法、投标要求、投标截止时间及开标的时间、地点、评标的方式、中标的相关事宜等。

4. 结尾

详细地写清楚招标单位的名称、法人代表、通信地址、邮编、电话、电传、联系人等，签署日期并加盖公章。

(四)写作要求

1. 内容严谨合法。招标书具有一定法律效力，所以内容要符合国家相关的法律、法规，有关质量标准要符合国家标准。

2. 语言简明准确。语言简明，不啰唆，用词准确，无歧义。

模式应用

招 标 书

招标书封面

________________(项目名称)________________标段施工招标

招标文件

项目招标负责人：________________________________

招标文件编制人员(按章节)：________________________

招标人：______________________________(盖单位章)

招标代理机构：__________________________(盖单位章)

招标代理机构资格证书编号：________________________

________年____月____日

招标书内容

××公司××建设工程招标书(标题) (正文) 为了__目的__，经________批准，__招标单位__对__招标内容__进行招标。(前言) 一、招标项目的概况与招标范围 二、投标人的资格要求 三、招标文件的获取 四、投标文件的递送 五、发布公告的时间、地点(主体) 招标单位：____________________ 通信地址：____________________ 邮　　编：____________________ 电　　话：____________________ 电　　传：____________________ 联 系 人：__________________(结尾) (落款) 招标单位全称(印章) ××××年×月×日(阿拉伯数字书写)

实例示范 6.2

××工程投标书

××市××局：

根据××市××局××工程招标管理处，××××年×月×日发布的《××市××局××工程招标书》的相关要求，我公司具备承包施工条件，决定对该工程进行投标，具体说明如下：

一、综合说明

承包公司概况：(略)

工程概况：(略)

二、工程标价

预算总造价为××万元。(详见报价表)

三、建设工期

开工日期：××年×月×日

竣工日期：××年×月×日

总工期：××天

四、施工措施

1. 计划控制。(略)

2. 质量保证。加强质量管理，严格操作流程，建立各分项工程的监控系统，加强检查验收。

3. 安全生产。加强安全检查监督。

五、建议

建议招标单位对施工予以配合，施工中如出现意外问题，双方应协商处理。

投标单位：××公司(公章)

负责人：×××

电话：××××××

附件：1. ×××

2. ×××

××××年×月×日

实例评析：这份投标书结构完整，条理清晰，格式规范。标题省略了招标单位名称；正文由前言、主体、结尾三部分组成，前言部分交代了投标的依据，主体部分分别介绍了公司的基本情况、工程的标价、建设工期、施工措施和建议；结尾处注明投标单位、负责人和电话。

二、投标书

(一)定义

投标书，即标书、标函，是指投标单位按照招标单位提出的要求和条件，在规定的时间和地点向招标单位递交的表达自己投标意向的文书。

投标书是与招标书相对应的，是为参加招标活动而写的文字材料。

(二)特点、作用

投标书是整个招标投标过程中最重要的一环。标书必须表达出投标单位的全部意愿，不能有疏漏。招标书是投标商编制投标书的依据，投标书必须对招标书的实质性的内容进行响应。

投标书的特点有以下几点：

1. 针对性。为了达到中标的目的，投标书的内容应针对招标书的内容来写作。

2. 竞争性。投标的过程就是竞争的过程，所以，投标书要充分展示自己的实力。

(三)结构与写法

投标书在写作结构上一般包括封面、标题、主送单位、正文、附件五部分。

1. 封面

封面包括投标项目名称、投标单位名称、法人代表姓名、投送时间。

2. 标题

(1)完整式标题：投标单位名称＋投标内容＋文种，如《××建筑公司三期建设工程投标书》。

(2)省略式标题：投标单位名称＋文种，如《××公司投标书》；投标内容＋文种，如《教学用多媒体设备投标书》；文种，如《投标书》。

3. 主送单位

投标书的主送单位即招标单位，顶格写招标单位的名称，后加冒号。

4. 正文

正文部分内容按照招标单位的具体要求编写。一般包括投标单位的基本情况简介，实施标的的具体措施，承诺的合同条款等。不同类型的投标书的正文内容不完全相同。

5. 附件

附件是项目内容的具体说明材料，包括：工程量清单或工程主要部分分项标价明细表；主要材料、设备标价明细表等。

(四)写作要求

1. 实事求是。投标单位要实事求是地撰写投标书，不可弄虚作假。

2. 内容翔实，条理清晰。需要具体说明的内容，一定要翔实，但条理必须清晰，一目了然。

模式应用

投 标 书

投标书封面

投　标　书 投标项目名称：×××××× 投标单位名称：×××××× 法人代表姓名：××× 投送时间：××××年×月×日

投标书内容

×××公司×××××项目的投标书(标题)

招标单位名称：(主送单位)

(正文)

根据××工程招标管理处，××××年×月×日发布的《××公司××工程招标书》的相关要求，我公司具备承包施工条件，决定对该工程进行投标，具体说明如下：

一、投标单位的基本情况

(略)

二、实施投标的具体措施

(略)

三、其他内容

(略)

兹报送××××项目投标书一份，请审核。

附件：(略)

投标单位：____________(盖章)
负　责　人：____________(盖章)
投标日期：××××年×月×日

投标书附件内容

<table>
<tr><td colspan="2" rowspan="3">投标工程</td><td>工程名称</td><td colspan="2"></td><td colspan="2">建筑面积</td><td></td></tr>
<tr><td>建筑地点</td><td colspan="2"></td><td colspan="2">结构类别</td><td></td></tr>
<tr><td>工程内容</td><td colspan="2"></td><td colspan="2">设计图号</td><td></td></tr>
<tr><td colspan="2" rowspan="6">标价</td><td>总造价</td><td colspan="5"></td></tr>
<tr><td>直接费</td><td colspan="5"></td></tr>
<tr><td>施工管理费</td><td colspan="5"></td></tr>
<tr><td>独立费</td><td colspan="5"></td></tr>
<tr><td>其他</td><td colspan="5"></td></tr>
<tr><td>材料差价</td><td colspan="5"></td></tr>
<tr><td>开竣工日期</td><td>开工</td><td colspan="2">年　月　日</td><td colspan="2">竣工</td><td colspan="2">年　月　日</td></tr>
<tr><td colspan="2">工程质量达到标准</td><td colspan="6"></td></tr>
<tr><td colspan="2">工程质量达到标准措施</td><td colspan="6"></td></tr>
<tr><td colspan="2">主要材料</td><td colspan="6"></td></tr>
<tr><td colspan="2">钢材</td><td colspan="6"></td></tr>
<tr><td colspan="2">木材</td><td colspan="6"></td></tr>
<tr><td colspan="2">水泥</td><td colspan="6"></td></tr>
<tr><td colspan="2">玻璃</td><td colspan="6"></td></tr>
<tr><td colspan="2">沥青</td><td colspan="6"></td></tr>
<tr><td colspan="2">说明</td><td colspan="6"></td></tr>
</table>

模块小结

投标、招标是相对应的，先有招标，后有投标。投标书是围绕招标书的实质性内容展开的。两者密不可分。

知识拓展

评标报告

一、定义

评标报告是评标委员会完成评标后，根据全体评标成员签字的原始评标记录和评标结果编写的报告。

评标委员会完成评标后应当向招标人提出书面评标报告，并抄送有关行政监督部门。

二、结构与写法

1. 标题：项目名称＋文种

2. 正文

(1)基本情况和数据。

(2)评标委员会成员组成情况。

(3)开标情况记录。

(4)符合要求的投标一览表。

(5)投标人废标情况说明。

(6)评标细则。

(7)经评审的评分比较一览表。

(8)经评审的投标人排序。

(9)评标结果和推荐的中标候选人。

(10)其他需说明的事项，包括附表(评标委员会名单、综合得分排序表等)。

3. 落款：评标委员会名称＋日期

三、实例示范

呼和浩特市××银行
××支行、××支行装修工程
施工招标评标报告

呼和浩特市××银行××支行、××支行装修工程施工招标于2016年04月××日开标、评标，已按序推荐出中标候选人，招标工作已基本结束，现将该工程招标评标的主要情况报告如下：

一、工程概况

呼和浩特市××银行××支行、××支行装修工程，建设地点分别在呼和浩特市南二环和锡林南路交汇处、呼和浩特市北二环和兴安北路交汇处，装修面积分别为502 m^2 和 467 m^2。招标范围为图纸范围内所有的土建及安装工程(以招标人所发工程量清单为准)。

二、工程招标情况

内蒙古××招标代理有限公司受呼和浩特市××有限公司委托，代理呼和浩特市××银行××支行、××支行装修工程施工进行公开招标。2016 年 04 月××日至 04 月××日向投标人发售了招标文件。在各投标人自行踏勘现场的基础上，招标代理机构于 2016 年 04 月××日下午 3：00 组织各投标人进行了标前答疑。开标会议于 2016 年 05 月×日上午9：30在呼和浩特市新城区××大厦五楼会议室举行。

三、开标情况

开标会议由内蒙古××招标代理有限公司主持，招标人代表、监督部门代表、招标代理机构及投标单位代表等人员参加了会议。

在投标截止时间内，共有内蒙古××建筑安装有限责任公司、内蒙古乌兰察布市××建筑安装有限公司、内蒙古乌海市建筑安装有限公司 3 个投标人递交了投标文件。投标人的投标文件经各投标人代表交叉检查密封情况并签字确认后，由招标代理机构的工作人员当场开封。唱标人对各有效投标文件的报价和工期进行了唱标，并由各投标人代表签字确认。

四、评标委员会

评标委员会由 5 人组成，其中招标人代表 1 名，其余 4 名评标专家于 2016 年 05 月××日上午 9：30 在××评标专家库中随机抽取。

五、评标方法

评标办法：根据中华人民共和国国家发展计划委员会等第 12 号令《评标委员会和评标办法暂行规定》(2013 年 4 月修订)，本工程不设标底，采用经评审的最低投标价法(即先评技术标，且评标委员会无需对投标文件的技术部分进行评分。只需通过符合性审查和招标文件提出的所有实质性要求，都可以进入商务标的评审。商务标评审，按投标报价的高低对投标报价进行排序，从最低价评起。经评审的最低合理报价的投标人为中标候选人第一名)。

六、评标情况(详见评标情况附表)

评标时，招标人代表首先介绍工程情况、特点，评标委员会主任宣读评标纪律。各评标专家在熟悉招标文件和评标方法的基础上，对各投标文件进行评审。

1. 符合性审查

对开标时有效的各投标人递交的投标文件进行符合性审查。

2. 详评

(1)技术标评审：评标委员会成员按招标文件规定对通过审查后的各投标人编制技术标进行符合性评审。

(2)商务标评审：评标委员会成员对通过符合性审查后的各招标人编制的商务标进行详细评审。

七、评标结果

经过技术标符合性审查和商务标详细评审后，推荐的中标候选人：

第一候选人为：内蒙古××建筑安装有限责任公司　得分：(略)

第二候选人为：内蒙古乌兰察布市××建筑安装有限公司　得分：(略)

第三候选人为：内蒙古乌海市建筑安装有限公司　得分：(略)

评标委员会主任委员(签字)：

评标委员会成员(签字)：

监督：

附件：1. 开标情况记录

2. 投标一览表

3. 评标细则

4. 评分比较一览表

5. 综合得分排序表

2016 年 5 月××日

写作练习

一、基础训练

(一)填空题

1. 招标书的完整式标题通常由________、________和________三部分组成。
2. 招标书的特点有________、________、________和________。
3. 投标书的结构包括________、________、________、________和________。
4. 招标、投标，是国际上广泛使用的一种________。

(二)选择题

1. 招标书标题的写法有(　　)种。

A. 1　　B. 2　　C. 3　　D. 4

2. 投标书的结构包括(　　)。

A. 封面、正文、附件　　B. 封面、标题、正文和结尾

C. 封面、标题、正文　　D. 封面、标题、主送单位、正文和附件

3. 投标书的特点有(　　)。

A. 效益性、科学性　　B. 针对性、竞争性

C. 针对性、知识性　　D. 知识性、效益性

(三)判断题

1. 招标书即招标说明书。　(　　)
2. 招标书的主体应写清招标的项目名称、依据、目的、范围。　(　　)
3. 投标书是以中标为目的的。　(　　)

(四)简答题

1. 招标书、投标书的写作要求分别是什么?

2. 招标书、投标书的定义分别是什么?

3. 投标书的特点和作用是什么?

二、写作实训

(一)根据以下材料，以××建筑公司的名义，写一份招标书。具体内容可以虚拟。

经有关单位批准，××股份有限公司准备新建购物中心。建筑面积为 20 000 m^2，楼高为 10 层，建筑地点在××路××段。要求具有国家承认的资质的建筑单位投标。投标者需于××××年×月×日前到××处与××股份有限公司相关负责人面谈。联系人：×××。联系电话：××××××。

(二)根据以下内容，写一份投标书。

中国技术进出口公司招标公告

衡阳—广州　铁路工程项目(P7)

宝鸡—中卫　铁路工程项目(P38)

天生桥水电站工程项目(P13)

(标号 CNTIC—J23027)

根据中华人民共和国和对外经贸部与日本海外经济协力基金签订的衡阳—广州铁路工程项目(P7)，宝鸡—中卫铁路项目(P38)，天生桥水电站工程项目(P13)的贷款协议，中国技术进出口总公司授权以国际竞争性招标方式(ICB)采购下列货物，全部货款用贷款支付。

欢迎在合格货源国组成和注册并受该国控制的制造厂或贸易公司参加投标，合格货源国是指包括中国在内的发展中国家和经济合作与发展组织的所有成员国。有兴趣者请于下列时间到我公司业务三部洽购招标文件。

P13.P38：2003 年 2 月 10～12 日，每日上午 9：00～11：00

P7：2003 年 2 月 22～24 日，每日上午 9：00～11：00

截标日期：

开标日期：截标日期当日下午 14：00

设备清单：(略)

标书售价：(略)

中国技术进出口总公司业务三处

××××年×月×日

地址：中国北京海淀区西三环北路 21 号久凌大厦 301 室

电话：84948656　邮编：100089　传真：8414847　电传：231545

电挂：TECIMOPRT(国际)　1199(国内)

任务二　实验报告

实例示范 6.3

封　面

水泥细度测定(干筛法)实验报告
专业名称：×××
课程名称：×××
班　　级：×××
姓　　名：×××
学　　号：×××
指导教师：×××
完成时间：×××

水泥细度测定(干筛法)实验报告

一、实验名称：分析水泥细度测定(干筛法)

二、实验日期和地点：(略)

三、实验的目的：测定样品水泥细度是否符合国家标准。

四、实验原理：(略)

五、实验内容：实验包括水泥物理实验、力学实验和化学分析三个方面。从工程材料验收和复核的立场出发，通常仅做物理实验、力学实验，其项目有：水泥的密度实验、水泥细度测定(干筛法)、水泥标准稠度用水量测试实验。

六、实验仪器

水泥标准筛 0.08 mm 方孔筛，筛框有效直径为 150 mm，高为 50 mm，并附有筛盖。

七、实验步骤

(1)称取试样 50 g，倒入标准筛内，盖好筛盖。

(2)用一只手执筛往复摇动，一只手轻轻拍打，使试样均匀分布在筛网上，直至通过的试样量不超过 0.05 g/min。

(3)称量筛余量。

八、实验结果

实验结果计算：水泥细度按试样筛余百分数(精确至 0.1%)计算。

$$F=\frac{R_s}{W}\times 100\%$$

式中　F——水泥试样的筛余百分数(%)；

R_s——水泥筛余物的质量(g)；

W——水泥试样的质量(g)。

编号	试样质量/g	筛余量/g	筛余百分数/%	备注
5	273	272.3	0.002 5	数据正确

九、结论

根据国家标准GB/T 1345—2005

该水泥细度为 0.002 5

实例评析：这份实验报告格式规范。单独设计了封面；标题完整；正文由实验名称、实验日期和地点、实验目的、实验原理、实验内容、实验仪器、实验步骤、实验结果和结论组成，结构比较完整。

写作知识

一、定义

实验报告是人们在科学研究活动中，通过实验，不断地观察、分析、综合、判断，用以检验某一种科学理论或假设，如实地把实验的全过程和实验结果记录下来的书面材料。

二、特点、作用

实验报告是科技实验工作不可缺少的重要环节，它客观地记录实验的过程和结果，在科技工作中发挥着重要的作用。

实验报告的特点有以下几点：

1. 客观性。实验报告是对科学实验客观、真实的记录，反映客观事实。

2. 科学性。实验报告如实反映的是科学实验的过程，内容科学，不带任何个人偏见的结果。

3. 可读性。为了使读者能够了解复杂的实验过程，除文字叙述外，还配以各类图表，进行说明。

三、结构和写法

(一)封面

1. 标题

(1)完整式标题：实验名称＋文种，如：《水泥标准稠度用水量测试实验报告》。

(2)省略式标题：文种，如：《实验报告》。

2. 基本信息

(1)专业名称。

(2)课程名称。

(3)班级。

(4)姓名。

(5)学号。

(6)指导教师。

(7)完成时间。

（二）正文

1. 标题（居中）。

2. 实验名称。反映实验内容的最简练的语言。

3. 实验日期和地点。

4. 实验目的。实验目的要明确，从理论和实践两个方面进行说明。

5. 实验原理。阐明与实验有关的主要原理。

6. 实验内容。从理论和实践两方面写明依据的原理、操作的方法及计算的过程等。

7. 实验器材（仪器）。实验用到的器材（仪器）。

8. 实验步骤。简明扼要的写清主要操作步骤。

9. 实验结果。可以根据需要选择一种或几种方法。

（1）文字叙述法：用准确、专业的术语客观地表述实验结果。

（2）图表法：用清晰的表格或坐标展示实验结果。

（3）曲线图法：利用形象的曲线图来展现实验结果。

10. 讨论。根据与实验相关的知识分析解释实验结果。

11. 结论。用简练、准确的语言对这一实验所能验证的概念、原则或理论进行总结，是从实验结果中归纳出的一般性、概括性的判断。

四、写作要求

1. 客观、科学。实验报告的科学性及其价值是建立在准确的数据之上的，写作时必须反复核实原始记录，并对结果进行客观的分析、严谨的论证。

2. 规范、完整。实验报告承担着积累信息的重要任务，应按照程式化的规程要求，完整地记录实验内容。

3. 精练、准确。实验报告对实验过程现象的观察不宜过多地描写，只需准确地叙述说明，数据要精确，语言要凝练、集中，高度概括，言简意赅。

模式应用

实验报告封面

________________实验报告

专业名称：________________

课程名称：________________

班　　级：________________

姓　　名：________________

学　　号：________________

指导教师：________________

完成时间：________________

实验报告正文

一、实验名称____________________

二、实验日期和地点____________________

三、实验目的____________________

四、实验原理____________________

五、实验内容____________________

六、实验器材____________________

七、实验步骤____________________

八、实验结果____________________

九、讨论____________________

十、结论____________________

模块小结

实验报告是一种科技应用文体。它描述、记录某个科研课题的过程和结果，是科技实验工作中不可缺少的重要环节。

知识拓展

施工日志

一、定义

施工日志也可称为施工日记，是在建筑工程整个施工阶段的施工组织管理、施工技术等有关施工活动和现场情况变化的真实的综合性记录，也是处理施工问题的备忘录和总结施工管理经验的基本素材，是工程交竣工验收资料的重要组成部分。

二、结构与写法

1. 基本内容

日期、天气、施工部位、出勤人数、机械设备使用情况等。

2. 工作内容

(1)当日施工内容及实际完成情况。

(2)施工现场有关会议的主要内容。

(3)有关领导、主管部门或各种检查组对工程施工技术、质量、安全方面的检查意见和决定。

(4)建设单位、监理单位对工程施工提出的技术、质量安全、进度要求、意见及采纳实施情况。

3. 检验内容

(1)隐蔽工程验收情况。应写明隐蔽的内容、轴线、分项工程、验收人员、验收结论等。

(2)试块制作情况。应写明试块名称、试块组数。

(3)材料进场、送检情况。应写明批号、数量、生产厂家以及进场材料的验收情况，以后补上送检后的检验结果。

4. 检查内容

(1)质量检查情况。

(2)安全检查情况及安全隐患处理(纠正)情况。

(3)其他检查情况。

5. 其他内容

(1)设计变更、技术核定通知及执行情况。

(2)施工任务交底、技术交底、安全技术交底情况。

(3)停电、停水、停工情况。

(4)施工机械故障及处理情况。

(5)冬雨期施工准备及措施执行情况。

(6)施工中涉及的特殊措施和施工方法、新技术、新材料的推广使用情况。

三、实例示范

施工日志

一、施工概况

日期：××××年5月21日　　　　　　　天气：多云　36℃

基本情况：1.8号墩21号桩灌注桩基混凝土……

2.12—2、2—3现场钻孔

3.4#墩承台模板拆除

4.7#墩承台测量放样

二、施工内容

1.8号墩21号桩22：15时成孔，设计孔径为1.25 m，设计孔深为24.53 m，现场测量实际孔深为24.9 m。早上7：22～9：00清孔，现场检测孔底沉渣为40 mm，含砂率为1.8%，泥浆相对密度为1.08，符合验标要求，经监理工程师检验合格，同意下道工序施工。现场技术员×××、现场实验员×××，9：15开始钢筋笼的就位，旁站监理工程师×××，10：28开始浇筑桩基混凝土，混凝土强度等级为C30，配合比选定报告编号：××××××，符合技术要求，现场实测坍落度：××××满足施工要求。于11：30灌注完成，设计混凝土方量为××m^3，实际混凝土方量为29.5 m^3，符合验标规定。当场制作2组试件。

2.4号墩承台经实验室检验混凝土强度达到标准，可以拆除模板。

3.7号墩焊接承台预埋筋。

三、施工质量

8号墩21号桩现场检测孔底沉渣为40 mm，含砂率为1.8%，泥浆相对密度为1.08，设计孔径为1.25 m，设计孔深为24.53 m，现场测量实际孔深为24.9 m，经质检员自检合格，报监理工程师检查验收合格，同意下道工序施工。

四、施工安全及环保

经安全员××、副队长××检查，现场特殊工种持证上岗，机械设备操作符合安全技术操作规程，现场施工用电正常，作业人员防护用品佩戴齐全。

现场施工便道专人洒水养护，泥浆按要求排放。

挖掘机作业由专人指挥，作业区域内无人员走动，吊车作业由专人指挥，吊臂下无人员站立、走动，吊装作业规范，无违规操作现象。

现场专职安全员巡查，机械作业均有安全员旁站，无安全事故发生。

五、施工进度

0—24 当日钻进 12 m。累计钻进××，此孔地质情况为砂岩。

6—5 当日钻进 24 m。累计钻进××，此孔地质情况为砂岩。

1—13 当日钻进 16 m。累计钻进××，此孔地质情况为砂岩。

2—13 当日钻进 17.9 m。累计钻进××，此孔地质情况为砂岩。

3—14 当日钻进 21.6 m。累计钻进××，此孔地质情况为砂岩。

六、人员及机械设备情况

1. 施工机械配置：（略）

2. 劳动力配置：技术：1 班：××　2 班：××　3 班：××

七、材料进场情况

（略）

八、上级领导检查情况

××时××分，×××到现场检查工作。指出××××问题及落实改正情况，指出钢筋焊接质量不符合要求，焊缝的长度、宽度、厚度均不能满足规范要求，要求尽快处理，工区负责人×××现场安排施工人员进行补焊，于××时××分整改完毕，经监理工程师×××验收合格。

写作练习

一、基础训练

（一）填空题

1. 实验报告的完整式标题通常由________和________两部分组成。

2. 实验报告的特点有________、________和________。

3. 科技实验报告是________、________某个科研课题过程和结果的一种科技应用文体。

（二）选择题

1. 实验报告的内容是（　　）。（多选）

A. 实验名称　　B. 实验目的　　C. 实验原理　　D. 实验内容

2. 实验报告的写作要求不包括（　　）。

A. 客观　　B. 语言简练、准确严谨

C. 科学　　D. 语言生动

3. 展示实验结果可使用的方法是（　　）。（多选）

A. 文字叙述法　　B. 图表法　　C. 曲线图法　　D. 条例法

（三）判断题

1. 实验结果可使用文字叙述法进行展示。　　（　　）

2. 实验目的只能从理论方面进行说明。 （　　）

3. 实验报告是如实地将实验的全过程和实验结果记录下来的口头材料。 （　　）

4. 施工日志的气象要分上下午。 （　　）

（四）简答题

1. 什么是实验报告？

2. 实验报告的正文通常包括哪几部分？

3. 实验报告的写作要求是什么？

4. 施工日志在结构上应包括哪些内容？

二、写作训练

根据以下所给材料，完成一份实验报告，要求结构完整，无法确定的专业知识可以省略。

水泥的密度实验

实验仪器：里氏瓶，小勺，电子秤，煤油，浅盘。

实验步骤：将煤油倒入里瓶内，使液面处于刻度线0～1之间，称取质量，再称取水泥60 g，加入里氏瓶内，称取总重。

实验结果：水泥的密度按下式计算（精确至小数点后第二位）：

$$\rho=\frac{m}{V}$$

式中　ρ——水泥的密度(g/cm^3)；

m——水泥的质量(g)；

V——装入瓶中水泥的绝对体积(cm^3)。

按规定，密度实验用两个试样平行进行，以其计算结果的算术平均值作为最后结果，但两个结果之差不应超过0.02 cm^3。

煤油体积	加水泥后体积	水泥质量	密度
0.8	21.6	60	2.88

任务三　实习报告

实例示范 6.4

实习报告

根据学校安排，我于××××年×月×日到×××建筑公司进行建筑施工及管理实习，这次实习工作是一个让我了解建筑施工的好机会，让我更进一步地了解到理论与实际的差别。通过半个月紧张而又忙碌的实习生活，我在实习过程中得到了不少的收获，以下是我的实习报告。

一、实习目的

1. 通过参观实际建筑，进一步提高学生对建筑文化、建筑知识以及建筑施工、建筑材

料的认识，巩固和扩大所学理论知识，提高学习的积极性。

2. 通过参观在建工程及阅读施工图纸，进行现场比较，进一步培养学生的空间想象能力，提高识读工程图的能力。

3. 通过毕业生产实习，了解建筑工程施工工艺，熟悉房屋构造，了解建筑材料的特性及应用。

4. 通过毕业生产实习，培养学生劳动的观点，发扬理论联系实际的作风，为今后从事生产技术管理工作奠定基础。

5. 巩固、深化、拓宽所学过的基础课程、专业基础课和专业课知识，提高综合运用这些知识独立进行分析和解决实际问题的能力以及锻炼自己的识图能力。

6. 掌握普通住宅楼的施工程序以及概预算中应注意的几个问题，即内部施工的延续性、施工组织的合理性。

7. 在熟悉资料的同时锻炼自己搜集有效资料的能力；了解我国有关的建设方针和政策，正确使用本专业的有关技术规范和规定，熟悉相应的预算软件性能及其操作使用方法。

8. 熟悉目前建设工程预算定额单位估价表及当地的取费标准，掌握标志施工组织设计和编制施工图预算的基本程序和基本方法。

9. 将学习运用到实际中来，了解住房就等于了解了当今的经济，也就是社会发展进步的速度，以便确定将来怎样构建我们的住房条件和品位，为住房发展建立最基本的信息，为以后工作奠定扎实基础。

二、×××专家楼简介及工程概况

工程概况：×××学院专家楼由×××建筑公司承建，全楼占地面积为 536.5 m^2，总建筑面积为 3 678.23 m^2，建筑总高度为 20.21 m，全楼高 6 层，属于二类多层建筑，该楼主体结构实际设计使用年限为 50 年，建筑耐火等级为二级，抗震设防烈度为六度。

结构类型：砖混结构

设计标高：(略)

屋面：屋面防水等级为二级，按两道防水设防进行设计，采用保温隔热，屋面均采用 100PVC 白色塑料雨水管有组织排水。

所有预埋件预留孔均须按图所注部位进行预留，不应后凿。

三、实习内容及心得

(一)熟悉工地

本工程 25＃楼坐落在邵阳学院七里坪校区，流动人员较多，要保证安全施工与文明施工；工程毗邻 207 国道，交通方便。

(二)熟悉图纸

在实习第一天，指导老师给我们讲解了施工图纸的基本识图方法，给我们带来了很大的帮助。我的毕业设计就是这栋楼的施工组织设计和预算，再加上我们随身携带 16G101－1 图集，因此对识读施工图纸并不是很困难，在实习过程中发现一个我们不懂的标注：JQL－1：表示基础圈梁 1 号。

(三)现场施工

测量工程

采用水准仪、经纬仪和钢尺。具体操作：

1. 主控制轴线的测量

（略）

2. 楼层轴线引测

（略）

3. 构件细部尺寸测量

（略）

4. 高程控制

（略）

模板工程

1. 柱模板

（略）

2. 梁模板

（略）

3. 现浇混凝土平板模板

（略）

钢筋工程

1. 准备工作

(1)核对成品钢筋的钢号、直径、形状、尺寸和数量是否与料单牌相符。

(2)准备绑扎用的材料、工具、绑扎架等。准备控制混凝土保护层用的水泥砂浆垫块。……

2. 柱钢筋绑扎

(1)柱子放线完毕后，根据墨线对柱主筋进行校正。

(2)柱纵筋采用电渣压力焊接长。

(3)根据柱钢筋上的标高用粉笔划分箍筋间距，然后绑扎箍筋，箍筋的接头弯钩叠合处，应交错布置在四角纵向钢筋上，箍筋转角与纵向钢筋交叉点应扎牢(箍筋平直部分与纵向钢筋交叉点可间隔扎牢)，绑扎箍筋时绑扎扣相互间应成八字形。箍筋绑至梁底标高，然后根据梁高固定足够数量的箍筋在柱纵筋上。

(4)框架梁、牛腿钢筋应放在柱的纵向钢筋内侧。

(5)箍筋绑扎完毕后，应在柱纵筋上挂好砂浆垫块，间距为 1 000 mm。

3. 梁与板钢筋绑扎

(1)梁、板钢筋绑扎的工艺流程为：摆放主梁底筋→梁柱接头处柱箍筋绑扎→摆放主梁上层筋→穿主梁箍筋→摆放次梁底筋→摆放次梁上层筋→穿次梁箍筋→绑主次梁箍筋→摆放砂浆垫块→绑板底筋→安放梁钢筋支撑→绑板上层钢筋。

(2)纵向受力钢筋受用双层排列时，两层钢筋之间垫以直径 25 mm 的短钢筋，以保证设计距离。箍筋的接头(弯钩叠合处)应交错布置在两根架立钢筋上。

(3)柱、主梁、次梁交叉处，板的钢筋在上，次梁的钢筋居中，主梁的钢筋在下，当有圈梁时，主梁的钢筋在上。框架节点处钢筋穿插十分稠密时，应特别注意梁顶面主筋间的净距要有 30 mm，以利浇筑混凝土。

(4)梁钢筋的绑扎与模板安装之间的配合关系：①梁的高度较小时梁的钢筋架空在梁顶上绑扎，然后再落位；②梁的高度较大时(≥1.2 m)时，梁的钢筋宜在梁底模上绑扎，其两侧模或一侧模后装。

(5)板四周两行钢筋交叉点应每点扎牢，中间部分交叉点可相隔交错扎牢，但必须保证受力钢筋不位移。双向主筋的钢筋网则须将全部钢筋相交点扎牢。

(6)下层柱和墙钢筋露出楼面部分要绑扎三道箍筋和水平筋，并在楼面设置一道箍筋和水平筋与梁、板钢筋点焊固定，以免偏位。

其他。(略)

混凝土工程

结合在学习和工程现场实际管理方面的经验，总结出以下几个结构问题的处理方法。

1. 板角45°斜裂缝的设计施工处理措施

主要措施如下：

(1)加强结构平面凸角处板的刚度，避免因板的收缩量相对于梁较大和较快，从而导致裂缝的出现。

(2)在较大跨度板角或结构平面凸角处板角，适当加强双向面筋，以抵抗由于板收缩而产生的拉应力。

(3)适当增加混凝土板的含筋量。

(4)施工中加强板角部位的振捣，提高混凝土的密实度，从而保证混凝土的抗拉强度。

(5)控制混凝土水灰比和坍落度，相对减少水泥用量，并注意混凝土的浇水养护，以克服干缩现象。

2. 板面负筋变位的设计施工措施

主要有：

(1)设计架立板负筋的钢筋小支架，每 m^2 支一个点，以保证板负筋就位，以及达到设计混凝土保护层厚度。

(2)设计框架梁板上的钢筋支架，将由于多根梁在柱处交汇而引起部分较低梁中间部位的钢筋支起，每隔3.0 m设一支架，以作为板负筋的依托。

(3)浇捣梁板混凝土时，要特别对板负筋采取保护措施，避免人为踩踏。

(4)对板负筋绑扎牢固，避免浇混凝土时因混凝土倾倒造成负筋变位。

(5)振捣时，采用人工将负筋钩至正确位置再振捣的方法，保证负筋的位置满足设计要求。

3. 框架柱节点处箍筋加密的设计施工措施

可采取以下设计施工措施：

在框架梁钢筋绑扎时，先将柱节点处加密箍筋焊接成箍筋笼，根据柱截面尺寸的不同，加设不少于4根(若为方柱则每边至少1根)同箍筋直径的短竖筋，将其同箍筋点焊接成箍筋笼，在梁钢筋就位时下放至设计的位置，以保证节点箍筋位置及在混凝土浇捣过程中不被移位。

4. 框架梁柱节点处混凝土的密实问题

主要有以下设计措施：

(1)按梁截面宽度选择钢筋数量时，应考虑柱纵筋的妨碍或对梁布设的影响，特别是当框架梁边与柱边平齐时，梁筋应在柱角筋之内侧的影响。

(2)在柱节点交汇处同一直线上的梁上下部钢筋，尽量先取同直径钢筋，以便于钢筋直接通过节点，以减少不同直径钢筋在柱内的锚固而造成较多钢筋并汇在一起，难以保证钢筋的间距。

(3)在施工中，尽量保证在柱纵筋的位置准确，合理布设柱纵筋的水平位置，必要时对梁柱节点钢筋的平面位置进行设计控制，使梁筋能合理通过节点。

本次实习时间虽短，但基本达到了进一步完善所学知识，将理论与实践相结合的多重目的。

在实习工程中，我们了解了房屋建筑施工组织与预算方面的相关知识，了解了施工配合及工序要求，了解了有关的施工技术，了解了新型建筑材料的做法。

我对此次房屋建筑学的实习的感受颇深，通过现场参观，我们对房屋的构造有了感性的认识，同时为我们毕业以后的工作打下了基础。

实例评析：这份实习报告结构完整。采用省略式的标题，即只有文种；正文由导语和主体组成。导语交代了实习的时间、地点和原因，主体部分分别从实习目的、工程概况、实习内容和心得等方面进行说明，内容详细，条理清晰。

写作知识

一、定义

实习报告是实习主体在学习专业知识的基础上，参加实习、实践锻炼后，对实习期间的基本情况和心得体会进行分析与总结而形成的书面材料。

二、特点、作用

通过实习将书本上的理论知识运用到实际当中，通过实习报告如实客观地反映出实习的真相，并对已经学习的知识进行总结，经过总结反馈，对自己专业上的不足进行补充和纠正，能够掌握一定的工作经验和能力，为未来工作打下坚实基础。

实习报告的特点有以下几点：

1. 专业性。实习报告要求对实习过程中遇到的所学专业的有关问题进行分析，具有较强的专业特色。

2. 总结性。实习报告是在实习、实践后，对实习过程进行全面的归纳总结。

3. 真实性。实习报告记录着实习者真实的实习活动，必须客观、如实地反映实习的真相，验证和丰富学校教科书所学的理论基础，记录自己通过实习获得的感受体会。

三、结构和写法

实习报告在写作结构上一般包括封面、标题、正文三个部分。

(一)封面

1. 标题(居中)

(1)实习内容(专业课名称或实习地点)＋文种，或者只有文种，如《建筑施工实习报告》《实习报告》。

(2)正副标题式：正标题为内容主旨，副标题为实习内容/专业课名称/实习地点＋文种，如：《酒店是大课堂——酒店专业实习报告》。

2. 基本信息

(1)学院

(2)专业

(3)班级

(4)姓名

(5)学号

(6)指导教师

(二)正文

1. 标题

同封面标题相同，位于第一行中间位置。

2. 导语

这一部分一般交代实习的时间、地点、原因等。

3. 主体

(1)实习的目的。交代实习要达到的预期目的，可以分条列出，也可以综述。

(2)实习的内容和过程。要对实习内容交代得具体明确，实习过程简明、完整。

(3)实习心得体会。包括实习结果如何、取得的成绩、存在的问题及今后的努力方向等。

四、写作要求

1. 详略得当。实习报告中，实习内容及心得要翔实，其他不需要赘述的地方可以简要叙述。

2. 内容准确。实习报告中涉及的专业知识、专业术语表述要科学准确。

3. 叙议结合。实习报告除写“做了什么”和“做得怎样”外，还要说出实习的感想和体会。

模式应用

实习报告封面

_____实习内容_____实习报告

学院：____________________

专业：____________________

班级：____________________

姓名：____________________

学号：____________________

指导教师：__________________

实习报告内容

×××实习报告(标题)

(导语)

根据/为了________________，我于××××年××月××日到×××地参加实习。通过为期××天(月)________________的实习生活，我________________，以下是我的实习报告。

一、实习目的

____

二、实习内容、过程

____

三、实习心得体会

____

模块小结

实习报告是带有总结性的专业文书，它可以让学生重新审视自己的专业水平，对今后的实际工作具有指导作用。

知识拓展

社会实践报告

一、定义

社会实践报告是指有目的、有组织、有计划地深入实际、深入社会，对完成的社会实践活动进行的总结。

二、结构与写法

1. 标题

(1)主题+文种：如《关于××××的社会实践报告》。

(2)自由式标题。

2. 正文

(1)前言。前言要写明实践的时间、地点、目的和经过等。

(2)主体。是社会实践报告最主要的部分，这部分详述基本情况、做法、经验、教训等。

3. 结尾。可以总结全文；可以展望前景，发出鼓舞和号召。

三、实例示范

暑假社会实践报告

学　院：××学院　　　　　　　　　　专　业：××

班　级：××　　　　　　　　　　　　　　　　　　　姓　名：××

实践单位：××××

会计是一门应用性很强的技术专业，不能照搬书本，真正的“实战”经验——社会实践，将是我们踏入会计领域工作前不可缺少的锻炼。作为一个即将走上社会的学生，实践是必须拥有的一段经历，它使我们了解社会，让我们学到了很多在课堂上根本就学不到的知识，也打开了视野，增长了见识，为我们以后进一步走向社会打下了坚实的基础。

一、实践目的

会计作为一门应用型的学科，是一项重要的经济管理工作，是加强经济管理，提高经济效益的重要手段，经济管理离不开会计，经济越发展会计工作就显得越重要。会计工作在企业的经营管理中起着重要的作用，其发展动力来自两个方面：一是社会经济环境的变化；二是会计信息使用者信息需求的变化。前者是更根本的动力，它决定了对会计信息的数量和质量的需求。在这个与时俱进的时代里，无论是社会经济环境，还是信息使用者的信息需要，都在发生着深刻变化。会计经历着前所未有的变化，学好会计不仅要学好书本里的各种会计知识，而且也要认真积极地参与各种会计实习实践，让理论和实践有机务实地结合在一起，只有这样才能成为一名高质量的会计专业人才。

随着会计制度的日臻完善，社会对会计人员给予高度重视和严格要求，我们作为未来社会的会计专业人员，为了顺应社会的要求，加强社会竞争力，也应该严于自身的素质，培养较强的会计工作的操作能力。于是，这个暑假，我到××××有限责任会计师事务所参加了社会实践，看他们如何工作，做一些力所能及的事情。

二、实践内容

会计是个讲究经验的职业，工作经验是求职时的优势，为了积累更多的工作经验，在放假期间我获得了一次十分难得的机会。在这期间，我努力将自己所学的理论知识向实践方面转化，尽量做到理论与实践相结合，在实践期间能够遵守工作纪律，不迟到、早退，认真完成领导交办的工作，得到学习领导及全体工作人员的一致好评，同时也发现了自己的许多不足之处。通过实践，我进一步巩固了自己所学到的知识，为以后真正走上工作岗位打下了基础。更让我感动的是，领导让公司的前辈教会我处理公司的综合事物。

在这个学习的过程中，我发现会计是一门实务与理论结合性很强的学科，尽管我学过这门课，但是当我第一次和公司的同事操作具体业务时，觉得又和书上有些不同，实际工作中的事务是细而杂的，只有多加练习才能牢牢掌握。这次实践最主要的目的也是想看看我们所学的理论知识与公司实际操作的实务区别在哪里，相同的地方在哪里，内部控制如何执行，如何贯彻新的会计政策，新旧政策如何过渡，一些特殊的账户如何处理等等。带着这些问题，我在这段时间里用眼睛看，不懂的请教领导同事，让我对会计专业的有关问题有了一定的解答。除了与我专业相关的知识外，我还学到许多在课堂上学不到的东西。公司是如何运作的，员工之间的团队合作精神，处理业务的过程，规章制度执行情况，企业的管理等等。作为一名会计实务人员，通过这次实践也更加让我看清自己今后的努力方向。例如：实务能力，应变能力，心理素质，适应能力等。除此之外拥有一颗上进心、进取心也是非常重要的。

在实践中，我参与了全部的出纳工作，从审核原始凭证、编制记账凭证、登账到编制会计报表都有亲自动手。我认真学习了正当而标准的会计流程，应前辈的教诲还认真学习了《公司法》《税法》《会计法》，真正从课本中走到了现实中，从抽象的理论回到了多彩的实际生活，细致地了解了会计工作的全过程，认真学习了各类学校经济业务的会计处理，并掌握了三门财务软件的使用。我利用此次难得的机会，努力工作，严格要求自己，虚心向财务人员请教，认真学习会计理论，学习会计法律、法规等知识，利用空余时间认真学习一些课本内容以外的相关知识，掌握了一些基本的会计技能，具体包括：①原始凭证的核签；②记账凭证的编制；③会计簿记的登记；④会计报告的编制、分析与解释；⑤会计用于企业管理各种事项的办理；⑥内部的审核；⑦会计档案的整理保管；⑧其他依照法令及习惯应行办理的会计事项。各项会计业务应包括预算、决算、成本、出纳及其他各种会计业务。其中，报表的编制也是一项非常重要的事务，会计报表的目的是向信息的使用者提供有用的信息。会计信息要准确、全面、及时，然而当前的财务报表有很多的局限性。在电子商务时代，基于网络技术平台的支持，报表的生成将呈现自动化、网络化和非定时性，冲破了时空的限制。电子信息的迅猛发展，人类正疾步跨入信息社会。网络经济正以人们始料不及的速度迅速发展，在短短的几年时间里，作为网络经济重要组成部分的电子商务已经走入人们的视野并对传统会计产生了深刻的影响，单位基本上结合信息时代的要求实现管理的信息化、自动化和网络化。

三、收获和体会

(1)会计的连通性、逻辑性和规范性。每一笔业务的发生，都要根据其原始凭证，一一登记入记账凭证、明细账、日记账、三栏式账、多栏式账、总账等可能连通起来的账户。会计的每一笔账务都有依有据，而且是逐一按时间顺序登记下来的，极具逻辑性。在会计的实践中，漏账、错账的更正，都不允许随意添改，不容弄虚作假。每一个程序、步骤都得以会计制度为前提、为基础，体现了会计的规范性。

(2)登账的方法。首先，要根据业务的发生取得原始凭证，将其登记记账凭证。然后，根据记账凭证，登记其明细账。其次，填写科目汇总表以及试算平衡表，最后才把它登记入总账。结转其成本后，根据总账合计，填制资产负债表、利润表、损益表等年度报表。这就是会计操作的一般顺序和基本流程。负责记账的会计每天早上的工作就是对昨天的账务进行核对，如打印工前准备、科目结单、日总账表，对昨日发生的所有业务的记账凭证进行平衡检查等，一一对应。然后，才开始一天的日常业务，主要有支票、电汇等。在中午之前，有票据交换提入，根据交换轧差单编制特种转账，借、贷凭证等，检查是否有退票。下午，将其他工作人员上门收款提入的支票进行审核，通过信息系统进行录入。在本日业务结束后，进行本日终结处理，打印本日发生业务的所有相关凭证，对账，检查今日的账务的借贷是否平衡。最后，有专门的会计人员装订起来，再次审查，然后装订凭证交予上级。

实践结束了，我在这一过程中，学到了很多在课堂上根本就学不到的知识，受益匪浅。

写作练习

一、基础训练

(一)填空题

1. 实习报告标题的写法通常有________种。
2. 实习报告的特点是________和________。
3. 实习报告的正文由________和________组成。

(二)选择题

1. 实习报告的结构一般包括(　　)。

A. 标题、主体、结尾　　B. 标题、正文

C. 前言、正文　　D. 标题、结尾

2. 实习报告的写作要求是(　　)。(多选)

A. 详略得当　　B. 内容充实　　C. 内容准确　　D. 感情真挚

3. 实习报告的主体不包括(　　)。

A. 实习的时间　　B. 实习的目的

C. 实习的内容和过程　　D. 实习心得体会

(三)判断题

1. 实习报告是带有总结性的专业文书。(　　)

2. 实习报告的主体要交代实习的时间、地点、原因。(　　)

3. 实习报告是在实习、实践前，对实习过程进行全面的描述。(　　)

4. 实践报告就是参加实习、实践锻炼后，对实习期间的基本情况和心得体会进行分析与总结而形成的书面材料。(　　)

(四)简答题

1. 实习报告的定义是什么?

2. 实习报告的特点和作用是什么?

3. 实习报告的结构应怎样安排?

4. 社会实践报告正文包括哪些内容?

二、写作训练

根据曾经参加过的与专业课程有关的实习经历，撰写一份实习报告。

任务四　设计说明书

实例示范 6.5

××市经济适用房(江南)工程规划及建筑设计方案说明

一、建筑设计

(一)工程概况(略)

(二)规划设计依据

1.《中华人民共和国城乡规划法》

2.《城市居住区规划设计规范(2002 年版)》(GB 50180—1993)

3.《临海市城乡规划管理技术规定》

4.《临海市建筑工程方案设计招标文件》临规招备〔2011〕17 号

5.《住宅设计规范》(GB 50096—2011)

6.《住宅建筑规范》(GB 50368—2005)

7. 浙江省工程建设标准《城市建筑工程停车场(库)设计规则和配建标准》(DB 33/1021—2015)

8.《无障碍设计规范》(GB 50763—2012)

9.《夏热冬冷地区居住建筑节能设计标准》(JGJ 134—2010)

10. 浙江省《居住建筑节能设计标准》(DB 33/1015—2015)

(三)设计理念

1. 根据所处地块的总体规划与风格，协调与周边环境的关系，结合××经济适用房(江南)工程的要求，完善确定其功能、造型。

2. 结合该地块规划设计要求，协调内外环境，合理确定其布局与开发档次，争取土地利用最大化。

3. 结合场地周边环境，气候特征，关注小区住宅的阳光和自然通风。做到每户建筑面积标准虽低，但使用功能不降低，争取建筑面积利用最大化。

4. 贯彻“尊重自然、融于自然”的思想，以建设环保、绿色生态型居住环境为第一规划目标，满足住宅的居住性、舒适性、安全性、耐久性、经济性、环保性、生态性，创造一个布局合理、功能齐全、环境优美的现代居住小区。

5. 住宅建设与景观建设相结合，正确处理规划中社会效益和经济效益，舒适性和可操作性、经济性之间的关系。

(四)总体布局

××市经济适用房(江南)地块南北长约 168 m，东西宽约 116 m，为较规整的梯形。地块东侧为待开发用地，南侧为春和路，西侧与临尤公路隔河相望，北侧为××市灵江中学。根据《××市经济适用房(江南)地块规划设计条件的函》(江南街道)临开规设函[2010]019 号要求，地上建筑后退南侧春和路道路红线多层建筑 5.00 m、高层建筑 10.00 m 以上；退进其他用地界线多层建筑 5.00 m。

总体布置设计考虑以下因素：

1. 小区主入口根据规划要求设置在春和路，并结合离道路交叉口大于 70 m 距离要求布置在场地中间位置，次入口设在小区西北角位置与临尤公路连接。

2. 地块东北面考虑已建灵江中学学生宿舍，按《××市城乡规划管理技术规定》控制建筑间距，西北面为灵江中学未建设用地，按《××市城乡规划管理技术规定》建筑高度一半退用地红线。

3. 东侧 1＃、3＃、5＃、7＃、9＃楼结合地形，为使土地利用最大化，除 1＃楼降为 5 层住宅外，其余各幢北侧六层适当退台，既满足布置六层住宅要求，又能满足建筑间距规定，使土地利用最大化。

4. 将 4＃楼减少一个单元，使 4＃楼与 6＃楼之间的宅间绿地与 4＃楼东侧绿地连成整体，利用有限的土地面积形成小区中心绿地。并且，使主入口处形成较为开阔的视觉空间，使小区主道路形成蜿蜒曲折、步移景移的效果。

5. 小区停车考虑经济适用房资金投入因素，采用地面树荫下停车方式，并结合小区宅间道路布置。

6. 将主入口 2＃楼底层布置物业营业用房、物业管理用房及一部分营业用房，便于形成粮油、小超市营业场所，更好地服务小区居民，60 m^2 公共厕所布置在 2＃楼西南角位置，减少对小区管理的影响。

(五)道路交通组织

1. 出入口设置

主入口根据规划要求设在春和路，并且离交叉口大于 70 m，次入口在西北角与临尤公路相连接，考虑小区规模，小区主道路采用 6.00 m，宅间道路适当加大，满足停车出入要求。为方便车辆出入及小区居民夜晚在整治后的河道边休闲、散步需求，在西侧河道边设置 4.00 m 单向车道。

2. 道路停车组织

小区内部通过一条蜿蜒曲折的 6.00 m 宽车道贯穿南北，联系宅间道路，以最简洁的道路结构构筑最高效的交通体系，考虑经济适用房资金投入因素，停车方式采用地面树荫下停车，并结合宅间道路布置。

（六）绿地景观

小区通过建筑群和绿化场所设计共同营造多层次的环境空间。从构成元素上包括建筑围合、中心绿地、宅间绿地、借景小区西侧整治后的河道景观，形成点线面结合的环境景观。通过精心设计的地面铺装、场地西侧水体、绿化等造园手段，使小区内部形成连贯的环境景观空间。

（七）建筑设计

1. 住宅单体设计

(1)户型平面设计

①为节省建筑面积，争取更多的住宅建筑使用面积，尽量减少楼梯等交通面积，经多方案比较后，采用一梯三户的平面布局形式。

②合理分配各使用功能空间尺寸，尽量做到各房间室内空间尺度合理。

③做到平面布局合理，全部使用功能空间做到直接采光与自然通风。

④充分利用顶层坡屋顶，增大建筑面积，为顶层住户创造更好的居住环境，增加总建筑面积，节省土地资源。

(2)立面与造型设计

建筑设计构思从城市设计的角度出发，深入探寻建筑特征与城市整体脉络之间的联系，在立面设计上充分考虑建筑平面布局的特征及顶层坡屋顶空间的利用，自然形成建筑立面形式，建筑立面追求简洁、通透的形体，利用建筑平面的凹凸自然形成丰富的建筑轮廓。外墙采用浅暖色涂料，使小区家园更具归家的温暖感觉。

2. 消防设计

(1)本工程除一幢 5 层外，其余均为 6 层住宅，住宅之间间距及住宅与周边建筑之间的间距均满足消防间距要求。

(2)小区内设消防车道，室外消火栓按规范要求配置。

3. 建筑节能

根据《夏热冬冷地区居住建筑节能设计标准》(JGJ 134—2010)进行住宅节能设计，具体措施如下：

(1)控制建筑物的体形系数，使建筑物的外围护面积尽量减少。

(2)控制外窗(包括阳台门透明部分)的面积。

(3)外窗(包括阳台门)采用中空玻璃，进户门采用保温、隔热门。

(4)屋顶采用挤塑聚苯板保温、隔热。

(5)外墙采用保温、隔热措施，外墙传热系数达到标准规定要求。

(6)用电设备、照明灯具、给水排水、通风、空调设备采用高效、节电、节水型产品，尽量减少能耗。

（八）日照间距

小区内住宅均有良好的朝向，每幢住宅用户均有充分的日照时间，并满足国家及地方日照间距要求。

（九）环保、卫生、防疫

1. 住户垃圾实行袋装化，每幢住宅出入口处放置活动垃圾箱，通过集中后外运城市垃圾中转站。

2. 厨房安装成品竖向烟气道，所有卫生间均考虑自然通风。

3. 本工程所选通风空调设备均为高效低噪声设备。

4. 卫生器具和备件采用节水型产品。

5. 室内采用雨、污水分流制，生活污水经化粪池处理，排入市政污水管。

（十）无障碍设计（略）

（十一）安保

采用大门值班、红外线监控、24 小时巡更、单元电子对讲保安门、住户防盗门等多重安保措施。

（十二）主要经济技术指标（略）

二、结构设计（略）

三、给水排水设计（略）

四、电气设计（略）

五、项目分项投资估算表

实例评析：本文是关于××市经济适用房（江南）工程规划及建筑设计方案的说明书，包括建筑设计、结构设计、给水排水设计、电气设计、项目分项投资估算表等五部分内容。例文重点选取了第一部分建筑设计的内容，从工程概况、规划设计依据、设计理念、总体布局、道路交通组织、绿地景观、建筑设计、日照间距、环保、卫生、防疫、无障碍设计、安保和主要经济技术指标进行了说明，条理清晰，语言简洁明了。

实例示范 6.6

建设标准化厂房及科技孵化园项目
地形测量技术设计书

一、项目名称

建设标准化厂房及科技孵化园项目地形测量。

二、施测目的

为建设标准化厂房及科技孵化园项目初步设计、施工图阶段设计提供 1：500 地形图等基础测绘资料。

三、测区位置及施测范围

测区位于内蒙古自治区乌兰察布市集宁区境内。主要施测范围为拟建的建设标准化厂房及科技孵化园项目区。

四、坐标、高程起算系统

1980 年西安坐标系；1985 国家高程基准。

五、依据规范、图式

《全球定位系统(GPS)测量规范》(GB/T 18314—2009)

《国家三、四等水准测量规范》(GB/T 12898—2009)

《全球定位系统实时动态测量(RTK)技术规范》(CH/T 2009—2010)

《1∶500 1∶1000 1∶2000 外业数字测图技术规程》(GB/T 14912—2005)

《国家基本比例尺地图图式 第1部分：1∶500 1∶1000 1∶2000 地形图图式》(GB/T 20257.1—2007)

《国家基本比例尺地图图式 第2部分：1∶5000 1∶10000 地形图图式》(GB/T 20257.2—2006)

《测绘技术设计规定》(CH/T 1004—2005)

《测绘成果质量检查与验收》(GB/T 24356—2009)

《数字测绘成果质量检查与验收》(GB/T 18316—2008)

《测绘技术总结编写规定》(CH/T 1001—2005)

六、测量任务(序号)

1. E级 GPS点 4个

2. 五等水准测量 1.3 km

3. 1∶500 地形图 约 0.15 km^2

4. 埋石 4座

七、测量要求

1. 平面、高程控制

1.1 平面控制。

1.1.1 平面系统：1980 年西安坐标系。

1.1.2 基础平面控制网的布设。

(1)以D级 GPS网作为测区的基本平面控制，GPS控制网采用边网结合构网，控制网中不应出现自由基线。GPS控制网至少连测三个三等以上国家等级三角点或B级 GPS控制点或采用 NMGCORS 系统起算。

①作业模式采用 GPS 静态定位模式联测。边长投影至测区平均高程面上。基线较差、同步环闭合差、异步环闭合差、最弱基线边边长相对中误差等精度应满足《全球定位系统(GPS)测量规范》(GB/T 18314—2009)的要求。

②成果分别提供高斯面、测区平均高程面各一套。成果采用三度分带。

③GPS 网技术指标。GPS 网观测基本技术指标见下表。

卫星截止高度角	≥15°	重复测量的最少基线数	≥5%
数据采集间隔	5～15 s	观测时段数	≥1.6
观测时间	D级≥60 min、E级≥40 min	同时观测有效卫星数	≥4
点位几何图形强度因子(PDOP)	≤8	有效观测卫星总数	≥4

注1. 计算有效观测卫星总数时，应将各时段的有效观测卫星数扣除期间的重复卫星数。

2. 观测时段长度，应为开始记录数据到结束记录的时间。

3. 观测时段数≥1.6，指采用网观测模式时，每站至少观测一时段，其中二次设站点数应不少于 GPS 网总点数的 60%。

GPS网主要技术指标如下：

级别	相邻点平均距离/km	相邻点基线分量中误差		最简异步环或附和路线的边数
		水平分量/mm	垂直分量/mm	
E	0.5～2	≤20	≤40	≤10

(2)D级GPS点应埋设为旁点且应选在质地坚硬、稳固可靠的地方，以便于长期保存、利用并满足GPS观测的需要。标石类型详见《全球定位系统(GPS)测量规范》(GB/T 18314—2009)附录B。

(3)数据处理：平差计算方法采用整体网平差，数据处理采用随机软件进行。

(4)各项技术指标应满足《全球定位系统(GPS)测量规范》(GB/T 18314—2009)的相关规定要求。

1.1.3　平面控制加密。

以E级GPS网作为测区的加密平面控制。E级GPS网采用边连接方式构网。技术指标执行上表规定。

1.2　高程控制。

1.2.1　高程基准：1985国家高程基准。

1.2.2　基本高程控制网的布设。

(1)以国家三等以上精度水准点为起始点，从测区布设四等水准路线，连测所有D、E级GPS点。以此作为测区的基本高程控制。

(2)施测前和施测过程中，按规范要求对仪器和标尺进行检视，检查及校准。成果随资料上交。使用的仪器应在检定的有效期内。

(3)对使用的水准点依据规范按相应等级进行检测。

水准测段、路线主要技术指标　　mm

等级	测段、路线往返测高差不符值	测段、路线左右路线高差不符值	附和路线或环线闭合差	检测已测测段高差的差	每公里偶然中误差 M_Δ	每公里全中误差 M_W
四等	≤±20	≤±14	≤±20	≤±30	≤±5.0	≤±10.0
五等	≤±30	≤±20	≤±30	≤±40	≤±7.5	≤±15.0
图根	—	—	≤±40	—	—	≤±20.0

测站主要技术指标：

(略)

1.2.3　图根高程控制可采用附合或闭合水准施测，或采用电磁波测距三角高程同图根导线一并进行。各项技术要求见《工程测量规范》(GB 50026—2007)。

2. 地形图测量

2.1　采用数字化测图。基本等高距为0.5 m。

成果图提供数据光盘(包括地形总图、分幅图)，地形图采用50 cm×50 cm标准分幅图。

2.2　地形点高程在1∶500地形图上注记至0.01 m，地形点间距为图上1～1.5 cm一个点。

2.3　碎步点采集。野外碎步点采集利用RTK直接测取地物和地形点坐标并储存于手薄内。

2.4　地形测量。按甲方指定施测范围，我单位统计共完成约0.6平方公里地形图测绘工作，具体地形图测绘总结如下：

(1)地形图表示了测量控制点、居民地和垣栅、工矿建(构)筑物及其他设施、交通及附属设施、管线及附属设施、地貌和土质、植被等各项地物、地貌要素，以及地理名称注记等。

(2)居民地的各类建筑物、构筑物及主要附属设施准确测绘实地外围轮廓和如实反映建筑结构特征。房屋轮廓以墙基角为准并按建筑材料和性质分类，注记层数。房屋逐个表示，临时性房屋舍去。建筑物和围墙轮廓凹凸在图上小于0.4 mm，简单房屋小于0.6 mm时，用直线连接。

(3)自然形态的地貌用等高线表示，崩塌残烛地貌、坡、坎和其他特殊地貌用相应符号或用等高线配合符号表示。各种天然形成的人工形修筑的坡、坎，其坡度在70°以上时表示为陡坎，70°以下时表示为斜坡。斜坡在图上投影宽度小于2 mm时，以陡坎符号表示。当坡、坎比高小于1/2基本等高距或在图上长度小于5 mm时，不表示；当坡、坎密集时，作适当取舍。梯田坎坡顶及坡脚宽度在图上大于2 mm时，实测坡脚。坡度在70°以下的石山和天然斜坡，用等高线或用等高线配合符号表示。独立石、土堆、坑穴、陡坎、斜坡、梯田坎、露岩地等在上下方分别测注高程或测注上(或下)方高程及量注比高。

(4)植被在地形图上正确反映出植被的类别特征和范围分布。对耕地、园地实测范围，配置相应的符号表示。同一地段生长有多种植被时，按经济价值和数量适当取舍，符号配置不超过三种。田埂宽度在图上大于2 mm的用双线表示，小于2 mm的用单线表示。

(5)各种名称注记、说明注记和数字注记准确注出。图上所有居民地、道路、山岭、沟谷、河流等自然地理名称，以及主要单位等名称均进行调查核实，注记于图上。

(6)内业成图。

①将野外采集的数据下载入计算机内。

②数据编辑。

③碎步展点。

④根据展点利用手工在计算机上绘制与实地相符合的地形图。

八、提交资料

1. 综合卷

技术设计书、测量报告、检查验收报告、有关质量管理运行记录。

2. 原始卷

2.1　仪器检验资料。复印件。

3. 成果卷

3.1　埋石点成果表；数据光盘及纸质成果表。

3.2　1∶500比例尺地形图。数据、图形文件。

九、提交资料时间

××××年×月××日前提交全部成果资料。

实例评析：本文是建设标准化厂房及科技孵化园项目地形测量技术设计说明书，是工程项目测量技术的专项说明，从九个方面进行了说明，其中测量要求是重点，进行了详细的指标说明，数据具体、可操作性强，其他部分简洁明了，是一篇很好的例文。

写作知识

一、定义

建筑工程的设计由规划、建筑、结构、建筑设备等多个工种的设计人员共同完成。建筑设计说明书是对建筑工程设计进行解释和说明的书面材料，是一种技术性文件。对于涉及建筑节能、环保、绿色建筑、人防、装配式建筑等的设计说明，都应有相应的专项内容。

二、特点

建筑设计说明书是对建筑工程设计进行解释和说明，是一种技术性文件，其具有有利于保证工程项目的质量、有利于保证整体设计和各阶段设计文件的完整性的作用。

建筑设计说明书的特点有以下几项：

1. 整体性。建筑设计说明书是对建筑工程设计进行解释和说明的书面材料，设计图纸与说明文字是密不可分、缺一不可的，两者相互说明。设计图纸如没有说明文字，则很难表达设计人员或建设单位的制作意图；说明文字离开了设计图纸，则说明文字就成了无本之木，施工人员很难从整体把握建筑工程的各个环节和细节。

2. 应用性。每张图纸的设计都或是下一道图纸设计工序的基础，或是建筑施工工序的依据，对于下一道工序的工作或施工具有指导意义。所以，在写作设计说明书时，要注重说明性，综合运用多种说明方法，以确保绘图人员正确使用各种设计数据，施工人员正确使用设计图纸。

3. 客观性。设计图纸来源于客观勘察的各种数据及已经时间检验的科学数据，尽管设计图纸是主观的，但其根据是客观的，设计说明书反映了图纸的这种客观性。所以，在写作设计说明书时，首先，要做到全面，要反映该项目设计的全貌，即设计的长处与不足均应写出；其次，要做到用语准确，不采取不规范的术语，忌模棱两可，含糊不清。

三、结构与写法

根据住房和城乡建设部《建筑工程设计文件编制深度规定》(2016 年版)(以下简称《规定》)的规定，建筑工程施工图设计说明书在写作结构上包括：建筑设计说明、结构设计说明、建筑电气设计说明、给水排水设计说明、供暖通风与空气调节设计说明、热能动力设计说明。对于涉及建筑节能设计、装配式建筑设计的专业，其设计说明应有相关专项内容；当项目按绿色建筑要求建设时，应有绿色建筑设计说明。

(一)建筑设计说明书

1. 建筑设计依据、要求的文件及工程概况：如建筑名称、建设地点、建设单位。

2. 技术指标：如建筑面积、建筑工程等级、设计使用年限、建筑层数、建筑高度、耐火等级、人防工程防护等级、屋面防水等级、地下室防水等级、抗震设防烈度等。

3. 专项设计：如消防、人防、无障碍、节能等。

4. 工程做法：墙体、墙身防潮层、地下室防水、屋面、外墙面、勒脚、散水、台阶、坡道、油漆、涂料等处的材料和做法及门窗等。

5. 注意事项：如玻璃幕墙，电梯、涉及室内外装饰工程等需要特别注明。

6. 节能保温：外墙及屋顶的保温做法及材料。

(二)结构设计说明书

1. 工程概况、设计依据、图纸说明、建筑分类等级、主要荷载(作用)取值及设计参数、设计计算程序等。

2. 主要结构材料性能指标：如混凝土强度等级、防水混凝土的抗渗等级；砌体的种类及其强度等级、干密度，砌筑砂浆的种类及等级；钢筋种类及使用部位、钢绞线或高强度钢丝种类及其对应产品标准，其他特殊要求。

3. 各种结构类型的说明：如基础及地下室工程、钢筋混凝土工程、钢结构工程、砌体工程。

(三)建筑电气设计说明书

1. 工程概况、设计依据、设计范围、设计内容(应包括建筑电气各系统的主要指标)。

2. 各系统的施工要求：如设备主要技术要求、防雷、接地及安全措施、电气节能及环保措施、与相关专业的技术接口要求。

3. 专项设计：如绿色建筑设计、智能化设计、其他专项设计。

(四)给水排水设计说明书

1. 工程概况、设计依据、设计范围、给水排水系统简介。

2. 说明主要设备、管材、器材、阀门等的选型。

3. 说明管道敷设、设备、管道基础，管道支吊架及支座，管道、设备的防腐蚀、防冻和防结露、保温，管道、设备的试压和冲洗等。

4. 建筑节能、节水、环保、人防、卫生防疫、绿色建筑等给水排水所涉及的内容。

(五)供暖通风与空气调节设计说明书

供暖通风与空气调节设计说明书分为设计说明和施工说明。

1. 设计说明

(1)设计依据、设计任务书和其他依据性资料、与本专业有关的批准文；执行的主要法规和所采用的主要标准等(包括标准的名称、编号、年号和版本号)、其他专业提供的设计资料等。

(2)简述工程建设地点、建筑面积、规模、建筑防火类别、使用功能、层数、建筑高度、设计内容和范围、室内外设计参数等。

(3)供暖、空调、通风、防排烟系统的各项指标、参数、设备选型、系统形式等。

(4)专项设计：节能设计、绿色建筑设计。

(5)废气排放处理措施、设备降噪、减振要求、管道和风道减振做法要求等。

2. 施工说明

(1)设计中使用的管道、风道、保温材料等材料选型及做法、设备表和图例、没有列出或没有标明性能参数的仪表、管道附件等的选型、系统工作压力和试压要求。

(2)图中尺寸、标高的标注方法。

(3)施工安装要求及注意事项，大型设备安装要求及预留进、出运输通道。

(4)采用的标准图集、施工及验收依据、图例、设备表等。

(六)热能动力设计说明书

热能动力设计说明分为设计说明、施工说明与运行控制说明。

1. 设计说明

(1)设计依据，概述系统设计，列出技术指标(包括各类供热负荷及各种气体用量、设计容量、运行介质参数、热水循环系统的耗电输热比，燃料消耗量、灰渣量、水电用量等)，说明系统运行的特殊要求及维护管理需要特别注意的事项。

(2)设计所采用的图例符号。

(3)专项设计：节能设计、绿色建筑设计、环保、消防及安全措施等。

2. 施工说明

(1)本工程采用的施工及验收依据、设备安装、防腐、保温、保护、涂色，设备、管道的防腐措施、保温材料种类，设备、管道的保护及涂色要求。

(2)图中尺寸、标高的标注方法、图例。

3. 运行控制说明

对设备的运行控制要求进行说明。

四、写作要求

1. 要熟悉业务。建筑工程设计说明书的专业性很强。撰写者必须对设计对象的各方面知识了如指掌，才能表达得更为全面、准确。

2. 内容全面具体，数据确凿，专门术语的含义精确单一，语言简明扼要。

3. 条理清楚，书面清晰、工整，最好写(用)仿宋体。

模式应用

××××× 工程设计说明书(标题)

(以下是正文)

一、规划设计说明

(一)概况

1. 工程简况

工程名称：×××××

建设单位：×××××

设计单位：×××××

用地面积：×××××　　适建用地面积：×××　　建筑层数：××××

2. 场地简况(略)

(二)工程设计的主要依据

1.《×××××××××××》

2.《×××××××××××》

3.《×××××××××××》

……

(三)规划设计目标

(四)规划设计思想

(五)地块总指标

二、建筑设计说明

(一)设计依据(略)

(二)建筑标准

(三)总平面设计

1. 规划结构

2. 建筑布局

3. 道路结构及交通组织

4. 绿化设计

5. 景观设计

(四)建筑单体设计(略)

(五)建筑消防设计

三、结构设计说明(略)

四、给水排水设计(略)

五、电气设计说明(略)

六、节能、节材、环保设计(略)

七、设计图的补充说明(略)

八、施工中应注意的问题(略)

九、阅读本套图纸应注意的问题(略)

模块小结

建筑工程的设计由规划、建筑、结构、建筑设备等多工种的设计人员共同完成。建筑设计说明书是对建筑工程设计进行解释和说明的书面材料，是一种技术性文件，具有整体性、客观性和实用性的特点。要想编制好一份建筑设计说明书必须要熟悉业务，做到内容全面、数据准确、条理清晰。

知识拓展

建筑工程初步设计说明书

一、初步设计说明书的内容

1. 设计总说明。

2. 总平面设计。

3. 各专业设计说明，包括建筑、结构、给水排水、暖通、强电、弱电等。

4. 各专篇设计说明，包括消防、环保、人防、节能、劳动保护(安保、交通、建筑智通化)。

5. 工程简单或规模较小时，设计总说明和各专业的说明可合并编写，有关内容可以简化，各专篇内容也可以简化。

二、设计总说明

1. 工程设计主要依据

(1)批准的可行性报告(包括选址报告及环境评价报告)、经有关规划部门和建筑管理部门批准的方案文件。

(2)建设场地的气象、地理条件、工程地质条件。

(3)水、电、蒸汽、燃料等能源供应情况，公用设施、交通运输条件。

(4)规划、用地、交通、消防、环保、劳动、环卫、绿化、卫生、人防、抗震等要求和依据资料。

(5)建设单位提供的有关使用要求或生产工艺资料。

2. 工程建设的规模和设计范围

(1)工程设计的规模和设计范围。

(2)分期建设情况。

(3)承担设计的范围和分工。

3. 设计指导思想和设计原则

(1)设计中贯彻国家政策、法令和有关规定的情况。

(2)采用新技术、新材料、新设备和新结构的情况。

(3)环境保护、防火安全、交通组织、用地分配、能源消耗、安保、人防设置以及抗震设防等主要原则。

(4)根据使用功能要求，对总体布局和选用标准的综合叙述。

4. 总指标

(1)总用地面积、总建筑面积、总建筑占地面积等指标。

(2)总概算及单项建筑工程概算、三大材料的总消耗量。

(3)水、电、蒸汽、燃料等能源总消耗量与单位消耗量。

(4)其他相关的技术经济指标及分析。

写作练习

一、基础训练

(一)填空题

1. 建筑设计说明书的特点是________、________、________。

2. 建筑设计说明书主要用到的表达方式是________、________。

(二)选择题

建筑设计说明书包含的内容有(　　)。

A. 设计的依据范围和指导思想　　B. 设计图的补充说明

C. 设计主要技术经济指标　　D. 施工中应注意的问题

E. 阅读本套图纸应注意的问题

(三)判断题

1. 建筑设计说明书与设计图纸互相补充，相互依存。 (　　)

2. 建筑设计说明书一定程度上可以说既是客观的，又是主观的。 (　　)

(四)简答题

1. 在建筑项目完成过程中，设计说明书的作用是什么？是如何体现的？

2. 要想编制一份设计说明书，需要注意什么？

二、写作实训

(一)阅读题

选择与自己所学专业相同或相关的那一部分设计说明进行分析，分析说明书的结构与写法、内容上的优点和不足。

设计说明

第一节　规划设计说明

一、概况

1. 工程简况

工程名称：××市××区××安置小区

建设单位：×市××区××××××公司

设计单位：××××××设计有限公司

用地面积：××平方米　适建用地面积：××平方米

建筑层数：多层住宅为6层，联排为2～3层

2. 场地简况

本地块位于××市定海区，东面、南面、西面均为规划道路，北面为田地，地理位置十分优越，规划建设村民安置房。

建设用地为较为规则的方形地块，中间有一条河流通过，将小区分成两个区域。场地东西向面宽约为××米，南北向面宽约××米，地块现状为空地，地势平坦，环境较好，交通便捷。

二、工程设计的主要依据

1. 业主提供的建设地块规划设计条件及设计要求

2.《居住区规划设计规范》(2002)

3.《宁波市城市规划管理技术规定》

4. 现行的建筑设计规范、规定和标准

三、规划设计目标

1. 协调好本地块和周围环境的关系，使本安置小区成为城市空间的有机组成部分。

2. 充分利用地块及周围环境特点创造优美宜人的高品位人居环境。

3. 功能分区合理，道路交通便捷，设施配套齐全。

4. 创造出富有特色的建筑造型，丰富城市形象。

5. 根据村民安置房的特点，注重地块开发的经济性。

四、规划设计思想

1. 以人为本的指导思想

强调“以人为本”的设计思想，满足住宅的舒适性、安全性、耐久性和经济性，创造一个布局合理、功能齐全、交通便捷、环境优美的现代住宅区。

2. 经济可行及适度性的原则

住宅设计充分利用周边环境，积极营造人、建筑与自然和谐的户外空间，又要尽力挖掘空间潜力，发挥土地的最大经济效益。

3. 重视城市景观原则

针对项目所处地块的要求、规划的用地布局及空间组织，以人的需求为依据，充分考虑人的可达性、便捷性和舒适性，同时非常注重建筑物形体和立面处理，使建筑物展现建筑的简洁和大气，注重建筑物整体比例和材料组合以及主要细部的刻画。

五、地块总指标

总用地面积：57 232 平方米

适建用地面积：53 704 平方米

总建筑面积：80 093 平方米(包括车库层建筑面积：8 571 平方米)

其中：

多层住宅建筑面积：60 259 平方米

低层联排建筑面积：7 760 平方米

物业经营及管理用房建筑面积：3 660 平方米

设备用房等配套用房建筑面积：250 平方米

建筑占地面积：15 900 平方米

建筑密度：28.1%

绿地率：30%

容积率：1.33

汽车停车位：362 个

其中：室内车位 63 个

室外车位 299 个

总户数：718 户

各户型面积及套数见下表。

<table>
<tr><th>户型</th><th>户型面积</th><th>户型数量</th><th>比例/%</th><th>其他</th></tr>
<tr><td>A</td><td>51.59 m²</td><td>5</td><td>0.7</td><td rowspan="7">多层
(668)</td></tr>
<tr><td>B</td><td>60.33 m²</td><td>10</td><td>1.4</td></tr>
<tr><td>C1</td><td>69.75 m²</td><td>5</td><td>0.7</td></tr>
<tr><td>C</td><td>76.32 m²</td><td>120</td><td>16.7</td></tr>
<tr><td>D</td><td>86.39 m²</td><td>223</td><td>31.1</td></tr>
<tr><td>E</td><td>96.08 m²</td><td>198</td><td>27.1</td></tr>
<tr><td>F</td><td>105.5 m²</td><td>107</td><td>14.9</td></tr>
<tr><td>G</td><td>157.3 m²</td><td>34</td><td>4.7</td><td rowspan="2">联排(50)</td></tr>
<tr><td>H</td><td>151.8 m²</td><td>16</td><td>2.2</td></tr>
</table>

第二节　建筑设计说明

一、设计依据

1.《民用建筑设计通则》(GB 50352—2005)

2.《住宅设计规范》(GB 50096—2011)

3.《城市居住区规划设计规范(2002 年版)》(GB 50180—1993)

4.《建筑设计防火规范》(GB 50016—2014)

二、建筑标准

1. 建筑耐久年限：二级

2. 建筑物耐火年限：二级

三、总平面设计

1. 规划结构

小区北边为田地，其余三面均是规划道路，规划以东边为主入口，南边为次入口。小区通过中间的河流分东西两个居住组团，小区主干道的两座桥梁把东西两个组团有机联系在一起。沿河设置小型活动广场，中心绿地镶嵌其中，既方便交通，又使中心景观得到共享。

小区东面组团设计的住宅，除多层的住宅外，在南边集中安置了 2～3 层的低层联排，便于物业的管理。新村西面组团设计的住宅均为多层。沿道路的东边及南边，在底层设置了部分物业管理级经营用房。

新村规划结构清晰合理，设施配套齐全。

2. 建筑布局

建筑的规划充分尊重地形地貌的特点，力争使每一个住户均有良好的朝向，住宅整体朝向均良好。其中沿路建筑在不影响建筑朝向的前提下作垂直于道路或平行道路布局，既同城市环境相协调又充分体现了建筑的合理性和经济性。沿路建筑尽量后退建筑红线布局，使裙房和主体建筑的关系更加明确，同时也尽量防止建筑高空坠物对路上行人造成伤害。

3. 道路结构及交通组织

小区主入口设于地块东边的城市规划道路，尽量减少住户进出对城市主道路交通的影响，次入口设于地块南侧的规划路。从主入口由东向西引入 6 m 宽的主路，并与次入口引入的贯穿小区南北方向的主路交叉，形成环形道路骨架。沿主路两侧布置居住建筑，并规划 3.5～4 m 宽宅前路和主路相交。小区形成主路、宅前路二级道路系统。小区用地中心规划小型广场，提供住户的交流、集会场所。

小区停车采用车棚层停车和室外地面停车两种方式。针对项目住户安置用房的性质，规划在满足停车率的要求下未设计地下停车库，以减少项目的投资。小区室外停车较多采用集中布置的方式，便于管理。

小区以人为本，规划设计步行系统，规划在主入口两侧车道设 2 m 宽人行道，沿南北向主路单侧设 1.5 m 宽人行道，人行道通过宅前路与沿河休闲步行道相连，形成相对完整的步行系统，也为住户跑步锻炼提供了很好的运动路线。

新村内道路及铺装根据不同功能选取不同的材质，如新村内主要车行道为沥青路面；人行道、住宅院落内的车行道采用彩色混凝土地砖，室外停车场采用植草砖，以丰富新村景观。

4. 绿化设计

绿化设计以点、线结合为主，小区中心设小型广场和中心绿地，并由此渗透至组团绿地和宅间绿地，使各绿地相互联系，增强户外空间的连续性，使之形成良好的绿化系统。绿化环境设计在强调步行空间与各组团空间整体意境的同时，注意各组团绿地的个性化塑造，将小区户外环境书写成一首充满诗情画意的诗篇，充分体现规划设计“以人为本”的宗旨。

景观中心绿地：以色彩和图案不同的铺地，辅以景观雕塑，既丰富环境景观，又对景观轴线做了适当的收头，同时景观轴线两侧，配以适量名贵树木，使中心绿地自然地过渡到沿河绿地。

中心绿地：既是小区的“绿肺”，又是休憩、养生的绝佳去处，同时，还规划亲水平台和户外健身设施。

组团绿地：布置草坪、灌木、少量造型优美的乔木，同时规划一定的硬地和建筑小品，作为老人小孩休憩游玩的场所，也是村民交流的好去处。

宅间绿地：以草坪为主，配以灌木、少量造型优美的乔木。

5. 景观设计

随着居民生活水平的提高，小区环境质量已越来越受到人们的重视，从单纯追求一套舒适的住房，转向对生态环境质量更高的要求。小区园林化则能满足人们对居住环境的生理和心理的需要。规划尊重城市和人文环境特点，力图体现小区和环境的密切关系。运用城市设计的理论和方法，对小区室外环境进行研究和处理。

小区的景观中心绿地通过绿化、小品、铺砌和花木合理组织搭配，形成开阔、明快、活泼的公共空间，吸引居民前来休憩娱乐，成为整个小区景观的高潮点，组团绿地由建筑围合成，布置草坪、灌木、柱廊、花坛等，令住户享有平和、高雅的休闲环境。

小区环境内容广泛，从指示标牌、休息亭廊、雕塑、灯柱、灯具、围墙、花坛、座椅、儿童游戏器械到一些市政设施等，它们的设计应融功能性、装饰性、趣味性为一体，对小区景观的形成起到画龙点睛的作用。

四、建筑单体设计

1. 平面布局：根据本地气候特点，小区内的住宅建筑布局采用南北向的行列式布置方式，并结合地形和道路走向布置。住宅南北向间距均大于《舟山市城市规划管理技术规定》的要求，使每户均有良好的日照和采光。

2. 套型设计：套型平面设计集中突出合理性、舒适性。合理性表现为内外、动静分区明确，厨房、卫生间合理使用，各种管线集中；舒适性着重研究朝向，穿堂风，直接采光，争取一定面宽，保证每一户均有较好朝向。

3. 立面设计：在建筑造型设计中，集中体现了现代建筑的美，以现代、简约、充满动感的风格形成了清新鲜明的个性。同时立面造型力图清新淡雅又稳重大方，烘托住宅区内安逸恬静的生活气氛。在形体处理上注重高低错落与体形变化，材料以面砖为主，局部配以涂料及玻璃，既表现了建筑体块的变化，又体现建筑节奏与韵律之美。

五、建筑消防设计

1. 总平面消防设计

基地内设计主次入口各一个，小区道路宽度和转弯半径满足消防车通行要求，院落道路保持通畅。

2. 单体建筑消防设计

住宅间距除满足日照间距外，还必须满足消防规范要求，住宅与住宅山墙之间间距均大于6 m。

第三节 结构设计说明

一、设计依据

1. 主要设计标准及规范

《建筑结构荷载规范》(GB 50009—2012)

《建筑抗震设计规范》(GB 50011—2010)
《混凝土结构设计规范(2015 年版)》(GB 50010—2010)
《钢结构设计规范》(GB 50017—2003)
《砌体结构设计规范》(GB 50003—2011)
《建筑桩基技术规范》(JGJ 94—2008)
《建筑地基基础设计规范》(GB 50007—2011)
《建筑结构可靠度设计统一标准》(GB 50068—2001)

2. 工程地质条件

见地勘单位提供的详细报告。

3. 设计荷载

风荷载(基本风压):0.65 kN/m^2

雪荷载(基本雪压):0.3 kN/m^2

设计主要楼面活载:

楼面:2.0 kN/m^2

二、结构设计说明

1. 设计要求

本工程结构形式均为钢筋混凝土全框架结构,框架抗震等级为三级。

本工程结构安全等级为二级,设计使用年限为 50 年。

本工程场地类别为Ⅳ类,抗震设防类别为丙类,抗震设防烈度为七度,基本地震加速度为 0.10g。

2. 基础设计

本工程均采用桩基础。

3. 主要结构材料

混凝土:上部结构采用 C25,基础采用 C30。

钢筋:采用热轧钢筋 HPB300 及热轧钢筋 HRB335。

±0.000 以上部分砌体均采用 MU10 多孔混凝土砖,M7.5 混合砂浆砌筑。

±0.000 以下砌体采用 MU10 实心混凝土砖,M10 水泥砂浆灌浆砌筑。

4. 结构计算

采用中国建筑科学研究院 PM《结构平面计算机辅助设计程序》和 STS《钢结构设计软件》进行数据准备和导荷,采用 SATWE《多层及高层建筑结构空间有限元分析与设计软件》进行分析计算,TAT《多层及高层建筑结构三维分析与设计软件》进行校核。

第四节　给水排水设计

一、给水排水设计说明

1. 设计依据

本工程采用的主要标准及法规:

《建筑给水排水设计规范(2009 年版)》(GB 50015—2003)
《建筑设计防火规范》(GB 50016—2014)
《室外给水设计规范》(GB 50013—2006)
《室外排水设计规范(2014 年版)》(GB 50014—2006)

2. 概况

本项目是总建筑面积约为83 930 m²的小区，为多层住宅及少量公建，住宅及民居房总户数为718户。设计范围为室内外生活给水排水系统和室外消火栓给水系统。

3. 给水系统

(1)水量估算及水源

按照《建筑给水排水设计规范(2009年版)》(GB 50015—2003)进行估算，整个小区建成后，最大日用水量约为760 m³/天，最大小时用水量约为80 m³/h。

(2)供水方案

初步考虑给水采用市政管网直供。建筑给水均采用下行上给式，给水水源从小区东、西面的市政道路引入，引入总管管径为*DN*150，给水管在小区内连成环状。室外给水管采用给水球墨铸铁管，室内生活给水管采用内衬PE钢塑给水管。

(3)其他绿地浇洒用水及其他零星用水均由区内给水管道直供。

4. 消防系统(详见消防篇)

5. 排水系统

(1)排水体制

室内雨水、污废水分流排出。生活污水、雨水各自设置专用立管排放，污水经室外化粪池处理后排入市政污水管道，雨水就近排入市政雨水管道。最大日污废排水量约为760 m³/天。

(2)排水管网

雨水：屋顶雨水采用天沟汇集，沿雨水专用立管排至室外雨水管网。阳台雨水与屋顶雨水立管分开设置。

生活污水：采用独立的排水立管，伸顶通气。系统由卫生洁具、排水管道、通气管、检查口、清扫口、室外排水管道、检查井、化粪池等组成。

生活废水：经独立的排水立管进入小区污水管网，最后统一排入市政污水管网。

(3)室外排水

室外雨、污水分流。室外排水采用U—PVC加筋管。

二、消防设计说明

1. 设计依据

(1)《建筑设计防火规范》(GB 50016—2014)

(2)《建筑灭火器配置设计规范》(GB 50140—2005)

2. 室外消防给水

(1)同一时间内的火灾次数按一次考虑。按《建筑设计防火规范》(GB 50016—2014)要求，室外消防水量为20 L/s，由市政水压保证，室内可不设置消防给水系统。消火栓的设置按要求间距为80 m，消火栓距路距离小于2 m。

(2)各建筑均按要求设置手提式干粉灭火器。

三、节能专篇

1. 本工程用水量按：住宅用水量(有大便器、洗脸盆、洗涤盆、洗衣机、热水器和淋浴设备)300 L/人·d时变化系数按2.5考虑。

2. 采用节水型卫生器具及给水排水配件。

3. 公共卫生间采用感应式水嘴和感应式小便器冲洗阀。

四、环保设计

1. 生活污水在经化粪池预处理后排入市政污水网管。

2. 小区生活垃圾袋装处理，集中投放。

第五节　电气设计说明

一、设计依据

《供配电系统设计规范》(GB 50052—2009)

《20 kV 及以下变电所设计规范》(GB 50053—2013)

《低压配电设计规范》(GB 50054—2011)

《民用建筑电气设计规范》(JGJ 16—2008)

《建筑物防雷设计规范》(GB 50057—2010)

《建筑防火设计规范》(GB 50016—2014)

《建筑照明设计标准》(GB 50034—2013)

提供的资料和各工种提供的相关资料

二、设计范围

1. 10/0.4 kV 变、配电所

2. 低压配电系统

3. 照明系统

4. 建筑物防雷

5. 接地及安全

6. 智能化系统：按普及型标准配置

三、供配电系统

1. 从市政引入一路 10 kV 电源进入小区变，主要负荷等级为三级，单电源供电。

2. 负荷估算：

各种辅助用房的用电指标为 80 W/m^2。

用电名称	数量	单位指标	合计	装机容量(kVA)
室外照明	53 704 m^2	2.5 W/m^2	130 kW	设置公用变压器 11×500 kVA
各种辅助用房	3 660 m^2	80 W/m^2	300 kW	
住宅	140 户	6 kW/户	840 kW	
	528 户	8 kW/户	4 224 kW	
民居	50 户	20 kW/户	1 000 kW	

四、变配电所

小区供电采用城市 10 kV 高压电源线路环网供电，低压供电电压为 380/220 V。各地块变电所独立设置或结合物业管理用房等建筑物设置。

小区变电所位置及个数由甲方和电力部门商定，供电半径不大于 200 m，变电所内设置11 台500 kVA 的住宅变压器。住宅部分采用高供低计，在每幢楼内单独设置集中住宅表箱。在低压总出线后设置计量柜。功率因数在低压侧采用并联电容器组集中补偿，要求自动补偿到 0.9 以上。

五、低压配电系统

住宅由住宅变采用四芯电缆到各幢楼的住宅电缆分支箱，再由电缆分支箱到各单元的集中表箱，在集中表箱处零线重复接地。集中表箱在各单元底层集中设置。从集中表箱到住户箱采用大于10 mm^2的铜芯线。

六、照明

照明分普通照明与应急照明。

普通照明主要采用节能灯。

应急照明在公共建筑的各疏散楼梯间、出入口、疏散走廊等处设置，采用普通电源与自带电池的应急灯相结合，应急时间不少于30 min。

考虑室外及景观照明电源。

七、防雷接地系统

主要防雷等级按三类防雷考虑。防直击雷采用屋顶设置不大于20 m×20 m或24 m×16 m的避雷网作接闪器，防雷击电磁脉冲在变电所高低压侧装设避雷器或浪涌保护器，防雷电波侵入采用的进户金属管道均就近与总等电位联结。接地电阻不大于1 Ω。

在变电所设不少于2处临时接地端子箱。弱电机房设弱电接地端子箱并设SPD装置。

八、弱电：电话，数据信息，电视，安保，背景音乐等

1. 通信系统

设置电话网络交换机房，按每户一门电话考虑，公共场所适当设置。通信线路从市政通信网引来。在电话网络机房设置空调插座与电源箱，考虑约1 000门电话。

2. 有线电视系统

设置有线电视机房，并在适当位置设置光结点，线路从市政有线电视网引来。主干线路由有线电视部门确定。每户设一个电视插座，考虑约1 000个点。

3. 计算机系统

结合电话交换机房设置网络机房，从市政网络线路引来光缆。每户考虑一个网络点，考虑约1 000个点。

4. 其他智能子系统

(1)出入口管理及周界防越报警：在小区周界安装探测器，与周界探照灯及闭路电视监控系统联动。

(2)闭路电视监控：在小区主要通道及周界设置前端摄像机。

(3)对讲与防盗门控：在各单元入口安装防盗门和可视对讲装置。

(4)巡更管理：在小区各区域内及重要部位制定保安人员巡更路线，并安装巡更站点。

(5)停车场管理：通过对小区停车场出入口的控制，完成对车辆进出及收费的有效管理。

(6)紧急广播与背景音乐系统：在小区广场、组团绿地、道路交汇等处设置音箱、音柱等放音设备，平时播放音乐、通知等，紧急事件发生时，可切换至事故广播状态。

(7)物业管理计算机系统：应具备房产管理、住户信息管理与查询、设备管理、维修管理、住户投诉管理、保安管理、收费管理、物业公司内部管理等功能。

九、消防电气

1. 应急照明

下列部位设置火灾事故照明：

(1)封闭楼梯间。

(2)长度超过 20 m 的疏散走道和安全出口处设置疏散指示标志。

(3)消控室、变配电所、消防水泵房。

(4)智能控制中心、物业重要房间、公建重要场所。

火灾应急照明采用自带镉镍电池的应急灯与消防应急照明专用回路相结合，疏散指示标志采用自发光型。自带电池的应急灯的应急时间不少于 30 min，上述(3)、(4)条所列的重要设备用房的应急时间不少于 60 min。

2. 消防电源

采用普通电源与自带电池的应急灯相结合。

3. 线路敷设

消防线路采用阻燃铜芯线缆穿钢管暗敷或走竖井明敷，暗敷管埋设深度不得小于 30 mm。消防线路与普通电力线路在强电井内敷设时，相互之间的距离不小于 0.3 m。

十、电气节能

节约电能措施要满足使用和保证电能质量，采用节电设计方案和新型产品，提高电器设备使用效率，以节约能源。

1. 照明：照明灯具均采用节能灯，均加快速镇流器。

2. 变压器：采用低噪声低损耗干式变压器柜，以减少空载和负载损耗。控制变压器的负荷率和台数。

3. 室内及室外照明主要采用节能灯具及光源。室外照明夜深时能关掉部分灯。楼梯灯采用延时开关控制。

4. 严禁使用国家明令淘汰的产品，优先使用节能型的电气产品。

5. 按经济电流密度合理选择导线截面，减少线路损耗。

6. 合理设计供配电系统，缩短供电半径，减少线路损耗。

第六节　节能、节材、环保设计

一、建筑节能措施

1. 采用外墙外保温节能墙体做法。

2. 采用塑料框中空玻璃窗提高窗户的隔热功能。

3. 采用节能防盗百叶窗，夏日遮阳，冬日反射阳光入室，平时防盗。

4. 屋面采用 40 cm 厚挤塑板。

二、节材措施

1. 结构采用试设计方法，试设计房屋根据地质情况和建筑方案，对结构方案进行多方案比较，以求得经济合理的结构方案。

2. 结构设计中，在保证安全的前提下，尽可能减少钢材用量。

3. 如地方政府允许，可采用沉管灌注桩以节省桩基造价。

4.7 度抗震区如分户墙和山墙做部分混凝土墙，可有效降低梁柱钢筋用量，甚至减小柱截面尺寸。

三、电气节能

节约电能措施要满足使用和保证电能质量，采用节电设计方案和新型产品，提高电器设备使用效率，以节约能源。

1. 照明：照明灯具均采用节能灯，均加快速镇流器。

2. 变压器：采用低噪声低损耗干式变压器柜，以减少空载和负载损耗。控制变压器的负荷率和台数。

3. 室内及室外照明主要采用节能灯具及光源。室外照明夜深时能关掉部分灯。楼梯灯采用延时开关控制。

4. 严禁使用国家明令淘汰的产品，优先使用节能型的电气产品。

5. 按经济电流密度合理选择导线截面，减少线路损耗。

6. 合理设计供配电系统，缩短供电半径，减少线路损耗。

四、环保设计

1. 生活污水经净化池处理后，排向市政排水管网。

2. 新村生活垃圾袋装处理，集中投放。

3. 保护河道生态环境，河道护栏砌筑离开水面相应距离。

(二)写作题

结合本专业知识，试着写一份设计说明书，要求包含设计说明书的基本要素，可与其他课程相结合，利用其他课程中学到的或布置的相关作业完成。

任务五　广告文案

实例示范 6.7

楼盘名称：王府花园

王府花园最后乐章

王府·玉林郡优雅亮相，撩动玉林心脏，城南玉林至臻区位，历经品牌锤炼。

王府花园 3 期——王府·玉林郡优雅亮相！

度量名宅身份，涵养尊崇旗帜。

99.199 平方米主力空间，坚持把玉林生活变成一种私享境界。

为格调高尚的二次置业者，提供纯粹居家乐园。

精纯品质，恭候您现场品鉴！

实例评析：从这则房地产广告文案的内容上看，体现了本项目的核心价值所在。从广告受众的记忆点来看，也比较为大家所认知。这是一个有着良好生态资源的项目，再加上“撩动玉林心脏”六字，让人眼前顿显“大自然”之感。“玉林”传达出项目最大的卖点即在于以“林”为中心。推敲之，是另一番理解。作为玉林心脏，自然会孕育出稀缺产品。与其说这是一处居所，倒不如认为开发商在尽量为贵族人士定制一处精神文化栖地。

实例示范 6.8

楼盘名称：半山海景别墅

标题：身临一种境界　唯我天地

正文：

愈来愈稀有的席位
行家以独特的城市嗅觉开始巡猎
半山海景，山海别墅首席包厢
一场国际人文的风云际会
就待巅峰人士。
随文：
蛇口，半山海景准独立别墅尊崇发售
中国山海精品
自己的天下，心灵的殿堂

实例评析：这则房地产广告文案通过“稀有”“首席”等广告语突出了产品特性及品质；“巅峰人士”突显本项目的消费群体为高端人士；案名“半山海景别墅”与产品特质呼应紧密。此文案体现了楼盘的清晰定位及对目标客户消费心理的准确把握，但销售的主要卖点没有具体明确，项目的整体规划以及周边配套应该进一步说明，形成主力卖点后才更具有竞争力。进行媒体宣传的时候，重中之重应当是“产品的核心竞争力”。

实例示范 6.9

蔚蓝海岸售楼书

窗户一开，和海风抱起了个满怀——蔚蓝海岸2期的户型理念。

一句蔚蓝海岸的谚语：人在风景中，你在风景里。窗外是风景，窗内是阳光，清新的气流擦在窗边人脸上，通透的建筑——人在风景中，你装饰了别人的眼界，蔚蓝海岸的户型设计追求室内室外空间的和谐，充分满足住户室内室外空间的和谐，充分满足住户室内生活的需要，完全根据住户的身心需要行为模式设计，连客厅也比一般客厅大20%以上，满足深圳人渴望交友的需要。蔚蓝海岸建筑通透，开放的窗户设计，将室内和户外有机地结合，每个窗口都是一个独特的视觉系统，春夏秋冬，四时八节，晨昏日暮，从窗口望出去都会有不同感受，设计师以精细的感觉，捕捉微妙的关系，分辨细微的差别，结合所有的元素与细节，门、窗，廊、柱，点、线、面，色彩、材质、环境，造成一个总体，和谐又不失变化之美。

在风经过的地方，就设计一扇窗去迎接；在朝海向湖的地方，就设计一座大阳台去亲近；在阳光经过的地方，就设计一道回廊和它拥抱。

经过这条走廊，选择16种享受。这是蔚蓝会所的走廊，连续的风景把你送进来，你渴望到哪里？这里通向16项功能区。阳光健身屋里，青春和阳光一起在你身上澎湃；在啤酒屋赏赏友情、爱情、亲情的味道；在网吧和图书馆里，翱翔在另一片蔚蓝的海上；200平方米恒温泳池，总是22度，正是青春的温度。茶室、健身室、美联社容室，商务中心，屋顶花园，健康中心，仿沙滩园林泳池。老人活动中心在聚友吧的一角，咖啡香浓，音乐悠然，烛光中咖啡涨潮了，恰似故乡雨季里的那条江。到蔚蓝海岸去，在3 000平方米会所，品味生活的16种方式！

1. 心动，是因为美在流动——蔚蓝海岸2期的环境艺术

世界上有一种每个人都想得到的“心动”，让心经常保持冲动——鲜花盛开，树影摇，

海风淡淡地吹，水波粼粼地荡，阳光浅浅地流，蔚蓝海岸蓝蓝地生动，我们塑造了环境，优雅的环境也塑造了我们的生活，绿色计划——蔚蓝海岸的环境规划是整体进行的，同时，也精于细节雕琢。环境的功能划分越细，满足人的需求就越过分，人在环境中也就越舒适。蔚蓝海岸的园林规划，采用“三级一层”模式：一级绿化是社区中心集中绿化；二级绿化是组团中庭绿化；三级绿化是邻里楼间绿化；首层全架空楼内绿化，并在四角设置许多小型景观系统，有小鸟天堂、青春世界等。蓝色计划——水主题：向海的提示性原则/水边生活：水边生活是很多人的梦想，宁静、安稳、开阔、诗意、轻灵，意境深邃。蔚蓝海岸2期加强了居者对于海边生活的感受，精心营造水面系统，2期大部分住宅都傍水而立，住户下楼就可以沿着溪流缓缓散步，在最安静的地方，设计了高低错落的瀑布；在宁静的角落，设计了水梯、喷水、叠水等用水的声音去浅唱，宽阔的水池、仿沙滩池等多处水景都设于主要通道节点旁，为人们的静谧居家生活带来生动的气氛。棕榈滩漫步公园/一座风情万种的国际化社区公园，一座属于全家欢乐的私家公园，一座社区住户共享的中庭公园。在城市珍贵的空间里拥有25 000平方米的“奢侈”，想象一下最大120米的楼间距，摆得下2条深南大道；25 000平方米的面积，可以包容一个中等规模居住区。棕榈滩漫步公园占地25 000平方米，包括一个处处透着现代时尚的休闲会所，一个拥有宽大天幕的恒温泳池，一个波光粼粼的园林泳池，高大的棕榈树，按摩泳池，池中小岛，桃花心木，四季花卉，海风一吹，所有的景致生动起来；孩子一声欢笑，整幅亚热带滨海风情画顿时生机盎然。

2. 极品的生活就是挥霍得起阳光空气的亲水生活

阳光、水滩、椰树，棕榈、吊床、遮阳伞，全是热烈浪漫的元素，不是法国的地中海，不是五星级的酒店，是蔚蓝海岸的棕榈滩公园，棕榈滩漫步公园占地25 000平方米，包括一个水主题的休闲会所，一个拥有宽大天幕的游泳池，一个波光粼粼的园林泳池，一个精巧的按摩泳池；围绕棕榈滩的是9个总面积超过60 000平方米的新水花园，整个蔚蓝社区里无处不活跃着水的精灵。水是吉祥的，珍贵的，灵性的，象征着充沛的生命，高贵的生活总是因为水的濡染。在蔚蓝海岸生活，新水将是你的生活方式，是你和邻里情感沟通的方式。到蔚蓝海岸去，感受极品生活。

3. 在蔚蓝会所，我找到了把阳光搅拌在咖啡里的那种感觉

这样漂亮的会所只有一个名字，叫建筑艺术；我在艺术品里生活。

图书馆和网吧是我装修别致的大书房，聚友吧和啤酒是我情调款款的会客间，阳光健身屋是我青春格调的健身房；我在高贵典雅的四季厅设宴款待宾客，我在气派非凡的商务中心打开手提电脑……茶室、美容屋、屋顶花园、乒乓球室、健康中心、恒温泳池，仿沙滩园林泳池……3 000平方米蔚蓝会所外面是25 000平方米浪漫风情的棕榈滩，阳光，海浪，沙滩，你准会找到品味生活的那种感觉！

假日里，在棕榈滩小坐，端一杯咖啡，把阳光搅动得清脆作响，放纵想象，挥霍一段时光，这样的生活真的很奢侈，很有味道，很有感觉……到蔚蓝海岸去，享受极品生活。

实例评析：蔚蓝海岸楼盘广告文案文字优美、感染力强，使人身临其境，从而产生强烈的投身其中的想法，同时，又将楼盘设计理念和所倡导的生活格调进行了翔实的、富有想象力的广告文案阐述，充分地体现了楼盘的意境美。

写作知识

一、定义

广告文案，也称为文案，多指以语词进行广告信息内容表现的形式，有广义和狭义之分。广义的广告文案是指广告作品的全部，它不仅包括语言文字部分，还包括图片、声音、画面等内容；狭义的广告文案仅指广告作品的语言文字部分。

广告文案写作是一个发展创意、表达创意、实现创意的过程，是一个运用语言文字与目标受众沟通的过程，文字的表现力最为重要。

二、特点、作用

广告文案是广告的核心，是一切广告作品的基础，是传递某种商品、劳务、服务或社会公益信息的重要手段，是一个运用语言文字与目标受众沟通的过程，是广告媒体制作广告、发布广告的重要依据。

广告文案的特点有以下几点：

1. 真实性。真实性是一切广告作品的基础。商品、劳务、服务和社会公益的宣传、推介都要以事实为依据，真实、健康、清晰、明了。

2. 目的性。做广告的目的是销售产品和推销服务。

3. 功利性。企业、商家之间的竞争，不仅要靠高科技、高品质，还要借助制作精良的广告来提高商品的晓谕度和竞争力，达到推介促销的作用。

4. 艺术性。一份广告要想给公众留下深刻印象，仅靠科学客观的阐述或描述是不够的，而是要巧妙地调动和运用各种艺术手法，把文字、图片、声音、画面、实物、多媒体等有机结合起来，准确、贴切而又生动形象地揭示广告主题，体现广告创意，表达广告内容。

5. 简短性。广告文案写作要力求言简意赅，精练隽永，回味深长。简短，一是使消费者易读易记；二是可节省广告版面或播放时间，从而降低广告费用。简短的广告往往就是一句话。

三、种类

1. 按内容性质可以分为商品广告文案、劳务广告文案、公关广告文案、文娱广告文案、社会广告文案、公益广告文案。

2. 按服务性质可以分为非营利性服务广告文案和营利性服务广告文案。

3. 按传播媒介可以分为印刷广告文案、广播广告文案、影视广告文案、户外广告文案、霓虹灯广告文案、互联网文案、商场广告文案、橱窗广告文案、邮政广告文案、流动广告文案。

4. 按表现形式可以分为文字广告文案、美术广告文案、文字与图片(画面)综合广告文案。

四、结构与写法

广告文案在写作结构上一般包括标题、广告语、正文、附文和商标五部分。

1. 标题

标题是广告的眼睛，表现广告的主题，要求新颖、独特、醒目、引人入胜，可以“一语道破”，直截了当地写出需要的东西。其有直接标题和间接标题。通常多以厂商名、商品名称或商品主要特点为标题，如“××厂××牌电冰箱”“春花空调”“××蚊香香到蚊除”“维维豆奶，欢乐开怀”；也可以采用“曲径通幽”的方式，即不直接点明主旨，而是用暗示性的耐人寻味的语句，诱使顾客去了解需要的东西，如“冬暖夏凉何足奇，四季长春才叫妙”，这个标题之下，引出所要介绍的“××牌空调器”。

2. 广告语

广告语又称为广告口号、广告中心词、广告警句，是指在一段较长时间内反复使用的特定商业用语。它使用灵活，具有很强的独立性。其作用就是以最简短的文字把企业的特征或是商品的特性及优点表达出来，给人留下深刻的印象。它反复出现在广告中，带有强烈的鼓动性，是体现广告定位、创意、主题的一两句精彩言辞，能强化消费者对商品、劳务的优良个性和企业的经营特色的理解和记忆。如“一卡在手，走遍神州”(信用卡)、“我选择，我喜欢”(安踏运动鞋)、“钻石恒久远，一颗永流传”(戴比尔斯钻石)、“想想还是小的好”(大众甲壳虫汽车)。正由于广告语简练明确，更兼具了文学性和艺术性，所以能深入人心，为产品销售打下良好的基础。

广告语在语言文字上要求通俗有趣、个性鲜明、朗朗上口、易读易记。

3. 正文

正文是广告文案的主体、核心，是对广告标题的解释和广告主题的详细阐述，更透彻地表现广告宣传的宗旨。正文可长可短，其写法也多种多样，主要有以下几种形式：

(1)陈述体。陈述体又称为“简介体”，是用准确、简洁、朴实的语言介绍产品，突出产品的主要特点。

(2)诗歌式。诗歌式是通过诗歌的形式介绍商品。

(3)问答体。问答体是运用一问一答的形式，激发人们的好奇心，达到宣传商品的目的。

(4)证书体。证书体是借助商品或企业荣获的各种证书、奖章，或消费者对产品赞扬的信件等来证明产品质量上乘，企业服务一流，从而达到推销产品目的的方法。

(5)自述体。自述体是借助拟人化的手法，让商品自我介绍的方法。

(6)比较式。比较式是采用将产品与同类或不同类产品进行比较，以突出自己的长处，实现其经济目的的方式。

(7)论说式。论说式是以议论、概念、判断、推理等逻辑思维方式，直接阐述事理，从理智上说服消费者的广告宣传方法。

(8)儿歌式。儿歌式是通过儿童喜爱的儿歌推销产品的方法。特别适宜于各类儿童产品的宣传广告。

(9)对联式。对联式是通过中国文学上特有的对联手段宣传商品。对联押韵合辙、对仗工整、内容精练，特别受中国人的欢迎。

(10)成语式。成语式是通过活跃在广大人民群众口头的成语宣传商品，或直接引用成语，或巧妙地利用成语的谐音、双关再创新意，使广告活泼新颖，容易深入人心。

在实际的广告文案写作中，正文的表达方式丰富多彩，除上述10种外，还有快板式、戏曲式、动画式、相声式、小品式、俗语式等，写作时应慎重选择最适合、最恰当的表现形式。

需要说明的是，尽管广告文案的正文很重要，但并不是每则广告都必须有正文。有些广告因受场所、媒体等条件的限制无法使用正文。如实物广告、霓虹灯广告等，正文就不容易表达。

撰写正文应注意以下事项：

(1)重点突出。

(2)简明易懂。

(3)有趣引人。

(4)有号召力。

4. 附文

附文也称为随文，是对广告正文的补充。附文是指广告文案中那些次要的、备查备用的信息，它包括企业名称、品牌名称、企业或品牌标志、企业地址、电话、邮编、传真、邮箱、联系人等。

广告随文通常位于广告文案的尾部，内容根据不同的需要和广告的形式而定，不宜罗列过多。

5. 商标

商标是商品、品牌的标志，是产品所有者设计的受法律保护、能独家使用的作为明显标记的文字、图案或符号。有些广告标题、标语甚至直接以商标作为其中心词语，使消费者一眼就能判断其真假伪劣。如三五香烟的商标“555”，可口可乐的商标“Coca－Cola”，都成为广告的中心内容。

五、写作要求

广告文案虽然在写作结构上包括标题、广告语、正文、附文和商标五部分，但根据不同的广告内容及其表达的需要，在具体写作时未必面面俱到。同时还要遵循以下几项：

1. 要敢于立异求新。最忌拾人牙慧，千人一面。广告文案要求创新，然而没有异，就没有新。文字广告文案的新主要指创作思想要新，语言运用要新，处理技巧要新。要敢于创造，不因循守旧。

2. 要有丰富的想象和联想。广告文案创作中可以根据现实情况或生活发展逻辑，进行推测想象；可以将情感渗透于各种具体事物，使之具有人的情感想象；可以进行对比想象；也可以作反常、异化等变态想象等。

3. 应注意语言修辞技巧。修辞技巧在广告中被大量地、普遍地使用，用得恰当，能增加广告语的魅力。主要运用的修辞手法有：双关手法、夸张手法、拟人手法、对偶手法、比喻手法、巧用成语。

模式应用

标题：直接/间接

广告语：简练明确、通俗有趣、个性鲜明

正文(核心)：

(1)陈述体。

(2)诗歌式。如新加坡航空公司的广告：她将一缕温馨的柔情带给全世界，和蔼的空中服务员身着一袭纱笼裙，当她和您相逢，一绽迷人笑容，一缕温馨的柔情。晴空万里，朵朵白云，你们相逢在舒适747B、707或737波音机群上，她将以最殷勤的方式招待您。我们的女郎，是新加坡航空公司的灵魂。

(3)问答体。

(4)证书体。

(5)自述体。如“与你的皮肤相亲相爱——情人牌××肥皂广告”

(6)比较式。

(7)论说式。

(8)儿歌式。

(9)对联式。如灯具店广告：不愁夕阳去，室外偏能留影，还有夜珠来。夜中自足生光。满室明如昼，光耀九天能夺目，流光夺目辉。辉煌一定胜悬珠。

(10)成语式。如“停电24小时！依旧冷若冰霜——上海航天电冰箱广告”。

附文

知识拓展

商品说明书

一、定义

商品说明书是生产商或销售商向消费者介绍商品的性能、特点、结构、规格、型号、技术参数、使用方法等方面知识的说明书。

商品说明书一般由生产商或销售商编写，印成册子、单页或印在包装、标签上，随产品发出。

二、特点、作用

商品说明书是一种指导用户选择商品、使用商品的文书，它是“向导”“路标”，因此具有指导消费、传播知识和宣传企业的作用。

商品说明书的特点是：

1. 指导性。指导用户了解和正确使用商品。
2. 真实性。商品说明书的撰写应该客观真实。
3. 通俗性。商品说明书应该通俗易懂。

三、结构与写法

商品说明书在写作结构上包括标题、正文和尾部三部分。

1. 标题

(1)货物名称＋文种。如玻璃棉保温材料说明书，竹胶板使用说明书。

(2)商标＋型号＋名称＋文种。如海螺牌32.5复合硅酸盐水泥说明书。

2. 正文

正文是说明书的主体，包括商品构造、性能、特点、规格、型号、适用范围、技术参数、安装、使用方法、注意事项等。

正文内容要根据商品的不同种类和特点，考虑消费者在选购和使用产品时可能遇到的问题，有选择地确定其主体内容，分条列项地说明。

3. 尾部

尾部，也称为标记、附文。包括产品的商标、厂家的名称、地址、电话、邮编、代号或批准文号等。产品标记置于文末或封面的标题之下，往往配有实物照片。

四、写作要求

1. 内容要写得条理清楚、明白，体现产品的设计特点，尽可能少用专业术语。

2. 根据产品的特点、功能和经济价值有所侧重。

3. 语言要准确、通俗、简明，标题要简洁、鲜明、醒目。

五、实例示范

××牌水泥使用说明书

一、水泥性能特点

××牌水泥包括系列产品，目前主导品种有P·O 42.5普通硅酸盐水泥、P·S 32.5硅酸盐水泥，各品种水泥性能特点综述如下：

1. 早期强度高，后期强度增进率大。

2. 与各类外加剂相容性好，混凝土坍落度损失小。

3. 需水量小，有较好的保水性能、易性能。

4. 水泥质量性能稳定，28天抗压强度标准偏差小于1.5 MPa。

5. 无急凝、假凝、缓凝等不良现象。

6. 耐磨能力强，抗硫酸盐性能好，耐久性好。

7. 适用于高速公路、高层建筑等各种工业和民用建筑工程以及配制高强度等级混凝土。

二、购买、运输、保管和使用须知

1. 购买时注意查验随车的质检报告，并对水泥品种、强度等级、出厂日期、出厂编号等进行验收。

2. 运输与储存时要注意防潮结块。储存期不宜过长，在雨季或潮湿环境下，应缩短储存期，以免水泥结块、强度降低。

3. 对水泥质量有异议时，应在水泥发出之日起90天内及时反馈。超过国家规定的有效期限，厂方有权对质量投诉不予受理。

4. 应按品种、批号、出厂日期分别堆放，以便先进先用。

5. 若以其他厂家水泥冒替××牌水泥使用、混用或送检，出现的质量问题，厂方有权追究其相应责任。

三、混凝土的配制、浇筑注意事项

1. 严禁与其他厂家水泥混合，以免影响混凝土性能。

2. 混凝土拌和水、砂、石，应符合规范要求，避免使用污染水及带有泥质的砂、石来配制混凝土。

3. 严格控制水胶比。水胶比过大不仅降低混凝土的强度，而且易产生离析、干缩裂纹、表面起砂、起皮现象。

4. 混凝土应在初凝前浇筑，且不能有离析现象，若出现离析现象应重新搅拌后才能浇筑。严禁使用已到终凝的混凝土。

5. 混凝土浇筑前应对吸水性物件(模板、地面等)做相应处理，以避免混凝土中水分被吸干而影响混凝土质量。

6. 在浇筑立柱等结构物时，应在底部浇筑一层50～100 mm水泥砂浆(配合比与混凝土中的砂浆相同)，以免产生蜂窝或麻面现象。浇筑时，应按结构要求分层进行，随浇随捣，以避免产生过振现象。

7. 一般结构的混凝土整体浇筑时，应尽可能连续进行，避免间断施工。

8. 做水泥地面、楼面及屋顶平台等部位时，为避免出现“起砂或裂纹”，应注意抹面操作和及时养护，一般应经过多次抹面至表面无泌水为止，抹面时不宜洒干粉。

四、混凝土的养护注意事项

产生裂缝的重要原因之一是养护不当。养护的目的是保温、保湿，混凝土表面在完成抹面成活并开始养护前若能一直保持湿润，则可以控制干缩与温差裂缝的产生。养护方法：初凝后可用塑料膜、湿毛毡或麻袋等物覆盖，终凝后浇水，浇水次数以混凝土保持湿润为宜，浇水养护时间一般为7天。在高风速、高气温、低湿度的环境下施工，极易造成混凝土表面的游离水蒸发过快、产生急剧的体积收缩，出现塑性和干缩裂缝等不正常现象。当天气温度下降时，应适当延迟拆模时间。

楼面或屋面出现裂缝、渗水情况，不属于水泥质量问题。其产生的原因是施工时混凝土振捣不密实、存在空腔、气孔、毛细孔或裂缝等因素。

五、水泥使用时注意事项

1. 应根据工程规定要求，做好配合比设计，水泥使用量不得少于配合比要求。当使用混凝土外加剂时，应考虑水泥与外加剂的适应性。

2. 混凝土浇筑过程中，应及时进行振捣，防止漏振、过振。

3. 混凝土浇筑完毕后12小时以内对混凝土加以覆盖并保湿养护，当日平均气温低于5 ℃时，不得浇水。

4. 浇水次数应能保持混凝土处于湿润状态；采用塑料布覆盖养护的混凝土，其敞露的全部表面应覆盖严密，并应保持塑料布内有凝结水。

5. 混凝土浇水养护的时间不得少于7天。

6. 冬期施工混凝土应特别加强早期的养护，保证混凝土在未达到抗冻临界强度前不受冻。

7. 拆除现浇结构的模板及其支架时混凝土的强度应符合设计要求；当设计无具体要求时，侧模可在混凝土强度能够保证其表面及棱角不因拆除模板而受损坏后拆除。底模拆除时，要根据现浇结构的具体情况确定。

厂家的名称：(略)

地址：(略)

电话：(略)

邮编：(略)

执行标准：(略)

生产许可证：(略)

模式应用

标题

（货物名称＋文种/商标＋型号＋名称＋文种）

正文

1. 产品的概况（如名称、产地、规格、发展史、制作方法等）。
2. 产品的性能、规格、用途。
3. 安装和使用方法。
4. 保养和维修方法。
5. 附件、备件及其他需要说明的内容。

尾部

产品的商标、厂家的名称、地址、电话、邮编、代号或批准文号等。

模块小结

广告文案是广告的核心，是一切广告作品的基础，是传递某种商品、劳务、服务或社会公益信息的重要手段。任何一种广告的传播广度、受众的接受程度以及最终要实现的广告目的都离不开广告文案的写作。要写好广告文案就要把握真实性、目的性、功利性、艺术性和简短性的特点，根据种类安排结构布局，增强运用语言的能力，勇于创新，大胆联想，才能在广大受众中留下深刻的印象。商品说明书是生产商或销售商向消费者介绍商品的性能、特点、结构、规格、型号、技术参数、使用方法等方面知识的说明书。因其具有指导消费、传播知识和宣传企业的作用，在表达上一定要通俗易懂，在信息传递上要客观真实，在内容上要具体详细，才能真正起到“向导”的作用。

写作练习

一、基础训练

（一）填空题

1. 广告文案的特点主要有________、________、________、________、________。
2. 商品说明书是生产商或销售商向消费者介绍商品的________、________、________、________、________、________、________等方面知识的说明书。

（二）选择题

1. 广告文案按照内容和性质分，可以分为（　　）。

　A. 商品广告文案、劳务广告文案、公关广告文案、文娱广告文案、社会广告文案、霓虹灯广告文案

　B. 非营利性服务广告文案、营利性服务广告文案

　C. 印刷广告文案、广播广告文案、影视广告文案、户外广告文案

D. 商品广告文案、劳务广告文案、公关广告文案、文娱广告文案、社会广告文案、公益广告文案

2. 商品说明书的特点有(　　)。(多选)

A. 指导性　　B. 真实性

C. 通俗性　　D. 条理性

(三)判断题

1. 附文也称为随文，是对广告正文的补充，每篇广告文案都要有附文。(　　)

2. 商品说明书只是介绍商品，没有宣传、推销商品的作用。(　　)

3. 广告的标题具有特殊的作用，它向消费者传达一种长期不变的观念，能加深消费者对企业、商品或服务的独特优良个性的记忆，以形成固定的良好印象。(　　)

(四)简答题

1. 撰写广告文案正文的注意事项有哪些?

2. 广告文案主要运用的修辞手法有哪些?

二、写作实训

(一)纠错题

阅读下面一则饮料广告文案，指出存在的毛病并修改。

某某牌饮料采用中药配方，经科学方法提炼其有效成分酿造而成。国内首创，风格独特，香味柔和，清润可口，乃新型保健饮料，宴席佐餐佳品，具有滋阴补肾、培本固精、延缓衰老、滋润皮肤之功效，是清代以后历代官室的高级滋补饮品。

(二)阅读题

阅读瑞士雷达牌手表广告文案，回答文后问题。

每五个瑞士人就有一位佩戴雷达表

瑞士乃著名的手表王国，生产的手表在世界享有盛名，雷达表就是最具代表性的一个名牌。

在瑞士，雷达表一向稳站最畅销、生产量最多的领导地位，每五个瑞士人就有一位佩戴雷达表。在日本，它也是进口量最多的瑞士手表，其受欢迎情况可想而知。

雷达石英男女装表，是先进科技与完美艺术的新结晶，表镜配用层叠式无框蓝石水晶玻璃，坚刚璀璨，闪闪生辉，防水、防震、防尘，性能卓越，佩戴在腕上，处处显出主人的出众风采。

1. 这则广告文案采用了哪种广告标题形式?

2. 分析这则广告的结构和语言有何特点?

(三)写作题

下面是关于药品感冒清热颗粒(冲剂)的说明材料，请根据下列材料写一份产品说明书，要求格式完整，条理清楚，语言简洁通俗。

北京××药业有限公司生产的感冒清热颗粒属于处方药药品，主要用于风寒感冒，头痛发热，恶寒身痛，鼻流清涕，咳嗽咽干等症状，具有疏风散寒，解表清热的功能。该药品主要采用薄荷、防风、柴胡、紫苏叶、葛根、桔梗、苦杏仁、白芷、苦地丁、芦根等中草药精制而成，同时辅以糖粉和糊精。

在服用时，不能吸烟、喝酒，不可以吃辛辣、生冷、油腻的食物，同时，患有高血压、心脏病、肝病、糖尿病、肾病等慢性病患者，孕妇及接受其他治疗的患者，年老体弱的患者及小儿应在医生的指导下服用，儿童应在成人的监护下服用，其他严格按照用法用量服

用。服药三天后症状无改善，或出现发热、咳嗽加重，并有其他很严重的症状，如胸闷、心悸时应去医院就诊。

因为本药为棕黄色，较为美观，而且味甜，所以极易被儿童误服，因此本药应放在儿童不易接触到的地方，同时为避免药品发生变化，本药应密封贮藏，本药一旦性状发生改变时应马上禁止服用。本药包装为盒式，每盒10袋，每袋12 g，为方便患者，所有药品生产日期均写在包装盒上。

任务六　毕业论文、毕业答辩

实例示范 6.10

浅论房建工程建筑施工现场管理措施

【摘要】近年来，随着现代化社会发展水平的不断提高以及科学技术的进步发展，我国的房建工程施工建设取得了较大发展。目前，社会对房建工程施工建设的要求也在日益提升，房建工程的实际施工质量水平的高低直接影响到广大人民群众的日常生活质量水平，关系到房建工程施工建设单位的经济利益的获得与社会地位的提高。本文就现阶段房屋建设工程施工建设中的现场管理科学化措施展开详细论述。

【关键词】房建工程；施工现场管理；措施

（英文摘要略）

现阶段，随着建筑行业的快速发展，房建工程的施工建设要求不断加大，需要不断提升房建工程的施工建设管理水平。房建工程施工建设过程中的施工建设现场管理是整个房建工程施工建设中的重要管理工作之一，关系到整个房建工程的施工质量。因此，在房建工程的实际施工建设过程中，要采取科学的管理措施以及管理手段，加强房建工程的现场管理，从而确保房建工程施工建设中的施工进度以及施工质量的控制管理。

一、现阶段房建工程施工建设中加强现场管理的重要意义

从某种程度上来讲，房建工程施工建设的质量安全直接影响到广大人民群众的生命财产安全，而房建工程施工建设的施工现场是整个房建工程施工建设中出现质量问题的主要场所。具体来说，房建工程中出现的任何质量问题，在一定程度上都直接或者间接地来源于房建工程施工建设的施工现场，房建工程建设过程中的施工现场管理是房建工程管理工作的核心[1]。房屋建设工程施工建设中的现场管理工作是一项复杂性以及细致性较强的工作，管理过程中，相关的管理人员要亲自深入到房建工程的施工现场进行详细的调查管理。对房建工程施工建设的具体情况进行跟踪调查并且要结合实际情况做出相对合理的评估，然后与房建工程规划工作中的计划进度进行有效对比比较，及时与房建工程的相关施工负责人进行协商。正确处理好房建工程正式施工中出现的设计变更工作，并做好贯彻落实工作，从根本上确保房建工程的实际施工质量水平。

二、房建工程施工建设中的现场管理措施

（一）加强房建工程施工建设中施工现场的安全质量管理

房建工程施工建设中的施工现场安全化管理直接影响到整个房建工程施工建设工作的

顺利开展。具体来说，可以从以下几个方面不断加强安全化管理。

第一，在房建工程施工现场的管理工作中，需要建立健全相关的房建工程施工现场的安全化管理组织机构，将施工现场的安全责任贯彻落实到房建工程施工建设中每一个管理人员以及工作人员的实际工作当中，并做到奖罚分明。对于违反施工现场安全化操作的工作人员进行严肃处理，并给予其一定的经济处罚与通报批评。

第二，在房建工程施工建设的实际施工现场要安排专门的现场安全化施工相关负责人，并且需要对每一个房建工程的施工人员进行定期的施工安全知识培训。利用分发安全手册以及举办讲座等方式来不断增强房建工程施工建设中每一工作人员的安全化意识，并将安全化意识落实到实际工作当中，充分发挥安全培训的作用[2]。

第三，房建工程的相关管理人员要专门安排安全管理人员对施工现场进行全天候的巡视，如果发现相关的施工安全隐患，要及时告知相关人员并强行要求其进行科学整改。安全管理人员有权利要求正在危险地带施工的工作人员停止工作，并且返回到施工安全位置。

第四，不断加大房建工程施工现场的安全宣传管理，在房建工程施工现场比较容易出现安全事故的位置，挂上标准的安全提示牌。

(二)加强房建工程施工建设中施工现场的技术管理

在房建工程施工建设过程中，要高度重视施工技术的管理，确保施工人员以及技术人员能够按照规范化程序进行相关的技术管理。比如，在混凝土技术的管理工作中，混凝土的现场配置技术要安全可靠，保证房建工程的质量安全。配制中所需要的水泥、砂以及石料在进场期间，水泥需要有专业的出厂合格证，实际的现场储存期不可以超过三个月的保质期。砂以及石料要严格按照生产地来采购。混凝土在配制施工之前，需要由专门的实验部门对混凝土的实际配合比进行有效的试配管理，并且在实验部门出具相关的规范化配验单之后，再按照配验单上的标准配合比开展施工工作。在混凝土的具体浇筑工作中，应严格按照工程施工的设计规范化要求进行施工，每层楼的混凝土需要进行二次浇筑，第一次对柱混凝土进行科学浇筑，第二次对柱与梁板之间的交界位置的节点区混凝土以及梁进行科学浇筑。房建工程施工过程中混凝土浇筑中的楼梯应该随柱错半层进行浇筑。浇筑混凝土过程中，底部尽量先浇入一定范围的水泥砂浆，然后浇入已经加入石料的混凝土。在混凝土的振捣工作期间，不可以破坏钢筋以及专用的预埋件。尽量安排专人看守模板，避免爆模现象的发生。浇筑的实际方向应该尽量从一端向另一端进行推入，同一个流水段在混凝土浇筑过程中，要连续浇筑。浇筑时要高度重视浇筑的实际高度以及振捣棒的实际插入间距、插入的深度以及插入顺序。施工缝处在新浇混凝土之前，需要将原先混凝土的浮石凿去除，而且要尽量冲洗干净，再刷素水泥浆，之后再用水泥砂浆将其抹压平整，最后完成混凝土的实际浇筑工作。

(三)加强房建工程施工建设中施工现场的进度管理

在房建工程施工建设的进度管理过程中，需要按房建工程的施工阶段进行有效分解，重点突出房建工程的施工进度控制节点。房建工程施工中应该针对不同的施工阶段重点以及施工建设过程中的有关条件，进行科学化施工细节要求的制定，从而实现房建工程施工建设过程中各个环节之间的平衡，最终确保施工现场进度管理控制点的顺利实现。房建工程施工建设过程中的工程建设施工单位要对工程每个阶段的目标进行科学分解，明确每个环节的目标。具体来说，可以利用总进度网络为目标制定的依据，明确每个施工单位的分包目标，然后根据房建工程的合同责任书将分包责任进行贯彻落实，利用分头实现每个部分目标的方法来保证最终总目标的顺利实现[3]。从专业工种角度出发，将施工进度进行科学分解，明确不同工种的交接日期，在专业或者是工种不相同的施工任务中，要高度重视相互之间的配合程度，从而更好地做好交接工作，更好地为以下一道工序提供充足的准备条件，而且要明确因为耽误下一道工序的进行而导致的窝工等相关损失以及房建工程施工建设过程中总施工进度的损失。房建工程施工建设的相关管理人员要强化施工进度的重要性，确保在规定时间内完成施工工作。

三、结语

总而言之，房建工程建筑施工现场管理是一项综合性较强的工作，需要从房建工程施工建设的施工现场的多个方面进行控制管理。针对房建工程现场管理中可能出现的问题，制定科学的管理措施。从房建工程施工建设的质量安全方面、进度管理方面以及技术管理方面等进行管理，从而确保房建工程施工建设中现场管理水平的不断提升。

【参考文献】

[1]陈万才．基于房建工程质量的施工现场管理方法分析[J]．门窗，2014，01：254.

[2]文龙，张兴成．试论房屋建筑现场施工技术和施工管理[J]．中华民居(下旬刊)，2013，07：60—61.

[3]吴敬东．住宅建筑施工现场管理的探讨[J]．科技创新与应用，2012，16：178.

实例评析：这是一篇作者在平时学习过程中撰写的理工科类专业论文。全文包括摘要、关键词、正文、参考文献等几部分，正文部分包括引言、主体和结论三部分，主体部分分别从安全质量、技术和进度管理三个方面进行了论证，就现阶段房屋建设工程施工建设中的现场管理科学化提出了具体的建议。结构完整，文字表述简练，论点明确，论证严谨。

实例示范 6.11

毕业论文提纲

1. 课题名称

钢筋混凝土多层、多跨框架软件开发

2. 项目研究背景

所要编写的结构程序是混凝土的框架结构的设计，建筑指各种房屋及其附属的构筑物。建筑结构是在建筑中，由若干构件，即组成结构的单元如梁、板、柱等，连接而构成的能承受作用(或称荷载)的平面或空间体系。

3. 项目研究意义

建筑中，结构是为建筑物提供安全可靠、经久耐用、节能节材、满足建筑功能的一个重要组成部分，它与建筑材料、制品、施工的工业化水平密切相关，对发展新技术、新材料，提高机械化、自动化水平有着重要的促进作用。

由于结构计算牵扯的数学公式较多，并且所涉及的规范和标准很零碎，并且计算量非常之大。近年来，随着经济进一步发展，城市人口集中、用地紧张以及商业竞争的激烈化，更加剧了房屋设计的复杂性，许多多高层建筑不断地被建造。这些建筑无论从时间上还是从劳动量上，都客观地需要计算机程序的辅助设计。这样，结构软件开发就显得尤为重要。

一栋建筑的结构设计是否合理，主要取决于结构体系、结构布置、构件的截面尺寸、材料强度等级以及主要机构构造是否合理。这些问题已经正确解决，结构计算、施工图的绘制，则是令人辛苦的具体程序设计工作了，因此原来在学校使用的手算方法，将被运用到具体的程序代码中去，精力就不仅集中在怎样利用所学的结构知识来设计出做法，还要想到如何把这些做法用代码来实现。

4. 文献研究概况

在不同类型的结构设计中有些内容是一样的，做框架结构设计时关键是要减少漏项、减少差错，计算机也是如此。

《建筑结构可靠度设计统一标准》(GB 50068—2001)是为了合理地统一各类材料的建筑结构设计的基本原则，是制定工业与民用建筑结构荷载规范、钢结构、薄壁型钢结构、混凝土结构、砌体结构、木结构等设计规范以及地基基础和建筑抗震等设计规范应遵守的准则。

结构，以及组成结构的构件和基础；适用于结构的使用阶段，以及结构构件的制作、运输与安装等施工阶段。本标准引进了现代结构可靠性设计理论，采用以概率理论为基础的极限状态设计方法分析确定，即将各种影响结构可靠性的因素都视为随机变量，使设计的概念和方法都建立在统计数学的基础上，并以主要根据统计分析确定的失效概率来度量结构的可靠性，属于"概率设计法"，这是设计思想上的重要演进，这也是当代国际上工程结构设计方法发展的总趋势，而我国在设计规范(或标准)中采用概率极限状态设计法是迄今为止采用最广泛的国家。

实例评析：毕业论文提纲是撰写毕业论文的必要前提。本提纲包括题目、研究背景、研究意义和现有研究情况几个方面，选题范围恰当，研究背景和意义明确，已具备一定研究基础。不足之处为后续还需要完善研究方法、研究过程等内容。

实例示范 6.12

大学生诚信缺失的现状与原因透析

×学院×系×专业×班　×××

【摘　要】诚信是一切道德的基础和根本，是一个人思想道德素质最核心的外在表现。文章详细列举了大学生诚信缺失的现状，从传统观念、社会、高校、大学生自身和家庭等多方面分析了大学生诚信缺失的原因，有助于大家寻找到有效防范大学生诚信缺失的方法和对策。

【关键词】大学生；诚信；缺失；现状；原因

(英文摘要略)

"诚信"是发展社会主义市场经济的基础行为规范，是社会主义建设者的基本素质要求，也是现代文明的重要标志。作为接受高等教育的大学生，其诚信程度近年来备受质疑。惠及贫困学子的国家助学贷款的步履艰难让社会对大学生的诚信鲜见一斑。2007 年 8 月，扬州高校国家助学贷款的违约率达到 17%，违约金额高达 112 万，工行总部停止与扬州市6 所高校的国家助学贷款协议[1]。大学生诚信缺失对高校和社会提出了一个严峻的课题。

一、大学生诚信缺失的现状

（一）学习方面诚信缺失

1. 考试作弊。考试替考、夹带、偷看等作弊在高校屡禁不止，甚至有愈演愈烈的趋势。而且，作弊呈现出新的特点。一是作弊人数不断增加，形成特殊的小群体；二是出现了以赚钱为目的的“职业枪手”，有组织、有分工、全程服务；三是作弊者的心态变得比较坦然，“麻木不仁”，孕育出畸形的作弊亚文化；四是作弊手段推陈出新，作弊工具现代化，运用手机、隐形耳麦等先进通信工具传递答案等。

2. 学术抄袭。有些学生对老师布置的（课程）论文，不是认真查阅资料、仔细钻研，而是找别人的论文采取“糨糊加剪刀”“鼠标加键盘”的方法，拼凑出来敷衍了事，甚至有些学生就直接把别人的论文，换成自己的名字当作作业，出现很多雷同的论文，毫无创新性。论文写作本来是训练科学思维能力，掌握分析、解决问题的方法，巩固所学课程知识的一个重要环节，而此种“创作”法使其意义尽失。

（二）经济活动方面诚信缺失

1. 毕业后不按时归还助学贷款。国家助学贷款自 20 世纪 90 年代实行以来，数以百万计的大学生解决了在大学的学费和住宿费来源，缓解了家庭的经济压力，为帮助贫困学生顺利完成学业立下了汗马功劳。但是很多学生毕业后就将其“遗忘”得干干净净。2007 年 8 月 8 日，福建省教育厅首次在网站上公布了国家助学贷款违约学生名单，涉及福建省 16 所高校共 121 人[2]。大学生贷款积极，还款拖沓，将一个非常好的惠及万千学子的工程推到尴尬的境地，甚至影响了学弟学妹的助学贷款。

2. 恶意欠费。部分大学生向父母要了学费不交，用来买电脑、谈恋爱、旅游、炒股，甚至赌博，能拖就拖，能欠就欠，使学校苦不堪言。手机等欠费后长期不交，更有甚者在手机卡尚存几元钱时拨打一个长时间的长途电话，然后扔掉旧卡更换新卡，恶意逃欠；信用卡透支后，不到催缴从不还账。

（三）求职就业的诚信缺失

1. 求职简历的“注水”。一般来说，求职简历是用人单位选用人才的第一道关卡。不少大学生为了竞争好的工作岗位，通过夸大或履历造假来充实自己的“实力”。在一些招聘会上甚至出现同一所学校同一届有数位学生会主席的荒诞事情。

2. 轻诺寡信，随意毁约。毕业生和用人单位之间通过签订协议，以合同形式确定双方相互选择的权利和义务。但是，部分大学生缺乏诚信意识，“饥不择食”地与招聘单位签订就业协议，当发现条件较好的招聘单位时，就撕毁已有协议，另择高枝，使招聘单位的用人计划落空，严重影响了学校的声誉。

（四）与人交往诚信缺失

1. 人际关系虚假。主要表现为当面一套背后一套，做人不真诚，势利眼。处处吹牛，夸大个人的能力，时时承诺，而从不兑现。个人交往中借钱不还，借物不归。

2. 恋爱态度不严肃。当前，大学生谈恋爱现象十分普遍，有些学生能够正确对待，但也有一些学生对感情的把握缺乏正确的态度，缺少责任，更多地抱有一种游戏态度，多角恋爱。恋爱不成，轻生、伤害对方。

3. 网络欺骗。信息时代，作为信息传播工具之一的网络日益融入我们的学习和生活。但是，网络在给我们带来大量资讯的同时，也带来一些负面影响。由于网络交往时人们行为的符号化，传统道德关于诚信的制约机制被弱化，撒谎、诈骗、赌博等行为是在鼠标的点击中发生的。更有甚者，有些大学生利用网络的虚拟特性，在网上信口开河发布虚假信息，发送电脑病毒，给他人和社会造成了较大的危害。

大学生诚信缺失的种种表现，带来了许多危害。从个人角度来说，没有养成诚信品质，不利于大学生成才；从他人角度来讲，损害其他学生的正当权益；从学校角度来看，大学生诚信缺失有损于高校教育教学质量的形象和信誉；从社会的角度来看，增加社会的不安定因素，影响经济的健康运行。

二、大学生诚信缺失的原因透析

(一)传统诚信观念作用范围与当代社会特点脱节

在我国，传统农耕生活千百年的延续，导致社会生活圈相对集中，活动范围较为固定，大多局限于亲朋、族人、乡人等有血缘、地缘关系的熟人之间。风俗习惯、社会舆论和伦理道德观念就可以很好地发挥作用，使得人们为了友好相处和长期生存与发展，不敢贸然违背诚信道德原则。在熟人和亲属之间做人做事能够做到合情合理，诚实守信，不欺诈。但现在随着全球化趋势加快，人流、物流快速交汇和流通，我们所面对的更多的是一个“陌生人”的社会，人与人之间信息不对称，传统的诚信观面对转型中的社会显得苍白无力。

(二)社会政治经济文化等领域不良风气的影响

政治领域。少部分领导干部凭借权力贪污受贿、生活腐化堕落、搞行业不正之风等等，影响了党员干部的整体形象，青年大学生与社会的联系十分紧密，政治领域的不正之风容易对大学生产生不良影响，使其产生诚信缺失。

社会经济领域。假冒伪劣、合同违约、债务拖欠、偷逃税费、走私逃汇、商业欺诈等失信现象行为扰乱了社会经济秩序，损害了消费者利益，影响了国民经济健康发展，也对青年大学生产生不良影响，使一些青年大学生会缺乏诚信责任意识，做出诚信缺失的行为。

文化领域。宣传工作中的虚假报道、有偿新闻等，教育乱收费、招生黑幕、注水文凭等，学术论文的粗制滥造、假冒伪劣、抄袭剽窃等现象不利于我国精神文明建设的顺利进行，也必然会对青年大学生产生消极影响。

(三)社会运行经济利益至上

人作为一种社会关系的产物，必然要受到社会环境的影响。当代大学生作为对社会反映最敏感的群体，他们的道德现状必然要受到社会环境的影响，尤其在市场经济条件下。马克思曾深刻指出：“在利益仍然保持着彻头彻尾的主观性和纯粹的利己性的时候，把利益提升为人类的纽带，就必然会造成普遍的分散状态，必然会使人们只管自己，彼此隔绝，使人类变成一堆互相排斥的原子”。受到社会这个大环境的影响，大学生也难以抵御社会中的各种负面影响，难以形成正确的道德观念和道德行为，从而导致与社会主流道德的背离现象。

(四)高校诚信教育缺乏实效性

高校诚信教育是影响大学生诚信状况的直接因素，但当前的诚信教育缺乏实效性，主要表现为：

1. 诚信教育内容模糊。在当前高校的诚信教育中，一个重要的问题就是诚信教育的内容没有明确的界定。对于诚信教育的内涵许多教师表示说不清楚，这必然影响高校诚信教育的切实有效。

2. 诚信教育方法单一。当前多数的诚信教育停留在传统的说教上，多是通过灌输法；除去讨论法和实践法，没有发掘出更好的形式，难以起到应有的效果。

3. 诚信教育路径狭窄、诚信教育队伍乏力也影响了诚信教育的效果[3]。

（五）大学生缺少自身诚信修养和实践

许多大学生谈起诚信问题来口若悬河、头头是道，对作业抄袭、考试作弊等失信行为也多持反对态度，但同时他们也承认失信行为就发生在自己或同学的身上。大学生的诚信意识与诚信行为不够统一，他们的实际行为和心中坚持的准则有所出入。虽然主观上觉得诚信很重要，待人处事应该以诚信为本，但在实际行为上却没有以冷静的头脑来明辨是非，认为别人都这样，我也这样无所谓了。因而导致有的大学生随波逐流，经常做些不诚信的事情。这正是大学生诚信缺失的内因所在，亦是人类固有的趋利本性在失控时的外在表现。

（六）家庭教育存在误区

家庭教育中存在"重智力、轻品德"的现象，家长对孩子的功课抓得很紧，却很少顾及对孩子道德品质的教育和精神品格的塑造，导致孩子缺乏社会责任感和诚信观念。

此外，对中国家庭来说，宠爱是在教育子女上的一个通病。有的长辈怕后代吃亏，平时言传身教的，是如何损人利己、如何占便宜、如何去弄虚作假、如何沽名钓誉……因此导致其子女个性特别强，自私自利。这不能不说是失信行为产生的重要原因。

三、结语

大学生诚信缺失的种种表现有其相应的根源，对这些原因的深度透析有助于我们寻找到有效防范大学生诚信缺失的方法和对策。诚信在和谐社会中扮演着重要角色，坚守诚信是每个人的最基本道德要求，更是大学生的言行准则。加强大学生诚信教育势在必行。

参考文献：

（略）

实例评析：本文属于社科类论文，包括题目、摘要、关键词、正文、参考文献几部分。题目选取了社会热点进行研究，正文包括引言、主体和结论三部分，主体部分包括大学生诚信缺失的现状和原因分析两部分，紧扣题目，现状又具体分为四类表现，即理论和实例相结合，内容非常充实，具体形象，原因分析比较全面。引言和结语前后呼应。不足之处为按照研究问题的步骤一般包括提出问题、分析问题和解决问题，解决问题是进行研究的关键，本文没有涉及这一部分降低了其实践价值，可在后续研究中进行重点研究，提出可行性方案。

写作知识

一、毕业论文

（一）定义

毕业论文是学术论文的一种，是高等学校毕业生毕业之际在老师指导下，运用在校期间所学的基础理论、专业知识和基本技能独立完成的，有一定学术价值和学术水平的文章。毕业论文从资料准备到选题撰写是集实习、论文写作和答辩于一体，三者相辅相成的教学过程，是以学生为主体的实践性极强的教学环节，它是大学生从理论基础知识学习到从事科学技术研究与创新活动的最初尝试。

(二)特点、作用

毕业论文是高等学校对学生整个学习过程的一个综合性考查。大学生毕业论文质量的好坏是评价教学水平质量高低的一个重要标准，是对学生的培养质量和综合水平的一个总体检验，具有汇报作用和检测作用。

毕业论文的特点有以下几点：

1. 完成论文的独立性。坚持独立思考和自己动手是贯穿于毕业论文全过程的首要前提。独立性表现在以下几个方面：

(1)独立地调研、整理、消化和运用所学的理论和实践知识。

(2)独立地在统一课程中选定课题，搜集、整理和利用有关材料，进行独立性的立论、构思、拟出提纲。

(3)独立地起草、修改、定稿，并做好答辩准备。

2. 运用知识的综合性。就毕业论文的撰写过程和内容而言，必然体现一定程度上知识和能力的组合。综合性表现在以下几个方面：

(1)在撰写过程中，在运用论据论证论点时需要综合运用分析归纳、论述表达等能力，需要综合应用所学专业的理论知识。

(2)在毕业论文的内容里，必须综合反映学生本人认识客观事物、改造客观事物的能力，综合反映运用专业知识解决实际问题的能力，综合反映学校教学的基本要求和学生本人学习的水平。

3. 讲求论文的价值性。学生在撰写毕业论文时，都有一定的价值取向即思想倾向。这些思想倾向表现在论文中，就形成了论文的价值性。具体有以下几项：

(1)讲求论文内容的价值性。

(2)讲求教师教学的价值性。

(3)讲求促进教育教学的价值性。

(三)毕业论文写作的一般步骤

1. 选题

毕业论文题目的选定不是一下子就能够确定的。若选择的毕业论文题目范围较大，则写出来的毕业论文内容比较空洞，难以结合实际；而选择的毕业论文题目范围过于狭窄，又难以查找相关文献资料，会让人感到无从下手。对于毕业论文题目的确定，要坚持选择有科学价值和现实意义的、切实可行的课题。选好课题是毕业论文成功的一半。

(1)要坚持选择有科学价值和现实意义的课题。科学研究的目的是更好地认识世界、改造世界，以推动社会的不断进步和发展。因此，毕业论文的选题，必须紧密结合社会主义物质文明和精神文明建设的需要，以促进科学事业发展和解决现实存在问题作为出发点和落脚点。选题要符合科学研究的正确方向，要具有新颖性，有创新、有理论价值和现实的指导意义或推动作用。具体地说，可从三个方面来选题：第一，要从现实的弊端中选题，学习了专业知识，不能仅停留在书本上和理论上，还要下一番功夫，理论联系实际，用已经掌握的专业知识，去寻找和解决工作实践中急待解决的问题。第二，要从寻找科学研究的空白处和边缘领域中选题，科学研究还有许多不足和空白，这些都需要填补。应考者应有独特的眼光和超前的意识去思索，去发现，去研究。第三，要从寻找前人研究的不足处和错误处选题，在前人已提出来的研究课题中，许多虽已有初步的研究成果，但随着社会的不断发展，还有待于丰富、完整和发展，这种补充性或纠正性的研究课题，也是有科学价值和现实指导意义的。

(2)要根据自己的能力选择切实可行的课题。毕业论文的写作是一种创造性劳动，不但要有学生个人的见解和主张，同时，还需要具备一定的客观条件。由于个人的主观、客观条件都是各不相同的，因此在选题时，还应结合自己的特长、兴趣及所具备的客观条件来选题。具体地说，可从三个方面来综合考虑。第一，要有充足的资料来源。“巧妇难为无米之炊”，在缺少资料的情况下，是很难写出高质量的论文的。选择一个具有丰富资料来源的课题，对课题深入研究与开展很有帮助。第二，要有浓厚的研究兴趣，选择自己感兴趣的课题，可以激发自己研究的热情，调动自己的主动性和积极性，能够以专心、细心、恒心和耐心的积极心态去完成。第三，要能结合发挥自己的业务专长，每个学生无论能力水平高低，工作岗位如何，都有自己的业务专长，选择那些能结合自己专业、发挥自己业务专长的课题，对顺利完成课题的研究大有益处。

2. 材料的收集与整理

资料是构成论文写作的基础。在确定选题、进行设计以及必要的观察与实验之后，做好资料的搜集与处理工作，是为论文写作所做的进一步准备。论文写作资料可分为第一手资料与第二手资料两类。前者也称为第一性资料或直接资料，是指作者亲自参与调查、研究或体察到的东西，如在实验或观察中所做的记录等，都属于这类资料；后者也称为第二性资料或间接资料，是指有关专业或专题文献资料，主要靠平时的学习积累。具体包括以下步骤：

(1)搜集资料。首先，查阅资料时要熟悉、掌握图书分类法，要善于利用书目、索引，要熟练地使用其他工具书，如年鉴、文摘、表册、数字等。其次，做实地调查研究，调查研究能获得最真实可靠、最丰富的第一手资料，调查研究时要做到目的明确、对象明确、内容明确。调查的方法有普遍调查、重点调查、典型调查、抽样调查。调查的方式有开会、访问、问卷。最后，关于实验与观察。实验与观察是搜集科学资料数据、获得感性知识的基本途径，是形成、产生、发展和检验科学理论的实践基础。建筑类论文中理论运用和技术实践类一般都是作者亲自参与项目然后运用所学知识思考、总结得来的资料。

(2)整理资料。在获得足够资料的基础上，还要进行加工处理，使之系统化和条理化，便于应用。对于论文写作来说，这两类资料都是必不可少的，要恰当地将它们运用到论文写作中去，注意区别主次，特别对于文献资料要在充分消化吸收的基础上适当引用，不要喧宾夺主。对于第一手资料的运用也要做到真实、准确、无误。在这些过程中，有几样事情需要做：概括出与毕业论文题目有关的研究现状，整理出毕业论文提纲或大致思路，熟悉基本的毕业论文格式与写作规范。这是一个去伪存真、去粗取精的过程。要做到必要、可靠、新颖、典型、丰富。

3. 撰写毕业论文

做好前期准备工作后，进入撰写毕业论文的阶段，基本要经历以下几个步骤：

(1)拟写论文提纲。第一，要对学术论文的基本型(常用格式)有一概括了解，并根据自己掌握的资料考虑论文的构成形式。对于初学论文写作者可以参考杂志上发表的论文类型，做到心中有数。第二，要对掌握的资料做进一步的研究，通盘考虑众多材料的取舍和运用，做到论点突出，论据可靠，论证有力，各部分内容衔接得体。第三，要考虑论文提纲的详略程度。论文提纲可分为粗纲和细纲两种，前者只是提示各部分要点，不涉及材料和论文的展开。对于有经验的论文作者可以采用。但对初学论文写作者来说，最好拟一个比较详细的写作提纲，不但提出论文各部分要点，而且对其中所涉及的材料和材料的详略安排以及各部分之间的相互关系等都有所反映，写作时即可得心应手。

(2)执笔写作。执笔写作标志着科研工作已进入表达成果的阶段。一篇高质量的学术论文，内容当然要充实，但形式也不可不讲究，文字表达要精练、确切，语法修辞要合乎规范，句子长短要适度。论文写作也和其他文体写作一样，存在着思维的连续性。因此，在写作时要尽量排除各种干扰，使思维活动连续下去，集中精力，力求一气呵成。对于篇幅较长的论文，也要部分一气呵成，中途不要停顿，这样写作效果较好。

(四)结构与写法

1. 文书结构

毕业论文在写作结构上一般包括封面、题目、摘要、关键词、目录、正文、致谢、参考文献和附录九部分。

(1)封面。封面一般包括论文题目、学校名称、所在院系、班级、专业、学生姓名、指导教师姓名、日期。

(2)题目。毕业论文题目应该简短、明确、有概括性。通过题目，能大致了解论文内容、专业特点和学科范畴。但字数要适当，一般不超过20字，必要时可加副标题。

(3)摘要。摘要应具有独立性和自含性，即不阅读报告、论文的全文，就能获得必要的信息。摘要中有数据、有结论，是一篇完整的短文，可以独立使用，可以引用，可以用于工艺推广。摘要一般应说明研究工作目的、实验方法、结果和最终结论等，而重点是结果和结论。中文摘要一般不宜超过200～300字；外文摘要不宜超过250个实词。如遇特殊需要字数可以略多。除了实在无变通办法可用以外，摘要中不用图、表、化学结构式、非公知公用的符号和术语。

(4)关键词。关键词是为了文献标引工作，从报告、论文中选取出来用以表示全文主题内容信息款目的单词或术语。每篇报告、论文选取3～8个词作为关键词，以显著的字符另起一行，排在摘要的左下方。如有可能，尽量用《汉语主题词表》等词表提供的规范词。为了国际交流，应标注与中文对应的英文关键词。

(5)目录。目录是论文的提纲，可以帮助读者查阅所希望了解的内容，目录中应有页号，页号从正文开始直至全文结束。

(6)正文。正文是毕业论文的主体和核心部分，一般应包括引言、主体及结论三部分。

①引言。引言一般作为正文的第一自然段，是毕业论文主体的开端。引言应包括：毕业论文的选题背景及写作目的、现实意义、对所研究问题的认识；国内外研究状况和相关领域中已有的研究成果；课题的研究方法、研究内容；提出论文的中心论点等。引言要写得简明扼要，篇幅不要太长。一般不多于500字。

②主体。论文主体是毕业论文的核心。在本部分要运用各方面的研究方法和实验结果，分析问题，论证观点，尽量反映出自己的科研能力和学术水平。应该结构合理，层次清楚，重点突出，文字简练、通顺。

③结论。结论为正文最后一个自然段，是毕业论文的总结，是整篇论文的归宿。要求精练、准确地阐述自己的创造性工作或新的见解及其意义和作用，还可进一步提出需要讨论的问题和建议。

(7)致谢。致谢中主要感谢导师和对论文工作有直接贡献及帮助的人士和单位。

(8)参考文献。参考文献由两部分组成，一是撰写论文过程中的参考书目；二是注释。

毕业论文凡有引用他人成果之处，均应按论文中所出现的先后次序列于注释中。一篇论著在论文中多处引用时，在参考文献中只应出现一次，序号以第一次出现的位置为准。

(9)附录。对于一些不宜放入正文中，但作为毕业论文又是不可缺少的部分，或有重要参考价值的内容，可编入毕业论文的附录中。例如，过长的公式推导、重复性的数据、图表、程序代码全文及其说明、外文原文及译文等。

2. 写法

(1)题目。

①用最简洁、恰当的词组反映论文的特定内容，既不能把论文未涉及的内容或未得出的结论包容进去，也不能把论文已涉及的内容或已得出的结论摒弃在题目的包容范围之外。

②题目中应包括论文的主要关键词，以便为检索提供特定的实用信息。

③切忌用冗长的主、谓、宾结构的完整语句，逐点描述论文的内容。

④题目应简洁，科技论文题目用字一般不宜超过 20 个汉字，外文题目不宜超过 10 个实词。使用简短题目而语意未尽时，可借助于副标题以补充论文的下层次内容。

⑤题目应尽量避免使用符号，如化学结构式、数学公式，不大为同行所熟悉的符号、简称、缩写以及商品名称等。

(2)摘要。

①摘要中应排除本学科领域已成为常识的内容；切忌把应在绪论中出现的内容写入摘要，一般也不要对论文内容做诠释和评论(尤其是自我评价)。

②不得简单重复题目中已有的信息。

③结构严谨，表达简明，语义确切。摘要先写什么，后写什么，要按逻辑顺序来安排。句子之间要上下连贯，互相呼应。摘要慎用长句，句型应力求简单。每句话要表意明白，无空泛、笼统、含混之词，摘要是一篇完整的短文，不分段。

④用第三人称。建议采用“对……进行了研究”“报告了……现状”“进行了……调查”等记述方法标明一次文献的性质和文献主题，不必使用“本文”“作者”等作为主语。

⑤要使用规范化的名词术语，不用非公知公用的符号和术语。新术语或尚无合适汉文术语的，可用原文或译出后加括号注明原文。

⑥除实在无法变通以外，一般不用数学公式和化学结构式，不出现插图、表格。

⑦不用引文，除非该文献证实或否定了他人已出版的著作。

⑧缩略语、略称、代号，除相邻专业的读者也能清楚理解的外，在首次出现时必须加以说明。

(3)引言。

①开门见山，不绕圈子。避免大篇幅地讲述历史渊源和立题研究过程。

②言简意赅，突出重点。不应过多叙述同行熟知的及教科书中的常识性内容，确有必要提及他人的研究成果和基本原理时，只需以参考引文的形式标出文献即可，在引言中提示本文的工作和观点时，意思应明确，语言应简练。

③尊重科学，实事求是。在论述本文的研究意义时，应注意分寸，切忌使用“有很高的学术价值”“填补了国内外空白”“首次发现”等不实之词；同时，也要注意不用客套话，如“才疏学浅”“水平有限”“恳请指求”“抛砖引玉”之类的语言。

④引言的内容不应与摘要雷同，也不应是摘要的注释。引言一般应与结论相呼应，在引言中提出的问题在结论中应有解答，但也应避免引言与结论雷同。

⑤简短的引言，最好不分段论述，不要插图、列表，不进行公式的推导与证明。

⑥引言文字不宜过长。

(4)主体。毕业论文主体由论点、论据、论证三部分组成。

①论点。论点是作者确定论题后所需论证的观点和主张。论点又可分为中心论点和分论点。中心论点就是毕业论文的根本论点，是全文的主旨；分论点是从不同角度、层次来论证中心论点的小观点，受中心论点的限制，为中心论点服务。论点必须正确、鲜明、集中、新颖和深刻。

②论据。论据是证明论点的理由和依据，也是经过分析整理过的材料。论据必须真实、可靠、准确和典型，论据不能游离论点，两者必须统一；事实论据要集中和浓缩；理论论据要精练扼要，起画龙点睛的作用。

③论证。论证是指分析、论述、说明论点和论据两者之间内在联系的方法和过程。毕业论文的论点和论据的有机结合有赖于论证方法的正确运用。论文的说服力也来源于论证过程中的逻辑力量。

(5)结论。结论应该准确完整、明确精练。该部分的写作内容一般应包括以下几个方面：

①研究结果说明了什么问题。

②对前人有关的看法作了哪些修正、补充、发展、证实或否定。

③研究的不足之处或遗留未予解决的问题，以及对解决这些问题的可能的关键点和方向。

(五)写作要求

1. 选题要实际，要适己。不选自己不熟悉或者自己把握不了的题目。

2. 主题要斟酌，要正确。下笔写论文前，谋篇构思一定要围绕主题，构思要为主题服务。

3. 结构要合理，要分明。注意段落与章节之间的逻辑性。论文写好后，要看全文是否连贯一气，是否通畅合理，若不连贯、不通畅，则层次要重新安排，结构要重新调整。

4. 引用材料要正确，要适用。千万不能我取我需，断章取义，要交代清楚出处，引用一般不宜过多，说明问题即可。

5. 内容的叙述要详略得当，避免重复。对于有新意、有争论的观点，则要讲透，绝不能吝惜笔墨。

6. 论文的阐述宜客观。一般采用第三人称叙述，尽量避免使用第一人称。

7. 语言要准确，要简洁。不说空话、套话，不用欧式的长话，删去废话。

毕业论文封面

××职业技术学院

毕业论文

中文论文题目

（宋体3号，加粗并居中）

年　　级：××××级

学　　号：×××××

姓　　名：×××

专　　业：×××××

指导老师：×××

××××年×月

论文中文标题

（中文主标题格式：可选用黑体，三号，居中，单倍行距。中文副标题格式：可选用楷体 _ GB2312，四号，居中，单倍行距）。

论文作者中文名

摘要(黑体，小四)：中文摘要字数在 200 字左右。

关键词(黑体，小四)：中文关键词 3～8 个，词语之间用分号间隔，最后一个关键词末尾不加标点。

论文英文标题

（英文主标题首字母大写，标题中其他单词实词首字母大写，其他均为小写。可选用 Times New Roman，四号，加粗，居中，单倍行距。英文副标题格式：可选用 Times New Roman，小四，加粗，居中，单倍行距。）

论文作者英文名

Abstract：英文摘要，字体 Times New Roman，小四，加粗。

Key words：英文关键词，字体 Times New Roman，小四，加粗；英文关键词字母全部小写。

目　录

（以下是论文正文）

引言(略)

主体(略)

结论(略)

致谢(另起一页)

致　　谢

通过写作毕业论文，我学到了很多以前不知道的知识，并且在写作中培养了一种做事情一丝不苟的态度和耐心，为以后的工作打下了坚实的基础。

在此我要向论文指导老师×××表示衷心的感谢，可以让我通过这次机会系统学习××××××的有关知识，并能具体结合实践生活完成××××××，他幽默风趣、严谨负责的教学作风将是我学习的榜样。

另外，感谢我的家人×××、×××给予我的支持和鼓励；感谢我的朋友×××、×××给予我的关心和帮助。……

参考文献(另起一页)

参考文献

（参考的中文文献排在前面，英文文献排在后面。多个作者之间用逗号相隔，不写“编、著”等字样，作者超过3人者，列出前3人，后加“等”字。如果版次不是第一版，应标明版次。没有整句或整段引用书籍文字则不写引用起止页。）

[1]专著：[序号]编著者．书名[M]．其他责任者．版本．出版地：出版者，出版年：页码．

[2]期刊论文：[序号]作者．题目[J]．刊名，年，卷(期)：页码．

[3]学位论文：[序号]作者．题目[D]．地点：单位(具体到学院)，年．

[4]论文集、会议录：[序号]主要责任者．题名[C]．出版地：出版者，出版年．

[5]论文集中析出的文献：[序号]作者．题目[C]//文集主要责任者．论文集名．出版地：出版者，出版年：页码．

[6]科技报告：[序号]作者．题名[R]．报告题名及编号，出版地：出版者，出版年．

[7]国际、国家标准，行业规范：[序号]标准起草者．标准编号标准名称[S]．出版地：出版者，出版年．

注：对于国际、国家标准等，标准起草者、出版地、出版者和出版年可省略。

[8]专利：[序号]专利申请者或所有者．专利题名．专利国别，专利号[P]．公告日期或公开日期[引用日期]．获取和访问路径．

[9]联机电子公告：[序号]主要责任者．文献题名[EB/OL]．出版地：出版者，出版年．(更新日期)[引用日期]．获取和访问路径．

附录(另起一页)

附　　录
附录是论文主体部分的补充内容，视论文需要决定是否使用，对需要收录于学位论文中，但又不便于书写于正文中的附加数据、资料，详细公式推导等有特色的内容可作为附录部分。

实例示范 6.13

毕业答辩自述报告

各位老师：

上午好！

我是××学院××专业××班级××，我的毕业设计题目是××××××××××。本次毕业设计是在×××老师的悉心指导下完成的，在此我首先要向认真严谨的×××老师表示真挚的敬意和谢意，也向在座的×老师、×老师、×老师等所有老师四年来孜孜不倦的教诲，以及今天不辞辛苦参加我的论文答辩表示衷心的感谢。下面我将本设计的主要内容向各位老师作一汇报，恳请各位老师给予批评与指导。

首先我向各位老师介绍下本毕业设计的主要内容。本设计分成两个主要部分：

第一部分是建筑设计。这部分主要是说明建筑物的平面图、立面图、剖面图以及构造要求的设计根据、具体内容、具体措施以及图纸。本工程为单脊双坡两跨结构的钢结构单层工业厂房，跨度为 21 m，柱距为 6.0 m，A3 工作制的 20 t 桥式起重机 2 台，牛腿标高为 6.5 m，粗糙度为 B 类。

本厂房地处××，该地区基本风压为 0.55 kN/m^2，基本雪压为 0.10 kN/m^2，因而选取屋面板以及墙面板均为蓝色 YX—35—125—750 压型板。

由于该厂房纵向长度为 57.12 m，所以不需设置伸缩缝；土壤地质条件较好，不需设置沉降缝；根据地震设防烈度为 7 度，也不需设置防震缝。

屋面排水方式采用有组织排水，屋面排水坡度为 1/20，内天沟纵向坡度 5‰，雨水管每侧 6 根，中间 11 根，用直径 ϕ160 的 PVC 雨水管。天沟宽度以及深度均根据规范要求设计。

此外，外墙底部窗台以下部分防撞墙采用 240 mm 厚的空心砖墙，高度为 0.9 m，墙下设基础梁支撑在柱基础上，窗台以上部分采用 35 mm 厚压型墙板(YX—35—125—750)外墙，墙板采用 C 型墙梁与刚架柱连接。

第二部分是结构图的设计。这部分主要是对结构的檩条、墙梁、抗风柱、柱间支撑、水平支撑、吊车梁、边柱、中柱、横梁节点以及基础进行内力分析计算和截面选取验算，此外，此部分还包括相关图纸。

其中，檩条选用截面为 160×60×20×2.5 的冷弯薄壁卷边槽钢，按双向受弯构件验算。檩条跨度为 6 m，故在跨中处设一道拉条。在屋脊处和屋檐处设置斜拉条，水平檩距为 1.5 m。

围护墙墙梁跨度为 6.0 m，间距为 1.2 m。山墙墙梁跨度为 5.25 m，间距为 1.2 m。在墙梁间跨中位置设置一道拉条($\phi12$)，在屋檐处设置斜拉条。墙梁选用截面为 160×70×20×3.0 冷弯薄壁卷边槽钢，按双向受弯构件验算。

檐口设计标高为 10.200 m，抗风柱顶标高为 9.500 m，地面以下－0.600 m，按照压弯构件验算。山墙抗风柱截面选用高频 H 型钢 300×150×4.5×8。两端铰接计算长度系数，屋面横向水平支撑截面均采用热轧无缝钢管，其中横杆按压杆验算稳定与强度，交叉斜杆按照拉杆验算强度。(A、B、C 轴)柱间支撑截面均采用热轧无缝钢管，按压杆计算强度与稳定。

吊车梁选取腹板厚为 12 mm，高度为 726 mm，上翼缘截面均采用宽度为 420 mm，厚度为 12 mm，下翼缘截面均采用宽度为 250 mm，厚度为 12 mm，验算吊车梁强度、稳定、挠度均符合规范要求。支座加劲肋厚度为 10 mm，宽度为 250 mm，对其承压与稳定验算均符合要求。腹板横向加劲肋厚度为 10 mm，宽度为 110 mm，验算其承压及稳定均符合要求。

本结构设计的关键部分是刚架计算与选取，边柱和中柱皆选用焊接工字钢，截面尺寸为 550×250×10×12、500×250×10×14。梁选用焊接工字钢，截面尺寸为 600×250×10×12，对其强度稳定以及变形进行验算均符合要求。

节点计算里，我验算了柱脚处、梁柱连接处、牛腿处，进行内力计算、截面设计。

与此同时，我还对基础梁与基础进行计算设计。

在本次毕业设计的过程中，我尽可能多地收集资料，从中也学到了许多有用的东西，积累了不少经验，但由于自己学识浅薄，认识能力有限，在努力完成本次毕业设计上仍存在诸多疑点和浅薄的地方，与老师的期望仍有一定差距，许多问题还有待于进一步思考和研究，借此答辩机会，希望各位老师能够提出宝贵的意见，给予详细指导，我也将虚心接受，从而进一步深入学习研究，使该论文得到完善和提高。

我的介绍完了，谢谢！请各位老师提问。

实例评析：这是一篇毕业设计答辩的自述报告，包括称谓、问候语、前言、主体、结尾几部分。前言部分是对作者本人和论文题目做一简要介绍，并将致谢的内容简要概括进来；主体部分是对毕业设计的介绍，是自述报告的重点，从建筑设计和结构图设计两部分进行了说明，重点突出，详略得当。

写作知识

二、毕业答辩

(一)定义

毕业答辩，即毕业论文或毕业设计答辩，是一种有组织、有准备、有计划、有鉴定的比较正规的审查论文或设计的重要形式。论文或设计的成绩由文字(设计)部分和现场答辩成绩两部分组成。毕业答辩是完成毕业论文或毕业设计的最后一个环节。

(二)特点、作用

1. 特点

(1)直观性。师生面对面交流与沟通，有助于教师更直观地考核学生的口头表达能力、思维能力和应变能力。

(2)面试性。虽然师生在答辩前都要充分准备，但由于时间短，即兴提问即兴回答，有一定的灵活度。师生通过在问答中认知、在认知中求证、在求证中探索的方式，实现对毕业论文或毕业设计的检测目的。

(3)互动性。答辩全过程不是单向、平面、拘谨的，而是双向、立体、互动的。

2. 作用

(1)进一步考查和验证毕业论文或毕业设计作者对毕业作品的认识程度和当场论证论题的能力。

(2)进一步考查毕业论文或毕业设计作者对专业知识掌握的深度和广度。

(3)审查毕业论文或毕业设计是否为学生独立完成，即检验毕业论文或毕业设计的真实性。

(4)弥补毕业论文或毕业设计的不足。答辩时，专家有针对性地提问，对学生自述与毕业论文或毕业设计进行提问和质疑，学生就专家指出的论文或设计中的不足之处进行回答，可以弥补论文或设计的缺陷。

(三)结构与写法

毕业答辩自述报告在写作结构上一般包括前言、主体、结尾三部分。

1. 前言

前言包括称谓、问候语、自我介绍、论文(设计)题目、论文(设计)研究的目的、意义。称谓和问候语是对评委的尊敬，答辩人对于毕业答辩的态度可以从中体现出来，应该做到谦卑有礼。自我介绍、论文(设计)题目及研究的目的、意义，方便评委老师快速了解毕业论文(设计)。

2. 主体

主体包括论文(设计)的主要论点、论据和存在的不足或今后研究的方向。简单概括每一部分的主要内容，说明论点。

3. 结尾

结尾包括两部分：一是感谢在论文撰写或设计过程中给予自己帮助的人；二是结语。

(四)答辩一般程序

1. 学生必须在论文答辩会举行之前半个月，将经过指导老师审定并签署过意见的毕业论文(设计)一式三份连同提纲、草稿等交给答辩委员会，答辩委员会的主答辩老师在仔细研读毕业论文(设计)的基础上，拟出要提问的问题，然后举行答辩会。

2. 在答辩会上，先让学生用15分钟左右的时间概述论文(设计)的标题以及选择该论题的原因，较详细地介绍论文(设计)的主要论点、论据和写作体会。

3. 主答辩老师提问。老师提问完毕后，有的学校规定可以让学生独立准备15～20分钟后，再来当场回答，有的要求学生当场立即作出回答(没有准备时间)，随问随答。

4. 学生逐一回答完所有问题后退场，答辩委员会集体根据论文(设计)质量和答辩情况，商定通过还是不通过，并拟定成绩和评语。

5. 召回学生，由主答辩老师当面向学生就论文(设计)和答辩过程中的情况加以小结，肯定其优点和长处，指出其错误或不足之处，并加以必要的补充和指点，同时当面向学生宣布通过或不通过。至于论文(设计)的成绩，一般不当场宣布。

(五)注意事项和技巧

毕业论文(设计)成绩的高低，除了论文(设计)本身的写作之外，答辩的表现也很重要。要顺利通过答辩，展示自己的真实水平，需掌握一定的答辩技巧。

1. 必须对自己所著的毕业论文(设计)内容有比较深刻理解和比较全面的熟悉。这是为回答毕业论文(设计)答辩委员会成员就有关毕业论文(设计)的深度及相关知识面而可能提出的论文(设计)答辩问题所做的准备。要携带论文的底稿和主要参考资料。

2. 在提问和回答问题阶段，要集中注意力认真聆听，并将问题回答略记在本子上，仔细推敲主答辩老师所提问题的要害和本质是什么？回答问题时要充满自信地以流畅的语言和肯定的语气把自己的想法讲述出来。回答问题，一要抓住要害，简明扼要；二要力求客观、全面、辩证，留有余地，切忌把话说“死”；三要条分缕析，层次分明。另外，还要注意吐字清晰、声音适中等。

3. 其他方面。整个过程还应注意控制好时间和礼仪举止，保持谦虚谨慎、自信沉着。答辩的过程也是展示和锻炼自我的过程。

模式应用

毕业答辩自述报告

尊敬的各位评委老师：

大家好！

我是来自××学院××专业××班级××，我的论文(设计)题目是《×××××××××》。我当时之所以选择研究×××××××××，是因为×××××××××，主要表现在×××××××××。

在着手准备论文(设计)写作的时候，我针对××这个命题，大量阅读相关方面的各种材料。对××的概况有了大致了解，在理清思路的基础上确定研究方向，然后与导师商讨，确定论文大致思路和研究方向。然后，为了完成论文，本人收集了大量的文献资料，其中主要来自网上的论文期刊、图书馆的书目和学习材料的理论资料。在××导师的耐心指导和帮助下，经过阅读主要参考资料，拟定提纲，写开题报告，写作毕业论文(设计)初稿、修改等一系列程序，于××××年××月××日正式定稿。

具体来说，我的论文(设计)分为以下四个部分：

第一部分，主要概述了……。

第二部分，是在对××进行详细论述的基础上，运用××方法深入挖掘。

第三部分，运用××法对××的深入研究。

第四部分，……

经过本次论文写作，我学到了很多东西，积累了不少经验，但由于学习能力不足，在许多内容表述上存在不当之处，与老师的期望还有一定距离。很多问题还有待于进一步思考和探索，借此答辩机会，万分恳切地希望各位老师能够提出宝贵的意见，指出本论文的错误和不足之处，学生将虚心接受，从而进一步深入学习研究，使该论文(设计)得到充实和提高。

在论文(设计)的准备和写作过程中，我的指导老师××教授对我的论文(设计)进行了详细的修改和指正，并给予我许多宝贵的建议和意见。在这里，我对他表示最真挚的感谢和敬意！

以上就是我的答辩自述，希望各位老师给予评价和指正，谢谢！

模块小结

毕业论文(设计)和毕业答辩共同构成了高等学校学生的毕业论文(设计)的成绩，是对高校毕业生专业学习及综合素质的一次检验，是对学校教学质量和水平的一次检测。毕业论文(设计)的写作要求学生在专业领域内选择好切入点，运用科学研究方法、处理材料和组织文字等综合能力，完成的一份对大学学习的一份答卷。写好毕业论文(设计)，要注重平时对专业知识的积累，积极培养自己的探索精神，有意识地提升写作水平。

知识拓展

一、毕业设计

毕业设计是教学过程的最后阶段采用的一种总结性的实践教学环节。通过毕业设计，能使学生综合应用所学的各种理论知识和技能，进行全面、系统、严格的技术及基本能力的练习。通常情况下，仅对大专以上学校要求在毕业前根据专业的不同进行毕业设计。

基本步骤：

(一)确定课题

选题是毕业设计的关键。一个良好的课题，能强化理论知识及实践技能，使学生充分发挥其创造力，圆满地完成毕业设计。

毕业设计的课题可从以下几个方面综合考虑：

1. 有利于综合运用学生所学知识。

2. 能结合学科、专业特点。

3. 尽可能联系实际。

4. 有一定的应用价值。

(二)项目分析

毕业设计需对一个即将进行开发的项目的一部分进行系统分析(需求分析，平台选型，分块，设计部分模块的细化)。论文结构一般安排如下：

1. 引言(重点描述应用项目背景，项目开发特色，工作难度等)。

2. 项目分析设计(重点描述项目的整体框架，功能说明，开发工具简介等)。

3. 项目实现(重点描述数据库设计结果，代码开发原理和过程，实现中遇到和解决的主要问题，项目今后的维护和改进等，此部分可安排两到三节)。

4. 结束语。

(三)指导设计

指导教师布置给学生任务后，要指导学生分析课题，确定设计思路，充分利用技术资料，注重设计方法和合理使用工具书。

（四）组织答辩

答辩是检查学生毕业设计质量的一场“口试”。答辩主要考查学生的一些专业基础知识和基本理论。答辩的过程实际上也是帮助学生总结的过程。教师要积极引导学生总结在设计过程中积累起来的经验，分析设计效果，找出不足以及改进方法，帮助学生把实践转化成自己的知识和技能。

（五）评定成绩

评定成绩的根据主要有两个方面：一是毕业设计的质量；二是答辩的表现，而答辩的表现不低于毕业设计的质量。

二、毕业论文文献资料的查找

毕业论文不同于一般的论文，专业的毕业论文是某一学科领域的科研成果的描述与反映，没有研究，写作就无法进行，而研究的一定前提是必须掌握尽可能多的文献信息资料。

文献资料的查找也就是文献资料的检索，它是现代科技人员获取文献和信息的主要手段之一，同时也是大学生写作毕业论文获取资料的主要方法。每到大学毕业班开始做毕业论文（设计）时，学校图书馆及系资料室就挤满了查找资料的学生。但大部分学生在图书馆、资料室里东翻翻，西找找，浪费了许多时间，又给资料员增加了许多无谓的工作。许多学生由于不会查找文献，而找不到相应的文献资料，影响了他们的毕业论文（设计）的质量，有的甚至做了重复前人工作的劳动。造成这种情况的主要原因是大学生缺乏动手获取文献情报的能力。

图书馆及其他文献信息机构收藏的文献资料有很多种类，随着 Internet 的流行，现在图书馆有很多电子期刊数据库可供选择。电子期刊数据库不但检索种类齐全，而且速度快，是当今科技人员查找资料的首选。

下面简单介绍几种目前用得较多的电子期刊数据库：

1. 中国知识基础设施工程网（CNKI 数据库）。它是由清华同方光盘股份有限公司和清华大学中国学术期刊（光盘版）电子杂志负责牵头实施建立的 CNKI 系列数据库，包括期刊、报纸、博硕士毕业论文等，收录了自 1994 年以来的国内公开出版的 6 000 多种期刊（现在已达到 8400 多种）和报纸上发表的文章的全文。网址是 http://www.cnki.net。

2. 万方数据资源系统。它是由中国科技信息研究所、万方数据集团公司开发的建立在因特网上的大型中文网络信息资源系统。它由面向企业界、经济界服务的商务信息系统、面向科技界的科技信息子系统及数字化期刊子系统组成。网址为 http：//www.wanfangdata.com.cn 或 http://www.chinainfo.gov.cn。科技信息子系统是集中国科技期刊全文、中国科技论文与引文、中国科技机构与中国科技名人的论文和毕业论文等近一百个数据库为一体的科技信息群。数字化期刊子系统使得用户可在网上直接获取万方新提供的部分电子期刊的全文。

3. 中国科技期刊数据库。它是由重庆维普咨询公司开发的一种综合性数据库，也是国内图书情报界的一大知名数据库。它收录了近千种中文期刊和报纸以及外文期刊，其网址为 http://cqvip.com。

以上几种数据库在大多数高校的图书馆数字资源中都可以查到。关于电子期刊文献资料的查找，可以分为两个层次：基本查找和追踪查找。所谓文献的基本查找是指文献的题目或内容一般无从知道，只知道该文献大致属于哪一个学科或者属于某一方面，或者只知道某些关键词；追踪查找则大致知道文献的题名、出处或者作者等相关信息。两个层次的查找方式有一些区别，下面分别介绍。

对于电子期刊资料的基本查找，以重庆文理学院网站为例，先进入学校图书馆主页，点击常用数据库下方的CNKI中国学术期刊网，选择中国期刊全文数据库，以默认的账号和密码登录(限校内IP)，在检索项中有篇名、作者、关键词、机构、中文摘要、引文、基金、全文、中文刊名等选项。一般说来，初次使用者最好选择“篇名”项，通过它查找得到的文章与论文题目比较接近，容易查找到相关的文章。如果要查找某个作者的文章，则可以选择“作者”选项。比如中文专业的学生需要写作有关“中外文学比较研究”方面的文章，可以在篇名选项中输入“文学”，按“检索”选项，则在搜索结果中可出现32 540篇与“文学”有关的文章。很显然，对几万篇文章来说，我们不可能一一下载，更不可能一一去看，这时候就要有所选择。因此，根据研究题目，还应当缩小搜索范围。在“二次检索”栏目中选择检索项“篇名”，输入检索词“中外”，单击“二次检索”，则在收索结果中可出现71项结果。如果对其中一篇文章感兴趣，比如《论跨文化研究的视角——兼评曹顺庆〈中外文学跨文化比较研究〉》，单击该文章题名后，点击“CAJ原文下载”按钮，则可将文章下载到自己的电脑上，再下载文章阅读器软件CAJ-Viewer6.0并进行安装后，就可以打开并阅读所下载到的文章了。

对于电子期刊资料的追踪查找，由于这时候我们基本上掌握了要查找的文献资料的一些信息，相对来说要比基本查找容易一些。比如，我们在读了文献《论跨文化研究的视角——兼评曹顺庆〈中外文学跨文化比较研究〉》后，想要了解更深层次的内容，则可以进一步检索该文后参考文献中的文献。如果想知道文献《论跨文化研究的视角——兼评曹顺庆〈中外文学跨文化比较研究〉》的作者关于比较文学的研究成果，可以在检索条件中选择“作者”，输入该文章的作者名字“刘介民”，点击检索，就会出现许多有关刘介民的文章。如《西方比较文学研究现状》《21世纪“比较文学与世界文学”教学断想》等文献。

一般来说，关于电子期刊文献资料的检索往往结合两个层次的检索方法效果会更好。另外，关于书籍资料和博硕士毕业论文、会议论文的检索，其检索方法基本上相同，只是所使用的数据库不一样罢了。

写作练习

一、基础训练

(一)填空题

1. 毕业论文的主要特点有________、________、________。

2. 毕业论文的写作步骤包括________、________、________。

3. 毕业论文的结构要素包括________、________、________、________、________、________、________、________、________。

4. 毕业答辩的特点包括________、________、________。

(二)选择题

1. 毕业论文一般包括(　　)三部分。

A. 论点、论据、论证　　B. 引论、本论、结论

C. 标题、正文、落款　　D. 提出问题、分析问题、解决问题

2. 毕业论文封面的内容有(　　)。

A. 毕业论文完整的题目

B. 作者姓名

C. 指导教师姓名、职务、职称、单位名称及地址

D. 作者就读的学校、专业(系)

E. 提交论文的日期(年、月、日)

3. 毕业论文修改的范围包括(　　)。

A. 主旨　　B. 结构　　C. 语言　　D. 材料

(三)判断题

1. 毕业论文和毕业答辩共同构成毕业论文的成绩。　　(　　)

2. 写好毕业论文的关键是掌握结构和写法，其他环节不太重要。　　(　　)

3. 毕业论文具有监测和汇报的作用。　　(　　)

(四)简答题

1. 如何确定毕业论文的选题?

2. 为什么要编写论文提纲?

3. 撰写毕业论文的摘要需要注意哪些问题?

4. 以书籍、报纸为例，规范列出文末参考文献。

5. 毕业论文和毕业答辩的关系是什么?

二、写作实训

(一)纠错题

下面是一篇毕业论文，请根据所学知识指出其中的不足。

浅谈现代秘书的参谋作用

【摘　要】现代秘书人员应该具备决策辅助的意识，提高决策辅助的能力，在领导的决策过程中发挥参谋作用，做综合辅助领导者的参谋和助手。

【关键词】辅助决策；参谋作用；发挥；现代秘书

自古以来，人们都围绕秘书部门发挥参谋职能问题，积极进行理论探讨，不断交流各地经验。而秘书工作是否具有参谋作用，更是人们探讨的主要问题之一。其实，秘书参谋作用是秘书辅助决策职能的重要体现。由于领导活动的需要，秘书工作自古就与参谋作用有着密不可分的关系。我国历史上第一个成形的秘书机构是西周的太史寮，太史寮设有“五吏”“掌文书以赞治”，使太史寮成为一个具有处理公文、保管档案，组织会议、宣布政令、调查研究、了解民意、提供下情、接受咨询等综合智能的参谋部。秦汉以后，秘书工作的参谋作用愈加显著，秘书人员以自己的智慧和经验，或剖析政事，陈述己见，或谏诤君主、匡正纲纪，或评论得失、指点政令，以佐朝廷，安邦兴国。秘书参谋作用的发挥基于领导者这一“断”的主体对于辅佐“谋”的需要。早在1806年，普鲁士军事改革家霍斯特就创立了参谋本部体制，在战争中表现了极大的优越性。到现代，社会化大生产带来了社会活动的根本变化；社会活动越来越复杂，社会活动越来越多变，社会活动的影响也越来越扩大。这种情势，不仅要求领导者掌握一套科学决策的理论、程序和方法，而且要求领导者注重决策的辅助力量。现代咨询业和智囊机构正是因此而应运而生的。秘书部门和秘书人员就是有着特殊参谋作用的辅助力量。党和国家历来重视秘书工作的参谋作用。1951年7月，政务院根据当时秘书工作的实际情况和秘书长会议的精神，将秘书长和办公厅主任的工作表述为“既要参与政务，又要掌管事务”，所做工作任务如协助首长综合情况、研究政策、

推行工作、密切各方联系、掌管统战，掌管保密和机要等，也大都是具有参谋的性质。1985年1月，全国秘书、办公厅主任座谈会提出了具有战略意义的“四个转变”，进一步强调了发挥秘书参谋作用的重要性。两次会议上指出的参谋作用的主体虽然一为秘书部门领导人，一为秘书部门，但其精神显然适用于整个秘书工作。秘书之职，要在参谋。秘书的服务职能，是由非参谋性工作和参谋性工作所实现的。

（具体情况略）

一、发挥秘书参谋作用的意义。（略）

二、发挥参谋作用的优势。（略）

三、发挥参谋作用的复杂性。（略）

四、如何发挥秘书的参谋作用。（略）

五、秘书人员要成为出色的参谋；既要熟悉参谋之道，又要加强自身的素质修养。（略）

［参考文献］（略）

（二）阅读题

阅读下面文章，分析论文主体部分，并列出写作提纲。

浅谈我国建筑工程质量管理

【摘　要】随着人们生活水平的提高，对建筑工程的质量也提出了更高的要求。建筑企业在发展的过程中，针对工程的质量管理，原有的管理制度已经无法适应建筑行业的发展，由此就需要建筑企业能够结合着社会发展趋势，积极地创新工程质量管理手段，确保工程的整体施工质量。

【关键词】建筑工程；质量管理

前言

建筑企业在发展的过程中，工程质量作为建筑企业市场发展的“明信片”，不仅关系着施工企业今后的发展，同时还关系着工程今后的投入使用。面对日益激烈的社会竞争形势，要想从根本上立于不败之地，就必须在原有的基础上确保工程的施工质量。

一、我国建筑工程管理的目前状况

影响建筑工程的因素较多，管理工作的好坏，很大程度上决定企业信誉乃至企业存亡的理由。现阶段，我国工程建设单位在管理过程中存在以下几个问题：

（一）对建筑工程管理的思想认识不足

近年来建筑业的迅猛发展给建筑企业带来了良好机遇，各建筑工程企业都以承揽作为首要工作，进而往往忽略了对工程的管理工作，管理混乱以至于工程质量下降、成本增加，最终影响了企业的经济效益和社会形象，不利于企业的长远发展。建筑企业必须要对工程管理给予足够重视，从思想上敲响警钟。

（二）建筑工程质量管理体制不尽完善

在当今市场经济体制下，我国现行的建设工程质量管理体制依然带有计划经济体制的烙印，仍然存在政出多门、政企不分的状况，依然沿用局部、封闭的管理和内部监督体系，既不利于实施公正、严格的质量监督，也不利于建立有效的制约机制。容易出现政府部门执法不力，甚至导致出现行业内地方保护主义和部门保护主义等，从而不能保证建筑工程质量。

（三）工程管理制度落实困难

近年来，我国中央以及地方各级建筑行业主管部门颁布和出台了一系列建筑工程管理文件和相关规定，制定了许多相关管理制度，逐渐加强了对建筑行业的监督与管理力度。然而，在下发到各建筑工程单位以后，各单位并未对其认真贯彻落实，导致这些管理制度成为“一纸空文”，难以发挥实际管理作用，这是我国建筑行业管理工作现阶段面对的主要难题之一。

二、提高建筑工程质量管理水平的策略

建筑工程的总体管理水平，已经逐步提升为衡量我国建筑行业发展与进步的重要指标之一。提升我国建筑工程的总体管理水平必须要坚持“与时俱进”“勇于创新”的基本原则，还要充分考虑我国建筑工程管理工作的目前状况和存在主要的理由，进而制定出科学、合理、有效的发展方针和路线，否则只能是循规蹈矩，难以有全面的突破和飞跃。

（一）建立完善的质量管理体系

要搞好工程质量，就要建立完善的质量管理体系。质量管理体系是为实现质量保证所需的组织结构、程序、过程和资源。施工单位在开工前必须对工程质量形成的全过程及所有的质量活动进行系统分析、系统设计并形成质量手册、作业指导书、报告、表格等，明确质量管理体系人员，并对难点进行专项施工组织设计，对可能发生的情况写出应变措施，报监理单位审批同意方可实施。

整个工程应实施项目经理负责制，工程责任层层落实到人；在施工前应作好各施工员、班组长的层层技术交底，并配备专职的质量检查人员；在每一道工序进行中，必须坚持自检、互检、交接检，完工以后，再由专项质检员检查，然后在自检合格基础上，向监理申请验收，质监部门抽检合格后方可进入下道工序。对于原材料的使用必须坚持先检后用，杜绝了不合格产品进入施工现场，以避开造成不可挽回的损失。

（二）创新建筑工程管理理念

管理理念是管理水平提升的理论基础和指导思想，也是提升建筑工程管理水平的重要元素之一。我国传统的建筑工程管理理念表面层次的内容较多，而相对忽略了对管理工作的实际效果和作用的研究与分析，这是极其不利于我国建筑工程管理工作发展和进步的。现代建筑工程管理理念的创新，主要是针对传统的管理理念而言的，即对传统的建筑工程管理理念进行适当的革新与完善，并要不断地填充现代化的管理元素和思想，以彻底实现建筑工程管理理念的创新发展。但是，在建筑工程管理理念的创新发展过程中，尤其要注意发展的速度与方向，创新发展的速度要适中，既不要冒进，又不要停滞不前；发展方向的选择也是很重要的，不要片面追求新理论、新观点、新思想，而是要结合中国国情，逐步建立一套具有“中国特色”的建筑工程管理理念。

（三）加强对施工单位市场行为的监管、约束

加大承包与分包单位（尤其是非法挂靠）对质量、安全事故的经济赔偿和刑事责任，逐步推行承包履约保险制。严格资质审查，加强施工企业资质管理，全面落实动态管理。保证进入工程领域的企业具备从事建设工程生产经营活动的基本技术、管理素质和适应不同工程规模、技术管理等级要求的不同综合等级水平评判的重要依据。考评企业人员综合素质、技术、管理和能力，推动企业建立自检、自测、自我完善的最直接、有效的制约手段。任何时候都必须注重工程质量管理过程制约关键点，由此入手，发现按资质标准淘汰或考评降级或者停业整顿的理由严重的企业。严格执行工程技术人员资格认证制度和全员培训上岗制度。

（四）加强对设计单位和设计者的审查

设计是工程建设的重要阶段。设计合理与否直接影响建设产品的最终质量，据人们对有关工程事故的调查分析，约有42%的工程质量事故源于设计。因此，加强对设计单位及

设计者的资格审查十分重要。同时要加强对设计方案的审核，确保设计方案满足安全性、防火性的要求。严格实行设计质量内审制、专业之间会审、会签制，转变目前设计审核走过场，工种之间相互撞车、打架，设计粗略不详等状况。实行设计质量事故经济赔偿责任制，特别是设计单位对指定的工程设备和工程材料的质量负全责；严禁非法设计和出让图章，限制业余设计，强化设计现场服务制度。同时倡议设计质量监督站，加大对设计质量的监督工作力度，把质量隐患消除在设计阶段。

(五)建立建筑工程质量日常检查制度

1. 进行日检

公司的质检员应每天都对当天的工程量进行检查，保证施工过程中的每一道工序、每一个部位质量都过关。真正做到细小部位不放过，细小错漏不放过。同时，应做好详细的记录。

2. 进行周检

由总工程师负责，与质量管理办公室派来的驻工地质检人员以及工程科质检员等一起进行联合质量检查。

3. 进行月检

由质量管理办公室组织监理公司、设计人员、质检人员、技术人员和物业代表等，对每个在建工地进行全面的质量大检查，通报所发现的理由，并责令限期纠正。

最后还应进行季度质量大检查。质量管理委员会应在每个季度组织进行一次质量大检查。除了将检查出的质量理由在内部通报外，还要将质量检查情况作为考核的重要依据。

(六)加强政府对建设工程质量的直接监管

建设工程质量影响因素多，涉及方方面面，根据我国的国情，总结几十年的经验得出一个结论，要把工程质量管好，必须要有一个健全的、有效的质量制约的管理体制。这个体制包括3个方面：①政府监管；②建设单位负责；③设计施工单位负责。政府对工程质量的制约、监督是通过宏观管理和微观管理来实现。宏观管理就是政府通过立法、建制，构造一个市场的运转规则，对工程质量进行制约和监督；微观管理就是政府对具体的工程项目的质量监督。

随着国家基本建设体制改革的进一步深化，《建设工程质量管理条例》等国家一些法律、法规的颁布实施，工程质量监督领域实现了有法可依，依法执监。特别是目前建设工程普遍实行监理的情况下，应针对工程质量监督机构角色和职能的变化，积极探索新的思路和理念，深化工程质量监督机构改革，健全执法运转机制，建立工程质量管理与监督的新模式。

三、结束语

综上所述，在工程建设全过程中，如何保证工程质量符合顾客和规范要求，尽可能避开发生工程质量事故，加强工程质量管理、提高工程质量就显得尤为重要。为了在激烈的建筑市场竞争中立于不败之地，在新的形势面前，需要建筑企业严把质量关，提出积极应对策略，积极探索行之有效的质量管理模式，确保工程项目质量，推动企业的跨越式发展。

参考文献：

[1]吴恒辉，李桂陵．建筑工程项目施工质量管理[J]．科技信息．2009，(04).

[2]丁士昭，等．建设工程项目管理[R]．中国建筑工业出版社，2011.

(三)写作题

试在自己专业领域内确定一个感兴趣的课题，写一篇简短的学业论文。要求按照毕业论文的步骤、格式和写法撰写。建议可分为两部分进行，先提交一次提纲和收集材料情况，然后再进行论文的提交。

附录一

党政机关公文处理工作条例

（中办发〔2012〕14 号）

（2012 年 4 月 16 日由中共中央办公厅和国务院办公厅联合印发）

第一章　总　则

第一条　为了适应中国共产党机关和国家行政机关（以下简称党政机关）工作需要，推进党政机关公文处理工作科学化、制度化、规范化，制定本条例。

第二条　本条例适用于各级党政机关公文处理工作。

第三条　党政机关公文是党政机关实施领导、履行职能、处理公务的具有特定效力和规范体式的文书，是传达贯彻党和国家方针政策，公布法规和规章，指导、布置和商洽工作，请示和答复问题，报告、通报和交流情况等的重要工具。

第四条　公文处理工作是指公文拟制、办理、管理等一系列相互关联、衔接有序的工作。

第五条　公文处理工作应当坚持实事求是、准确规范、精简高效、安全保密的原则。

第六条　各级党政机关应当高度重视公文处理工作，加强组织领导，强化队伍建设，设立文秘部门或者由专人负责公文处理工作。

第七条　各级党政机关办公厅（室）主管本机关的公文处理工作，并对下级机关的公文处理工作进行业务指导和督促检查。

第二章　公文种类

第八条　公文种类主要有：

（一）决议。适用于会议讨论通过的重大决策事项。

（二）决定。适用于对重要事项作出决策和部署、奖惩有关单位和人员、变更或者撤销下级机关不适当的决定事项。

（三）命令（令）。适用于公布行政法规和规章、宣布施行重大强制性措施、批准授予和晋升衔级、嘉奖有关单位和人员。

（四）公报。适用于公布重要决定或者重大事项。

（五）公告。适用于向国内外宣布重要事项或者法定事项。

（六）通告。适用于在一定范围内公布应当遵守或者周知的事项。

（七）意见。适用于对重要问题提出见解和处理办法。

（八）通知。适用于发布、传达要求下级机关执行和有关单位周知或者执行的事项，批转、转发公文。

（九）通报。适用于表彰先进、批评错误、传达重要精神和告知重要情况。

（十）报告。适用于向上级机关汇报工作、反映情况，回复上级机关的询问。

（十一）请示。适用于向上级机关请求指示、批准。

（十二）批复。适用于答复下级机关请示事项。

（十三）议案。适用于各级人民政府按照法律程序向同级人民代表大会或者人民代表大会常务委员会提请审议事项。

（十四）函。适用于不相隶属机关之间商洽工作、询问和答复问题、请求批准和答复审批事项。

（十五）纪要。适用于记载会议主要情况和议定事项。

第三章　公文格式

第九条　公文一般由份号、密级和保密期限、紧急程度、发文机关标志、发文字号、签发人、标题、主送机关、正文、附件说明、发文机关署名、成文日期、印章、附注、附件、抄送机关、印发机关和印发日期、页码等组成。

（一）份号。公文印制份数的顺序号。涉密公文应当标注份号。

（二）密级和保密期限。公文的秘密等级和保密的期限。涉密公文应当根据涉密程度分别标注“绝密”“机密”“秘密”和保密期限。

（三）紧急程度。公文送达和办理的时限要求。根据紧急程度，紧急公文应当分别标注“特急”“加急”，电报应当分别标注“特提”“特急”“加急”“平急”。

（四）发文机关标志。由发文机关全称或者规范化简称加“文件”二字组成，也可以使用发文机关全称或者规范化简称。联合行文时，发文机关标志可以并用联合发文机关名称，也可以单独用主办机关名称。

（五）发文字号。由发文机关代字、年份、发文顺序号组成。联合行文时，使用主办机关的发文字号。

（六）签发人。上行文应当标注签发人姓名。

（七）标题。由发文机关名称、事由和文种组成。

（八）主送机关。公文的主要受理机关，应当使用机关全称、规范化简称或者同类型机关统称。

（九）正文。公文的主体，用来表述公文的内容。

（十）附件说明。公文附件的顺序号和名称。

（十一）发文机关署名。署发文机关全称或者规范化简称。

（十二）成文日期。署会议通过或者发文机关负责人签发的日期。联合行文时，署最后签发机关负责人签发的日期。

（十三）印章。公文中有发文机关署名的，应当加盖发文机关印章，并与署名机关相符。有特定发文机关标志的普发性公文和电报可以不加盖印章。

（十四）附注。公文印发传达范围等需要说明的事项。

（十五）附件。公文正文的说明、补充或者参考资料。

（十六）抄送机关。除主送机关外需要执行或者知晓公文内容的其他机关，应当使用机关全称、规范化简称或者同类型机关统称。

（十七）印发机关和印发日期。公文的送印机关和送印日期。

第十条　公文的版式按照《党政机关公文格式》国家标准执行。

第十一条　公文使用的汉字、数字、外文字符、计量单位和标点符号等，按照有关国家标准和规定执行。民族自治地方的公文，可以并用汉字和当地通用的少数民族文字。

第十二条　公文用纸幅面采用国际标准 A4 型。特殊形式的公文用纸幅面，根据实际需要确定。

第四章　行文规则

第十三条　行文应当确有必要，讲求实效，注重针对性和可操作性。

第十四条　行文关系根据隶属关系和职权范围确定。一般不得越级行文，特殊情况需要越级行文的，应当同时抄送被越过的机关。

第十五条　向上级机关行文，应当遵循以下规则：

（一）原则上主送一个上级机关，根据需要同时抄送相关上级机关和同级机关，不抄送下级机关。

（二）党委、政府的部门向上级主管部门请示、报告重大事项，应当经本级党委、政府同意或者授权；属于部门职权范围内的事项应当直接报送上级主管部门。

（三）下级机关的请示事项，如需以本机关名义向上级机关请示，应当提出倾向性意见后上报，不得原文转报上级机关。

（四）请示应当一文一事。不得在报告等非请示性公文中夹带请示事项。

（五）除上级机关负责人直接交办事项外，不得以本机关名义向上级机关负责人报送公文，不得以本机关负责人名义向上级机关报送公文。

（六）受双重领导的机关向一个上级机关行文，必要时抄送另一个上级机关。

第十六条　向下级机关行文，应当遵循以下规则：

（一）主送受理机关，根据需要抄送相关机关。重要行文应当同时抄送发文机关的直接上级机关。

（二）党委、政府的办公厅（室）根据本级党委、政府授权，可以向下级党委、政府行文，其他部门和单位不得向下级党委、政府发布指令性公文或者在公文中向下级党委、政府提出指令性要求。需经政府审批的具体事项，经政府同意后可以由政府职能部门行文，文中须注明已经政府同意。

（三）党委、政府的部门在各自职权范围内可以向下级党委、政府的相关部门行文。

（四）涉及多个部门职权范围内的事务，部门之间未协商一致的，不得向下行文；擅自行文的，上级机关应当责令其纠正或者撤销。

（五）上级机关向受双重领导的下级机关行文，必要时抄送该下级机关的另一个上级机关。

第十七条　同级党政机关、党政机关与其他同级机关必要时可以联合行文。属于党委、政府各自职权范围内的工作，不得联合行文。党委、政府的部门依据职权可以相互行文。部门内设机构除办公厅（室）外不得对外正式行文。

第五章　公文拟制

第十八条　公文拟制包括公文的起草、审核、签发等程序。

第十九条　公文起草应当做到：

（一）符合国家法律法规和党的路线方针政策，完整准确体现发文机关意图，并同现行有关公文相衔接。

（二）一切从实际出发，分析问题实事求是，所提政策措施和办法切实可行。

（三）内容简洁，主题突出，观点鲜明，结构严谨，表述准确，文字精练。

（四）文种正确，格式规范。

（五）深入调查研究，充分进行论证，广泛听取意见。

（六）公文涉及其他地区或者部门职权范围内的事项，起草单位必须征求相关地区或者部门意见，力求达成一致。

（七）机关负责人应当主持、指导重要公文起草工作。

第二十条　公文文稿签发前，应当由发文机关办公厅（室）进行审核。审核的重点是：

（一）行文理由是否充分，行文依据是否准确。

（二）内容是否符合国家法律法规和党的路线方针政策；是否完整准确体现发文机关意图；是否同现行有关公文相衔接；所提政策措施和办法是否切实可行。

（三）涉及有关地区或者部门职权范围内的事项是否经过充分协商并达成一致意见。

（四）文种是否正确，格式是否规范；人名、地名、时间、数字、段落顺序、引文等是否准确；文字、数字、计量单位和标点符号等用法是否规范。

（五）其他内容是否符合公文起草的有关要求。

需要发文机关审议的重要公文文稿，审议前由发文机关办公厅（室）进行初核。

第二十一条　经审核不宜发文的公文文稿，应当退回起草单位并说明理由；符合发文条件但内容需作进一步研究和修改的，由起草单位修改后重新报送。

第二十二条　公文应当经本机关负责人审批签发。重要公文和上行文由机关主要负责人签发。党委、政府的办公厅（室）根据党委、政府授权制发的公文，由受权机关主要负责人签发或者按照有关规定签发。签发人签发公文，应当签署意见、姓名和完整日期；圈阅或者签名的，视为同意。联合发文由所有联署机关的负责人会签。

第六章　公文办理

第二十三条　公文办理包括收文办理、发文办理和整理归档。

第二十四条　收文办理主要程序是：

（一）签收。对收到的公文应当逐件清点，核对无误后签字或者盖章，并注明签收时间。

（二）登记。对公文的主要信息和办理情况应当详细记载。

（三）初审。对收到的公文应当进行初审。初审的重点是：是否应当由本机关办理，是否符合行文规则，文种、格式是否符合要求，涉及其他地区或者部门职权范围内的事项是否已经协商、会签，是否符合公文起草的其他要求。经初审不符合规定的公文，应当及时退回来文单位并说明理由。

（四）承办。阅知性公文应当根据公文内容、要求和工作需要确定范围后分送。批办性公文应当提出拟办意见报本机关负责人批示或者转有关部门办理；需要两个以上部门办理的，应当明确主办部门。紧急公文应当明确办理时限。承办部门对交办的公文应当及时办理，有明确办理时限要求的应当在规定时限内办理完毕。

（五）传阅。根据领导批示和工作需要将公文及时送传阅对象阅知或者批示。办理公文传阅应当随时掌握公文去向，不得漏传、误传、延误。

（六）催办。及时了解掌握公文的办理进展情况，督促承办部门按期办结。紧急公文或者重要公文应当由专人负责催办。

（七）答复。公文的办理结果应当及时答复来文单位，并根据需要告知相关单位。

第二十五条　发文办理主要程序是：

（一）复核。已经发文机关负责人签批的公文，印发前应当对公文的审批手续、内容、文种、格式等进行复核；需作实质性修改的，应当报原签批人复审。

（二）登记。对复核后的公文，应当确定发文字号、分送范围和印制份数并详细记载。

（三）印制。公文印制必须确保质量和时效。涉密公文应当在符合保密要求的场所印制。

（四）核发。公文印制完毕，应当对公文的文字、格式和印刷质量进行检查后分发。

第二十六条　涉密公文应当通过机要交通、邮政机要通信、城市机要文件交换站或者收发件机关机要收发人员进行传递，通过密码电报或者符合国家保密规定的计算机信息系统进行传输。

第二十七条　需要归档的公文及有关材料，应当根据有关档案法律法规以及机关档案管理规定，及时收集齐全、整理归档。两个以上机关联合办理的公文，原件由主办机关归档，相关机关保存复制件。机关负责人兼任其他机关职务的，在履行所兼职务过程中形成的公文，由其兼职机关归档。

第二十八条　各级党政机关应当建立健全本机关公文管理制度，确保管理严格规范，充分发挥公文效用。

第二十九条　党政机关公文由文秘部门或者专人统一管理。设立党委（党组）的县级以上单位应当建立机要保密室和机要阅文室，并按照有关保密规定配备工作人员和必要的安全保密设施设备。

第三十条　公文确定密级前，应当按照拟定的密级先行采取保密措施。确定密级后，应当按照所定密级严格管理。绝密级公文应当由专人管理。公文的密级需要变更或者解除的，由原确定密级的机关或者其上级机关决定。

第三十一条　公文的印发传达范围应当按照发文机关的要求执行；需要变更的，应当经发文机关批准。涉密公文公开发布前应当履行解密程序。公开发布的时间、形式和渠道，由发文机关确定。经批准公开发布的公文，同发文机关正式印发的公文具有同等效力。

第三十二条　复制、汇编机密级、秘密级公文，应当符合有关规定并经本机关负责人批准。绝密级公文一般不得复制、汇编，确有工作需要的，应当经发文机关或者其上级机关批准。复制、汇编的公文视同原件管理。复制件应当加盖复制机关戳记。翻印件应当注明翻印的机关名称、日期。汇编本的密级按照编入公文的最高密级标注。汇编，确有工作需要的，应当经发文机关或者其上级机关批准。复制、汇编的公文视同原件管理。

复制件应当加盖复制机关戳记。翻印件应当注明翻印的机关名称、日期。汇编本的密级按照编入公文的最高密级标注。

第三十三条　公文的撤销和废止，由发文机关、上级机关或者权力机关根据职权范围和有关法律法规决定。公文被撤销的，视为自始无效；公文被废止的，视为自废止之日起失效。

第三十四条　涉密公文应当按照发文机关的要求和有关规定进行清退或者销毁。

第三十五条　不具备归档和保存价值的公文，经批准后可以销毁。销毁涉密公文必须严格按照有关规定履行审批登记手续，确保不丢失、不漏销。个人不得私自销毁、留存涉密公文。

第三十六条　机关合并时，全部公文应当随之合并管理；机关撤销时，需要归档的公文经整理后按照有关规定移交档案管理部门。

工作人员离岗离职时，所在机关应当督促其将暂存、借用的公文按照有关规定移交、清退。

第三十七条　新设立的机关应当向本级党委、政府的办公厅(室)提出发文立户申请。经审查符合条件的，列为发文单位，机关合并或者撤销时，相应进行调整。

第八章　附　则

第三十八条　党政机关公文含电子公文。电子公文处理工作的具体办法另行制定。

第三十九条　法规、规章方面的公文，依照有关规定处理。外事方面的公文，依照外事主管部门的有关规定处理。

第四十条　其他机关和单位的公文处理工作，可以参照本条例执行。

第四十一条　本条例由中共中央办公厅、国务院办公厅负责解释。

第四十二条　本条例自 2012 年 7 月 1 日起施行。1996 年 5 月 3 日中共中央办公厅发布的《中国共产党机关公文处理条例》和 2000 年 8 月 24 日国务院发布的《国家行政机关公文处理办法》停止执行。

附录二

党政机关公文格式

GB/T 9704—2012

1　范围

本标准规定了党政机关公文通用的纸张要求、排版和印制装订要求、公文格式各要素的编排规则，并给出了公文的式样。

本标准适用于各级党政机关制发的公文。其他机关和单位的公文可以参照执行。

使用少数民族文字印制的公文，其用纸、幅面尺寸及版面、印制等要求按照本标准执行，其余可以参照本标准并按照有关规定执行。

2　规范性引用文件

下列文件对于本标准的应用是必不可少的。凡是注日期的引用文件，仅所注日期的版本适用于本标准。凡是不注日期的引用文件，其最新版本(包括所有的修改单)适用于本标准。

GB/T 148　印刷、书写和绘图纸幅面尺寸

GB 3100　国际单位制及其应用

GB 3101　有关量、单位和符号的一般原则

GB 3102(所有部分)　量和单位

GB/T 15834　标点符号用法

GB/T 15835　出版物上数字用法

3　术语和定义

下列术语和定义适用于本标准。

3.1

字　word

标示公文中横向距离的长度单位。在本标准中，一字指一个汉字宽度的距离。

3.2

行　line

标示公文中纵向距离的长度单位。在本标准中，一行指一个汉字的高度加 3 号汉字高度的 7/8 的距离。

4　公文用纸主要技术指标

公文用纸一般使用纸张定量为 60～80 g/m^2 的胶版印刷纸或复印纸。纸张白度 80%～90%，横向耐折度≥15 次，不透明度≥85%，pH 值为 7.5～9.5。

5　公文用纸幅面尺寸及版面要求

5.1　幅面尺寸

公文用纸采用 GB/T 148 中规定的 A4 型纸，其成品幅面尺寸为：210 mm×297 mm。

5.2　版面

5.2.1　页边与版心尺寸

公文用纸天头(上白边)为 37 mm±1 mm，公文用纸订口(左白边)为 28 mm±1 mm，版心尺寸为 156 mm×225 mm。

5.2.2　字体和字号

如无特殊说明，公文格式各要素一般用 3 号仿宋体字。特定情况可以作适当调整。

5.2.3　行数和字数

一般每面排 22 行，每行排 28 个字，并撑满版心。特定情况可以作适当调整。

5.2.4　文字的颜色

如无特殊说明，公文中文字的颜色均为黑色。

6　印制装订要求

6.1　制版要求

版面干净无底灰，字迹清楚无断划，尺寸标准，版心不斜，误差不超过 1 mm。

6.2　印刷要求

双面印刷；页码套正，两面误差不超过 2 mm。黑色油墨应当达到色谱所标 BL100%，红色油墨应当达到色谱所标 Y80%、M80%。印品着墨实、均匀；字面不花、不白、无断划。

6.3　装订要求

公文应当左侧装订，不掉页，两页页码之间误差不超过 4 mm，裁切后的成品尺寸允许误差±2 mm，四角成 90°，无毛茬或缺损。

骑马订或平订的公文应当：

a)订位为两钉外订眼距版面上下边缘各 70 mm 处，允许误差±4 mm；

b)无坏钉、漏钉、重钉，钉脚平伏牢固；

c)骑马订钉锯均订在折缝线上，平订钉锯与书脊间的距离为 3～5 mm。

包本装订公文的封皮(封面、书脊、封底)与书芯应吻合、包紧、包平、不脱落。

7　公文格式各要素编排规则

7.1　公文格式各要素的划分

本标准将版心内的公文格式各要素划分为版头、主体、版记三部分。公文首页红色分隔线以上的部分称为版头；公文首页红色分隔线(不含)以下、公文末页首条分隔线(不含)以上的部分称为主体；公文末页首条分隔线以下、末条分隔线以上的部分称为版记。

页码位于版心外。

7.2　版头

7.2.1　份号

如需标注份号，一般用 6 位 3 号阿拉伯数字，顶格编排在版心左上角第一行。

7.2.2　密级和保密期限

如需标注密级和保密期限，一般用 3 号黑体字，顶格编排在版心左上角第二行；保密期限中的数字用阿拉伯数字标注。

7.2.3　紧急程度

如需标注紧急程度，一般用 3 号黑体字，顶格编排在版心左上角；如需同时标注份号、密级和保密期限、紧急程度，按照份号、密级和保密期限、紧急程度的顺序自上而下分行排列。

7.2.4　发文机关标志

由发文机关全称或者规范化简称加“文件”二字组成，也可以使用发文机关全称或者规范化简称。

发文机关标志居中排布，上边缘至版心上边缘为 35 mm，推荐使用小标宋体字，颜色为红色，以醒目、美观、庄重为原则。

联合行文时，如需同时标注联署发文机关名称，一般应当将主办机关名称排列在前；如有“文件”二字，应当置于发文机关名称右侧，以联署发文机关名称为准上下居中排布。

7.2.5　发文字号

编排在发文机关标志下空二行位置，居中排布。年份、发文顺序号用阿拉伯数字标注；年份应标全称，用六角括号“〔〕”括入；发文顺序号不加“第”字，不编虚位(即 1 不编为 01)，在阿拉伯数字后加“号”字。

上行文的发文字号居左空一字编排，与最后一个签发人姓名处在同一行。

7.2.6　签发人

由“签发人”三字加全角冒号和签发人姓名组成，居右空一字，编排在发文机关标志下空二行位置。“签发人”三字用 3 号仿宋体字，签发人姓名用 3 号楷体字。

如有多个签发人，签发人姓名按照发文机关的排列顺序从左到右、自上而下依次均匀编排，一般每行排两个姓名，回行时与上一行第一个签发人姓名对齐。

7.2.7　版头中的分隔线

发文字号之下 4 mm 处居中印一条与版心等宽的红色分隔线。

7.3　主体

7.3.1　标题

一般用 2 号小标宋体字，编排于红色分隔线下空二行位置，分一行或多行居中排布；回行时，要做到词意完整，排列对称，长短适宜，间距恰当，标题排列应当使用梯形或菱形。

7.3.2　主送机关

编排于标题下空一行位置，居左顶格，回行时仍顶格，最后一个机关名称后标全角冒号。如主送机关名称过多导致公文首页不能显示正文时，应当将主送机关名称移至版记，标注方法见 7.4.2。

7.3.3　正文

公文首页必须显示正文。一般用 3 号仿宋体字，编排于主送机关名称下一行，每个自然段左空两字，回行顶格。文中结构层次序数依次可以用“一、”“(一)”“1.”“(1)”标注；一般第一层用黑体字、第二层用楷体字、第三层和第四层用仿宋体字标注。

7.3.4　附件说明

如有附件，在正文下空一行左空两字编排“附件”二字，后标全角冒号和附件名称。如有多个附件，使用阿拉伯数字标注附件顺序号(如“附件：1. ×××××”)；附件名称后不加标点符号。附件名称较长需回行时，应当与上一行附件名称的首字对齐。

7.3.5　发文机关署名、成文日期和印章

7.3.5.1　加盖印章的公文

成文日期一般右空四字编排，印章用红色，不得出现空白印章。

单一机关行文时，一般在成文日期之上、以成文日期为准居中编排发文机关署名，印章端正、居中下压发文机关署名和成文日期，使发文机关署名和成文日期居印章中心偏下位置，印章顶端应当上距正文(或附件说明)一行之内。

联合行文时，一般将各发文机关署名按照发文机关顺序整齐排列在相应位置，并将印章一一对应、端正、居中下压发文机关署名，最后一个印章端正、居中下压发文机关署名和成文日期，印章之间排列整齐、互不相交或相切，每排印章两端不得超出版心，首排印章顶端应当上距正文(或附件说明)一行之内。

7.3.5.2　不加盖印章的公文

单一机关行文时，在正文(或附件说明)下空一行右空两字编排发文机关署名，在发文机关署名下一行编排成文日期，首字比发文机关署名首字右移二字，如成文日期长于发文机关署名，应当使成文日期右空两字编排，并相应增加发文机关署名右空字数。

联合行文时，应当先编排主办机关署名，其余发文机关署名依次向下编排。

7.3.5.3　加盖签发人签名章的公文

单一机关制发的公文加盖签发人签名章时，在正文(或附件说明)下空二行右空四字加盖签发人签名章，签名章左空两字标注签发人职务，以签名章为准上下居中排布。在签发人签名章下空一行右空四字编排成文日期。

联合行文时，应当先编排主办机关签发人职务、签名章，其余机关签发人职务、签名章依次向下编排，与主办机关签发人职务、签名章上下对齐；每行只编排一个机关的签发人职务、签名章；签发人职务应当标注全称。

签名章一般用红色。

7.3.5.4　成文日期中的数字

用阿拉伯数字将年、月、日标全，年份应标全称，月、日不编虚位(即1不编为01)。

7.3.5.5　特殊情况说明

当公文排版后所剩空白处不能容下印章或签发人签名章、成文日期时，可以采取调整行距、字距的措施解决。

7.3.6　附注

如有附注，居左空两字加圆括号编排在成文日期下一行。

7.3.7　附件

附件应当另面编排，并在版记之前，与公文正文一起装订。“附件”二字及附件顺序号用3号黑体字顶格编排在版心左上角第一行。附件标题居中编排在版心第三行。附件顺序号和附件标题应当与附件说明的表述一致。附件格式要求同正文。

如附件与正文不能一起装订，应当在附件左上角第一行顶格编排公文的发文字号并在其后标注“附件”二字及附件顺序号。

7.4　版记

7.4.1　版记中的分隔线

版记中的分隔线与版心等宽，首条分隔线和末条分隔线用粗线(推荐高度为0.35 mm)，中间的分隔线用细线(推荐高度为0.25 mm)。首条分隔线位于版记中第一个要素之上，末条分隔线与公文最后一面的版心下边缘重合。

7.4.2　抄送机关

如有抄送机关，一般用4号仿宋体字，在印发机关和印发日期之上一行、左右各空一字编排。“抄送”二字后加全角冒号和抄送机关名称，回行时与冒号后的首字对齐，最后一个抄送机关名称后标句号。

如需把主送机关移至版记，除将“抄送”二字改为“主送”外，编排方法同抄送机关。既有主送机关又有抄送机关时，应当将主送机关置于抄送机关之上一行，之间不加分隔线。

7.4.3　印发机关和印发日期

印发机关和印发日期一般用4号仿宋体字，编排在末条分隔线之上，印发机关左空一字，印发日期右空一字，用阿拉伯数字将年、月、日标全，年份应标全称，月、日不编虚位(即1不编为01)，后加“印发”二字。

版记中如有其他要素，应当将其与印发机关和印发日期用一条细分隔线隔开。

7.5　页码

一般用 4 号半角宋体阿拉伯数字，编排在公文版心下边缘之下，数字左右各放一条一字线；一字线上距版心下边缘 7 mm。单页码居右空一字，双页码居左空一字。公文的版记页前有空白页的，空白页和版记页均不编排页码。公文的附件与正文一起装订时，页码应当连续编排。

8　公文中的横排表格

A4 纸型的表格横排时，页码位置与公文其他页码保持一致，单页码表头在订口一边，双页码表头在切口一边。

9　公文中计量单位、标点符号和数字的用法

公文中计量单位的用法应当符合 GB 3100、GB 3101 和 GB 3102(所有部分)，标点符号的用法应当符合 GB/T 15834，数字用法应当符合 GB/T 15835。

10　公文的特定格式

10.1　信函格式

发文机关标志使用发文机关全称或者规范化简称，居中排布，上边缘至上页边为 30 mm，推荐使用红色小标宋体字。联合行文时，使用主办机关标志。

发文机关标志下 4 mm 处印一条红色双线(上粗下细)，距下页边 20 mm 处印一条红色双线(上细下粗)，线长均为 170 mm，居中排布。

如需标注份号、密级和保密期限、紧急程度，应当顶格居版心左边缘编排在第一条红色双线下，按照份号、密级和保密期限、紧急程度的顺序自上而下分行排列，第一个要素与该线的距离为 3 号汉字高度的 7/8。

发文字号顶格居版心右边缘编排在第一条红色双线下，与该线的距离为 3 号汉字高度的 7/8。

标题居中编排，与其上最后一个要素相距二行。

第二条红色双线上一行如有文字，与该线的距离为 3 号汉字高度的 7/8。

首页不显示页码。

版记不加印发机关和印发日期、分隔线，位于公文最后一面版心内最下方。

10.2　命令(令)格式

发文机关标志由发文机关全称加“命令”或“令”字组成，居中排布，上边缘至版心上边缘为 20 mm，推荐使用红色小标宋体字。

发文机关标志下空二行居中编排令号，令号下空二行编排正文。

签发人职务、签名章和成文日期的编排见 7.3.5.3。

10.3　纪要格式

纪要标志由“×××××纪要”组成，居中排布，上边缘至版心上边缘为 35 mm，推荐使用红色小标宋体字。

标注出席人员名单，一般用 3 号黑体字，在正文或附件说明下空一行左空两字编排“出席”二字，后标全角冒号，冒号后用 3 号仿宋体字标注出席人单位、姓名，回行时与冒号后的首字对齐。

标注请假和列席人员名单，除依次另起一行并将“出席”二字改为“请假”或“列席”外，编排方法同出席人员名单。

纪要格式可以根据实际制定。

11　式样

A4 型公文用纸页边及版心尺寸见图 1；公文首页版式见图 2；联合行文公文首页版式 1

见图 3；联合行文公文首页版式 2 见图 4；公文末页版式 1 见图 5；公文末页版式 2 见图 6；联合行文公文末页版式 1 见图 7；联合行文公文末页版式 2 见图 8；附件说明页版式见图 9；带附件公文末页版式见图 10；信函格式首页版式见图 11；命令(令)格式首页版式见图 12。

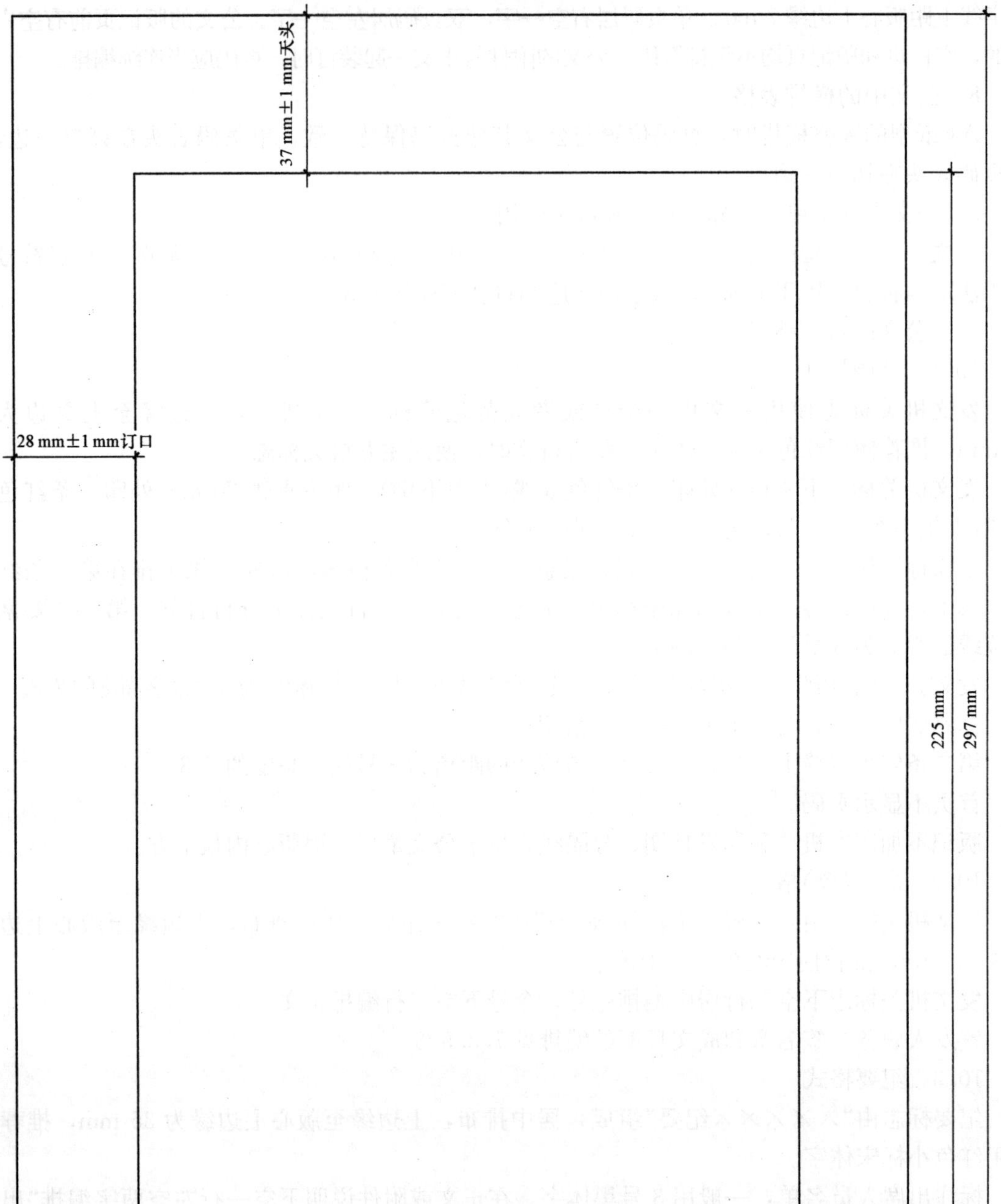

图 1　A4 型公文用纸页边及版心尺寸

000001

机　密★1 年

特　急

×××××文件

×××〔2012〕10 号

×××××关于×××××的通知

××××××：

　　××××××××××××××××××××

××××××××××××××××××××××

××××××××××××××××××××××

×××××××××××。

　　××××××××××××××××××××

××××××××××××××××××××××

××××××××××××××××××××××

××××××××××××××××××××××

××××××××××××××××××××××

×××。

—1—

图 2　公文首页版式

注：版心实线框仅为示意，在印制公文时并不印出。

000001

机　密★1年

特　急

××××××
×　×　×文件
××××××

×××〔2012〕10号

×××××关于×××××的通知

××××××：

××。

××××××××××××××××××××××××。

×××。

—1—

图3　联合行文公文首页版式1

注：版心实线框仅为示意，在印制公文时并不印出。

000001

机　密★1年

特　急

×××××××
×　　×　　×
××××××

签发人：×××　×××

×××〔2012〕10号　×××

×××××关于×××××的请示

××××××：

××。

××。

—1—

图4　联合行文公文首页版式2

注：版心实线框仅为示意，在印制公文时并不印出。

×××××××××××××××：

××××××××××××××××××××
××××××××××××××××××××××
×××××××××。

2012年7月1日

（×××××）

抄送：×××××××××，××××××，×××××。

××××××××××　　2012年7月1日印发

—2—

图5　公文末页版式1

注：版心实线框仅为示意，在印制公文时并不印出。

×××××××××××××××：

　　××××××××××××××××××××××××××××××××××××××。

×××××××××××

2012年7月1日

（×××××）

抄送：××××××××，××××××，×××××，×××××，×××××。

×××××××××× 2012年7月1日印发

—2—

图6　公文末页版式2

注：版心实线框仅为示意，在印制公文时并不印出。

××××××××××××××××××：

　　××××××××××××××××××××××
×××××××××××××××××××××××××。

2012年7月1日

（×××××）

抄送：××××××××，××××××，×××××，×××××，×××××。

×××××××××× 2012年7月1日印发

— 2 —

图7　联合行文公文末页版式1

注：版心实线框仅为示意，在印制公文时并不印出。

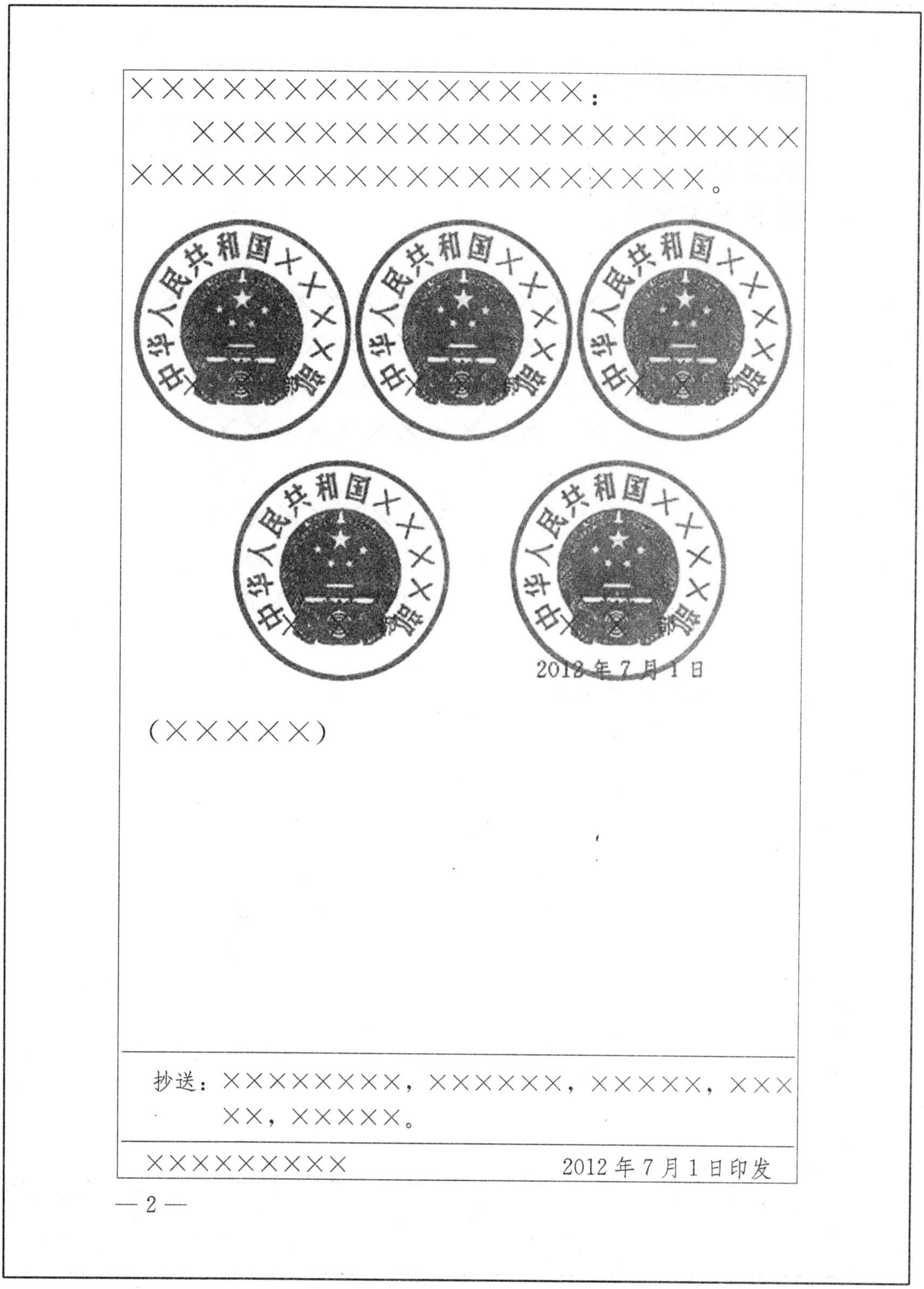
××××××××××××××××：

××。

2012年7月1日

（×××××）

抄送：×××××××××，××××××，×××××，×××××，×××××。

×××××××××× 2012年7月1日印发

— 2 —

图8　联合行文公文末页版式2

注：版心实线框仅为示意，在印制公文时并不印出。

×××××××××××××××：

××××××××××××××××××××
××××××××××××××××××××××
××××××。

附件：1. ××××××××××××××××
××××××××××××××
2. ××××××××××××××××
××××××××××××××

×××××××
×××××××
2012 年 7 月 1 日

(×××××)

— 2 —

图 9　附件说明页版式

注：版心实线框仅为示意，在印制公文时并不印出。

附件 2

×××××××××××

××。

××。

抄送：××××××××，××××××，×××××，×××××，×××××。

×××××××××　　2012 年 7 月 1 日印发

— 4 —

图 10　带附件公文末页版式

注：版心实线框仅为示意，在印制公文时并不印出。

中华人民共和国×××××部

000001　　　　　　　×××〔2012〕10号

机　密

特　急

××××关于××××的通知

×××××××××：

　　××××××××××××××××××
××××××××××××××××××××
××××××××××××××××××××
××××××××××××××××××××
××××××××××。

　　××××××××××××××××××
××××××××××××××××××××
××××××××××××××××××××
×××××××××××××××××。

　　××××××××××××××××××
××××××××××××××××××××
××××××××××××××××××××
××××××××××××××××××××
×××××××××××××××。

图11　信函格式首页版式

注：版心实线框仅为示意，在印制公文时并不印出。

××××××令

第×××号

　　××××××××××××××××××××
××××××××××××××××××××××
××××××××××××××××××××××
××××××。

　　××××××××××××××××××××
××××××××××××××××××××××
××××××××××××××××××××××
××××。

部　长　×××

2012年7月1日

—1—

图12　命令(令)格式首页版式

注：版心实线框仅为示意，在印制公文时并不印出。

2012党政机关公文格式(样式范例)

(2012年7月1日启用)

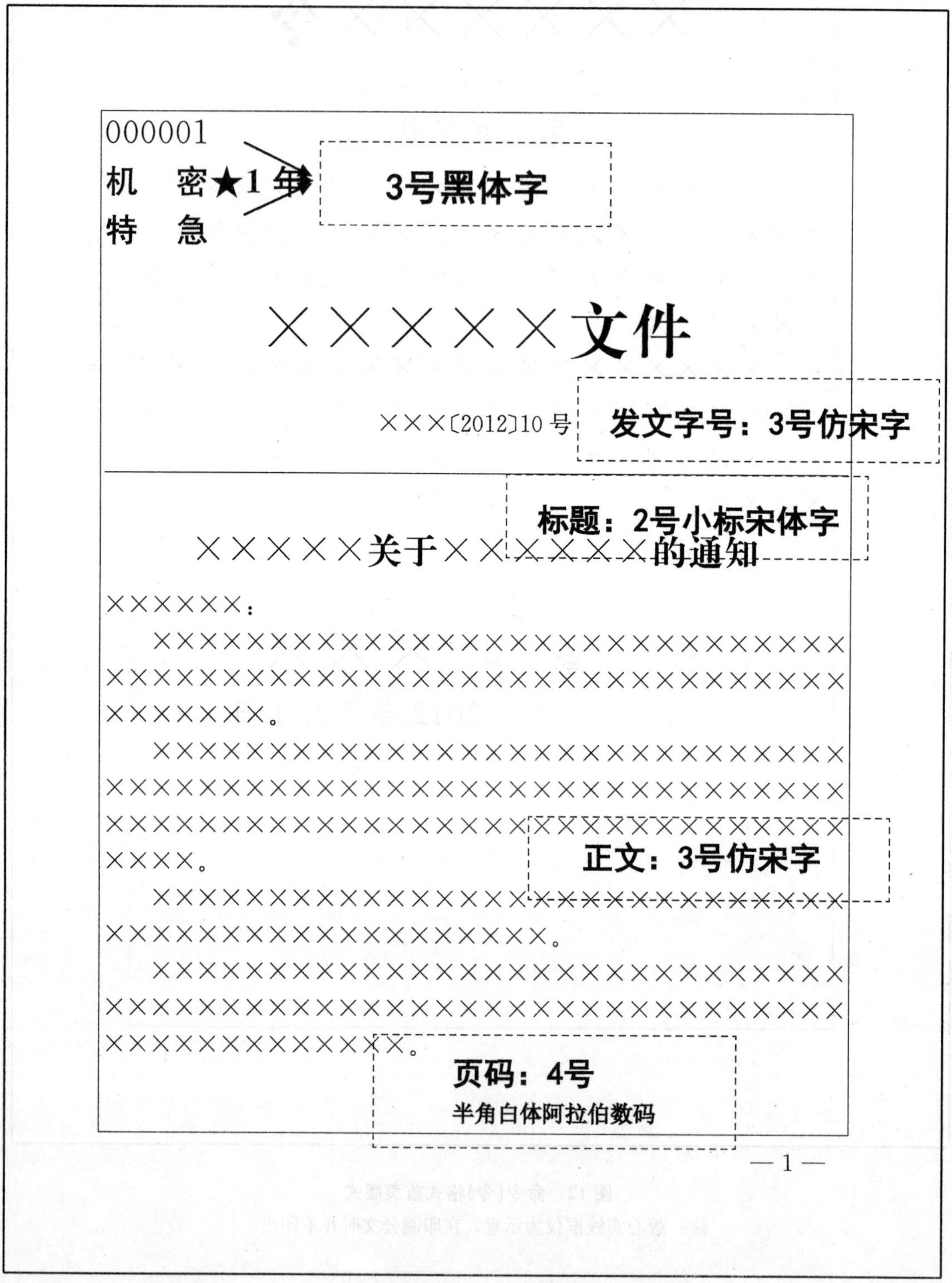
000001

机　密★1年

特　急

××××× 文件

×××〔2012〕10号

×××××关于××××××的通知

××××××：

××。

××。

××。

××。

—1—

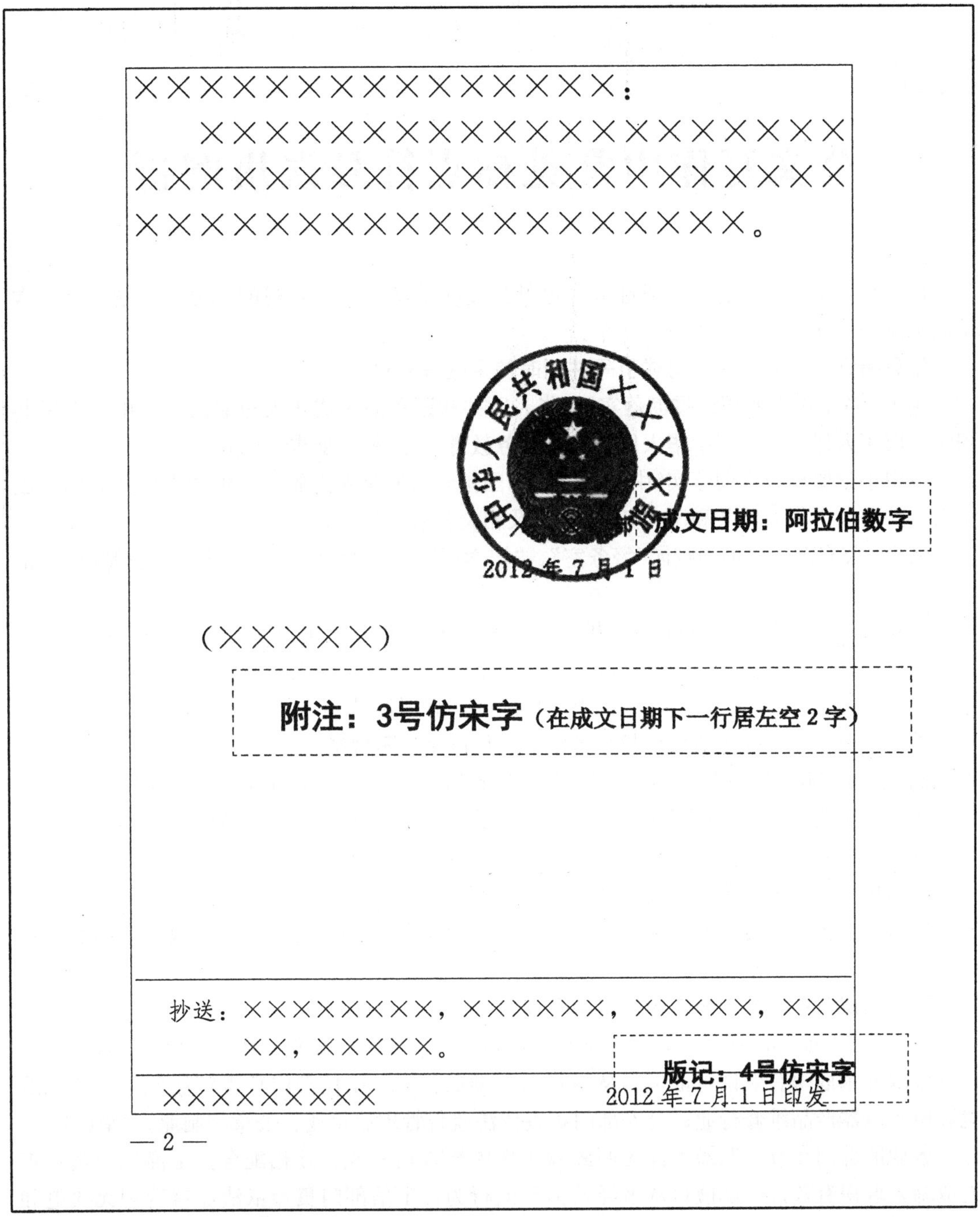

××××××××××××××××：

　　××××××××××××××××××××
×××××××××××××××××××××××
××××××××××××××××××××。

中华人民共和国××××部

2012年7月1日

成文日期：阿拉伯数字

（×××××）

附注：3号仿宋字（在成文日期下一行居左空2字）

抄送：××××××××，××××××，×××××，×××××，×××××。

××××××××× 2012年7月1日印发

版记：4号仿宋字

—2—

此外：1. 上行文签发人姓名用3号楷体字。

2. 要署发文单位名称及用印章(包括会议纪要)。

3. 联系人姓名电话放在附注位置。

4. 版记部分不再使用主题词和份数。

附录三

公文写作中常见标点符号误用例析

标点符号是公文的有机组成部分，也是公文起草者最容易忽视的部分。归纳起来，常见的标点符号使用错误有以下十二个：

常见错误一：多个书名号或引号并列时使用顿号分隔

例1：各中小学要积极贯彻落实《中华人民共和国预防未成年人犯罪法》、《中华人民共和国未成年人保护法》、《中华人民共和国义务教育法》及相关要求。(错误)

各中小学要积极贯彻落实《中华人民共和国预防未成年人犯罪法》《中华人民共和国未成年人保护法》《中华人民共和国义务教育法》及相关要求。(正确)

例2：公安部门要加强校园“警务室”、“护学岗”、“安全网”建设，落实护校制度。(错误)

公安部门要加强校园“警务室”“护学岗”“安全网”建设，落实护校制度。(正确)

解析：标有引号的并列成分之间、标有书名号的并列成分之间通常不用顿号。若有其他成分插在并列的引号之间或并列的书名号之间，宜用顿号。

常见错误二：在标示数值和起止年限时使用连接号不规范

例3：制定并实施学校安防达标建设三年行动计划(2013～2015年)。(错误)

制定并实施学校安防达标建设三年行动计划(2013—2015年)。(正确)

例4：要加快工程进度，确保科技园3－5年内建成。(错误)

要加快工程进度，确保科技园3～5年内建成。(正确)

解析：标示时间、地域的起止一般用一字线(占一个字符位置)，标示数值范围起止一般用浪纹线。

常见错误三：在并列分句中使用逗号统领

例5：各职能部门在查处取缔无证无照经营工作中要各司其职、互相配合，工商部门负责查处取缔未取得有效许可证擅自从事经营活动的行为；工信部门负责依法监督管理无线电和电子电器产品维修行业；公安部门负责依法监督管理旅馆业、公章刻制业。(错误)

各职能部门在查处取缔无证无照经营工作中要各司其职、互相配合；工商部门负责查处取缔未取得有效许可证擅自从事经营活动的行为；工信部门负责依法监督管理无线电和电子电器产品维修行业；公安部门负责依法监督管理旅馆业、公章刻制业。(正确)

解析：用分号隔开的几个并列分句不能由逗号统领或总结。

常见错误四：在并列分句中使用句号后再使用分号

例6：一是养老保险安置。对进入企业工作的失地农民要同企业员工一样纳入企业职工基本养老保险；二是医疗保险安置。城镇居民医疗保险制度已建立，可参加城镇居民医疗保险。(错误)

一是养老保险安置。对进入企业工作的失地农民要同企业员工一样纳入企业职工基本

养老保险。二是医疗保险安置。城镇居民医疗保险制度已建立，可参加城镇居民医疗保险。(正确)

解析：分项列举的各项或多项已包含句号时，各项的末尾不能再用分号。

常见错误五：同一形式的括号套用

例 7：围绕政府半年工作开展回头看，认真总结上半年工作，科学谋划下半年工作。(责任单位：各镇(街道))(错误)

围绕政府半年工作开展回头看，认真总结上半年工作，科学谋划下半年工作。[责任单位：各镇(街道)](正确)

解析：同一形式的括号应尽量避免套用，必须套用括号时，应采用不同的括号形式配合使用。

常见错误六：阿拉伯数字表示次序时使用点号不当

例 8：1、督促主办单位按时办结。(错误)

1. 督促主办单位按时办结。(正确)

例 9：(1)、督促协办单位按时办结。(错误)

(1)督促协办单位按时办结。(正确)

解析：带括号的汉字数字或阿拉伯数字表示次序语时不加点号，不带括号的阿拉伯数字、拉丁字母做次序语，后面用下角点(圆心点)。

常见错误七：在图、表说明文字末尾使用句号

例 10：(图表略)

注：以上各项数据统计截止时间为 2012 年 12 月 31 日；城市人口指常住户籍人口；规模工业企业个数统计为新口径。(错误)

注：以上各项数据统计截止时间为 2012 年 12 月 31 日；城市人口指常住户籍人口；规模工业企业个数统计为新口径(正确)

解析：图或表的短语式说明文字，中间可用逗号，但末尾不用句号。即使有时说明文字较长，前面的语段已出现句号，最后结尾处仍不用句号。

常见错误八：在标示发文年号时使用括号不规范

例 11：根据×发[2013]3 号文件精神，……(错误)

根据×发〔2013〕3 号文件精神，……(正确)

解析：标示公文发文字号中的发文年份时，应使用六角括号。

常见错误九：书名号内用顿号表示停顿

例 12：根据《××省物价局、××省财政厅关于××市建制镇城市基础设施配套费征收标准的批复》(××规〔2012〕59 号)文件要求，特制定本管理办法。(错误)

根据《××省物价局　××省财政厅关于××市建制镇城市基础设施配套费征收标准的批复》(××规〔2012〕59 号)文件要求，特制定本管理办法。(正确)

解析：书名号内标示停顿时用空格。

常见错误十：句内括号行文末尾使用标点符号不当

例 13：为加强对全区查处取缔无证无照经营综合治理工作的领导，决定成立××区查处取缔无证无照经营综合治理工作领导小组(领导小组组长由常务副区长兼任，副组长由××局局长兼任。)，负责该项工作的协调处理。(错误)

为加强对全区查处取缔无证无照经营综合治理工作的领导，决定成立××区查处取缔无证无照经营综合治理工作领导小组(领导小组组长由常务副区长兼任，副组长由××局局长兼任)，负责该项工作的协调处理。(正确)

解析：括号内行文末尾需要时可用问号、叹号和省略号。除此之外，句内括号行文末尾通常不用标点符号。

常见错误十一：附件名称后使用标点符号

例 14：

附件：1. ××区查处取缔无证无照工作领导小组成员名单；(错误)

附件：1. ××区查处取缔无证无照工作领导小组成员名单(正确)

解析：附件名称后不用任何标点符号。

常见错误十二：二级标题在换行分段情况下使用句号

例 15：(一)整合监管职能和机构。

为减少监管环节，保证上下协调联动……(错误)

(一)整合监管职能和机构

为减少监管环节，保证上下协调联动……(正确)

(一)整合监管职能和机构。为减少监管环节，保证上下协调联动……(正确)

解析：二级标题在换行分段时不使用句号，如使用句号则不需要换行分段。

附录四

公文中数字的规范用法

一、总的原则

凡是可以使用阿拉伯数字而且又很得体的地方，特别是当所表示的数目比较精确时，均应使用阿拉伯数字。遇特殊情形，可以灵活变通，但应力求保持相对统一。

二、要求使用阿拉伯数字的情况

(一)公历世纪、年代、年、月、日和时刻均使用阿拉伯数字。年份要写全数，不能简化、省略。例如：公元前18世纪；20世纪80年代；2006年12月31日；13时40分50秒；2007年。

(二)计数与计量和统计表中的数值。如正负整数、分数、小数、百分比、比例等必须使用阿拉伯数字。例如：20；－25；1/15；1.26；12%；2∶4。

(三)代号、代码和序号。部队番号、文件编号、证件号码和其他序号均应用阿拉伯数字。例如：中国电信〔2010〕7号文件；37/38次特别快车；期刊号CN11—1000/D；邮发代号37—1；95号汽油；HP－5100型打印机。

(四)引文标注中版次、卷次、页码、除古籍应与所据版本一致外，一般均应使用阿拉伯数字。例如：江泽民的《科学的本质就是创新》一文，见《江泽民文选》第3卷，人民出版社2006年8月第1版，第101页。

三、要求使用汉字的情况

(一)公文中作为定型的词、词组、惯例语、缩略语、具有修辞色彩的词语中作为词素须使用汉字。例如：一律；一方面；十滴水；四氧化三铁；第四季度；八国联军；第三世界；八九不离十；相差十万八千里。

(二)概数和约数

1. 邻近的两个数字，并列连用表示概数时，应使用汉字，并且两个数字之间不能用顿号“、”隔开。例如：三四天；五六米；七八十岁；一二百套。

2. 带有“几”字的数字表示约数，必须使用汉字。例如：十几天；几十年；一百几十次；几十万分之一。

(三)整数一至十，如果不是出现在具有统计意义的一组数字中，也可以用汉字，但要注意照顾到上下文的统一。例如：一个人；四本书；六辆车；读了十遍；八个百分点。

(四)含有月日，简称表示事件、节日和其他意义的词组须使用汉字。例如：七七事变；五一国际劳动节；“三农”问题；十六大。

(五)星期几一律用汉字。例如：星期一；星期五。

(六)公文中成文日期中的数字用阿拉伯数字将年、月、日标全，部分结构序数须使用数字的汉字小写。

四、可以灵活变通掌握使用的情况

使用阿拉伯数字或汉字数字，有的情形选择是唯一而确定的，有的如遇特殊情形，为避免歧解，也可以灵活变通使用。

(一)用“多、余、左右、上下、约”等字表示的约数一般使用汉字。但如果公文中出现一组具有统计和比较意义的数字，其中既有精确数字，也有约数时，为保持公文局部体例上的统一，其约数也可以使用阿拉伯数字。

例 1：会计学会举行全国性评奖十余次，获奖作品有一千多件。学会吸收了四千名会员，其中三分之一是有成就的中青年。另外，在三十个省、自治区、直辖市还设有分会。

例 2：省金融学会召开课题调研交流会 7 次，共收到课题调研文章 800 余篇，其中有 200 多篇获奖。

(二)标题涉及数字时，可以根据版面实际需要和可能，灵活掌握使用阿拉伯和汉字数字。

五、其他需要注意的问题

(一)尾数有多个零的整数值的写法，可改写为以万、亿作单位。例如：345000000 可写成 34500 万或 3.45 亿，但不能写成 3 亿 4 千 5 百万。

(二)用阿拉伯数字书写的数值不能断开移行。

(三)用阿拉伯数字表示数值的范围时，使用连接号“—”或波浪式连接号“～”。例如：1990—2006 年；10～50 元；200～500 米。

(四)“二”和“两”的用法不同。

1. 读数目字时用“二”，例如：“一二三四、零点二(0.2)、三分之二”；用作序数时，应当用“二”，例如：“第二、二姐、二次大战”。

2. 在与量词连用时应当用“两”，例如：“两本书、两个月、两次”；表示双方用“两”，例如：“两便、两可、两全其美”；表示约数或不确定的数字用“两”，例如：“过两天再说、他真有两下子、我跟你说两句话”；在新的度量衡单位前一般用“两”，例如：“两吨、两公里”；在“半、千、万、亿”前多用“两”，例如：“两半、两千、两万、两亿”。

(五)“翻番”和“倍数”的用法。

1. 数量成倍的增加时用“翻番”。例如：点钞速度翻番；地税收入十年翻了两番。

2. 在用数字对比时，绝对数增加较多、差别较大时常用倍数，减少或降低时不能用倍数，而是用“百分之几”的提法。例如：我国的行政管理费在过去的 25 年里增长了 8.7 倍；2005 年乡镇行政编制比改革前减少 20%；2002 年财政对教育投入比 1995 年降低 12%。

(六)弄懂“百分率、百分比、百分数、百分点”的概念。

1. 百分率指一个数占另一个数的百分之几或某一部分占整体的百分之几。例如：2/5 用百分率表示是 40%。

2. 百分比是用百分率表示的两个数的比例关系。例如：某班 50 名学生中有 20 名是女生，这一班中女生所占的百分比就是 40%。

3. 百分数是指分母为 100 的分数，通常用百分号来表示的数字。例如：12%、98%。

4. 百分点指以百分数形式表示的不同时期相对指标变动幅度，百分之一为一个百分点。例如：同上年相比，不良贷款率减少三个百分点。

(七)公文中的结构层次序数，要段落分明，前后一致。要求第一层为“一、”，第二层为“(一)”，第三层为“1.”，第四层为“(1)”，第五层为“①”。

附录五

文章修改符号及其用法

编号	符号形态	符号作用	符号在文中和页边用法示例	说　　明
		一、字符的改动		
1	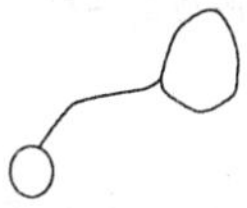	改　　正	增高出版物质量。　提 改革开攻　放	改正的字符较多，圈起来有困难时，可用线在页边画清改正的范围 必须更换的损、坏、污字也用改正符号画出
2		删　　除	提高出版物物质质量。	
3	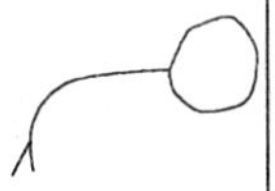	增　　补	要搞好校工作。　对	增补的字符较多，圈起来有困难时，可用线在页边画清增补的范围
4	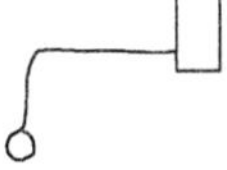	改正上下角	16＝42　2 H2SO4　4 尼古拉费欣　· 0.25＋0.25＝0.5　. 举例2×3＝6　: X　Y＝1：2　:	

编 号	字号形态	符号作用	符号在文中和页边用法示例	说　　明
			二、字符方向位置的移动	
5		转　　正	字符颠倒要转正。	
6		对　　调	认真经验总结。 认真验结经总。	用于相邻的字词 用于隔开的字词
7		接　　排	要重视校对工作， 提高出版物质量。	
8		另起段	完成了任务。明年……	
9	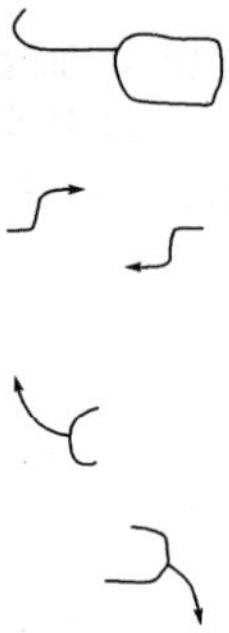	转　　移	校对工作，提高出 版物质量要重视。 ”。以上引文均见中文新版《 列宁全集》。 编者　年　月 …… 各位编委：	用于行间附近的转移 用于相邻行首末衔接字符的推移 用于相邻页首末衔接行段的推移
10	 或 	上下移	序号 | 名　称 | 数量 01 | 显微镜 | 2	字符上移到缺口左右水平线处 字符下移到箭头所指的短线处
11	 	左右移	要重视校对工 作，提高出物物质量。 3 4　5 6　5 欢呼　歌　唱	字符左移到箭头所指的短线处 字符左移到缺口上下垂直线处 符号画得太小时，要在页边重标
12	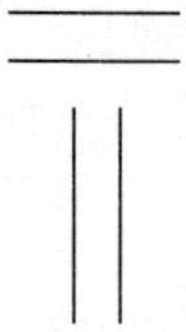	排　　齐	校对工作非常重要。 必须提高印刷 质量，缩短印制周 期。 国家标准	
13	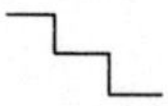	排阶梯形	RH_2	

编号	字号形态	符号作用	符号在文中和页边用法示例	说明
14	⊥	正　　图	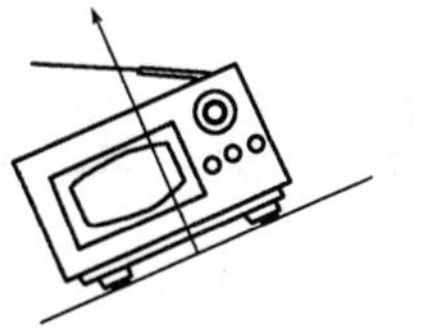	符号横线表示水平位置,竖线表示垂直位置,箭头表示上方

三、字符间空距的改动

编号	字号形态	符号作用	符号在文中和页边用法示例	说明
15	∨ >	加大空距	├一、校对程序┤　∨ >校对胶印读物、影印书刊的注意事项:　>	表示在一定范围内适当加大空距 横式文字画在字头和行头之间
16	∧ <	减小空距	二、校对程∧序　∧ <校对胶印读物、影印书刊的注意事项:　<	表示不空或在一定范围内适当减小空距 横式文字画在字头和行头之间
17	# ǂ ≢ ≣	空 1 字距 空 1/2 字距 空 1/3 字距 空 1/4 字距	#∨ 第一章校对职责和方法　#∨ 1. 责任校对	多个空距相同的,可用引线连出,只标示一个符号
18	Y	分　　开	Goodmorning!　Y	用于外文

四、其　　他

编号	字号形态	符号作用	符号在文中和页边用法示例	说明
19	△	保　　留	认真搞好校对工作。	除在原删除的字符下画△外,并在原删除符号上画两竖线
20	○＝	代　　替	兰色的程度不同，从淡兰色到深兰色具有多种层次，如天兰色、湖兰色、海兰色、宝兰色……　○＝蓝	同页内有两个或多个相同的字符需要改正的，可用符号代替，并在页边注明
21	○○○	说　　明	第一章　校对的职责　改黑体	说明或指令性文字不要圈起来,在其字下画圈,表示不作为改正的文字。如说明文字较多时,可在首末各三字下画圈

参考文献

[1] 赵立，程超胜．建筑工程应用文写作[M]．北京：北京大学出版社，2011.
[2] 欧阳静，高小艳．现代应用文实训[M]．北京：北京师范大学出版社，2011.
[3] 刘晓华，任廷琦．毕业论文写作导论[M]．北京：科学出版社，2004.
[4] 卢圣泉．毕业论文写作指导[M]．武汉：武汉出版社，2005.
[5] 杨巧云，钟德玲．现代应用文写作[M]．北京：清华大学出版社，2010.
[6] 梅松华．现代应用文写作[M]．北京：北京交通大学出版社，2006.
[7] 张宏燕，李艳．建筑应用写作实训教程[M]．北京：北京理工大学出版社，2015.
[8] 王丽娟，吕晓洁．新编应用文写作教程[M]．北京：航空工业出版社，2012.
[9] 杨文丰．现代应用文书写作[M]．4 版．北京：中国人民大学出版社，2011.
[10] 陈浩．现代应用文写作大全[M]．北京：中国大百科全书出版社，2005.
[11] 耿云巧，马俊霞．现代应用文写作[M]．3 版．北京：清华大学出版社，2013.
[12] 张文英，杨欣．新编应用文写作教程[M]．天津：南开大学出版社，2010.
[13] 罗璠，周云鹏．大学应用语文[M]．上海：复旦大学出版社，2012.
[14] 裴自恕．工程文书写作实务[M]．北京：机械工业出版社，2012.
[15] 宫照敏．建筑应用文写作[M]．北京：机械工业出版社，2009.
[16] 杨文丰．高职应用写作[M]．2 版．北京：高等教育出版社，2010.
[17] 张耀辉，谢福铨．应用写作[M]．上海：华东师范大学出版社，2006.
[18] 曾米鲁，张丽红．应用文写作[M]．呼和浩特：内蒙古大学出版社，2006.
[19] 陈道兰．大学生毕业论文的写作与文献资料查找[J]．重庆文理学院学报（自然科学版），2006(5).
[20] 魏建周．新编党政机关公文写作[M]．北京：红旗出版社，2012.